权威·前沿·原创

皮书系列为
"十二五""十三五""十四五"时期国家重点出版物出版专项规划项目

GREEN BOOK

智 库 成 果 出 版 与 传 播 平 台

黄河生态文明绿皮书

GREEN BOOK OF YELLOW RIVER ECO-CIVILIZATION

黄河流域生态文明建设发展报告
（2024）

ANNUAL REPORT ON ECO-CIVILIZATION CONSTRUCTION
OF THE YELLOW RIVER BASIN (2024)

黄河流域绿色低碳高质量发展
Green, Low-carbon and High-quality Development of the Yellow River Basin

主　　编／安黎哲
执行主编／林　震　薛永基
副 主 编／杨朝霞　李成茂　吴明红

北京林业大学黄河流域生态保护和高质量发展研究院
国家林业和草原局黄河流域生态保护和高质量发展科技协同创新中心
北京林业大学生态文明研究院
北京林业大学"两山理念"与可持续发展研究中心
林木资源高效生产全国重点实验室

社会科学文献出版社
SOCIAL SCIENCES ACADEMIC PRESS (CHINA)

图书在版编目（CIP）数据

黄河流域生态文明建设发展报告 . 2024 / 安黎哲主
编；林震，薛永基执行主编 . --北京：社会科学文献
出版社，2024.10. --（黄河生态文明绿皮书）. --ISBN
978-7-5228-4085-7

Ⅰ. X321.2

中国国家版本馆 CIP 数据核字第 20242LG676 号

黄河生态文明绿皮书
黄河流域生态文明建设发展报告（2024）

主　　编／安黎哲
执行主编／林　震　薛永基
副 主 编／杨朝霞　李成茂　吴明红

出 版 人／冀祥德
责任编辑／张建中
文稿编辑／白　银
责任印制／王京美

出　　版／社会科学文献出版社 · 文化传媒分社（010）59367004
　　　　　　地址：北京市北三环中路甲 29 号院华龙大厦　邮编：100029
　　　　　　网址：www.ssap.com.cn
发　　行／社会科学文献出版社（010）59367028
印　　装／三河市东方印刷有限公司

规　　格／开　本：787mm×1092mm　1/16
　　　　　　印　张：27.25　字　数：410 千字
版　　次／2024 年 10 月第 1 版　2024 年 10 月第 1 次印刷
书　　号／ISBN 978-7-5228-4085-7
定　　价／179.00 元

读者服务电话：4008918866

　　本书受国家林业和草原局黄河流域生态保护和高质量发展科技协同创新中心、北京林业大学"5·5工程"科研创新团队项目（项目号：BLRC2023B07）支持。

黄河生态文明绿皮书编委会

主要编撰者简介

安黎哲 男，1963年6月生，甘肃天水人，博士，教授，博士生导师，毕业于兰州大学生命科学学院。现任北京林业大学校长，北京林业大学黄河流域生态保护和高质量发展研究院院长。兼任中国生态学学会副理事长、中国林学会副理事长、国家三北防护林建设专家委员会副主任委员，国家自然保护区评审委员会委员，国家湿地科学技术专家，海南热带雨林国家公园研究院副理事长，大熊猫国家公园学术委员会委员，《植物生态学报》《应用生态学报》副主编，教育部生物科学类专业教指委副主任等职。先后入选中国科学院"西部之光"人才培养计划、中国科学院"百人计划"、教育部"跨世纪优秀人才培养计划"、"中国科学院优秀博士后"和甘肃省领军人才。主要从事有关植物生态学和环境生物学方面的教学和科研工作。主持国家杰出青年科学基金项目、国家自然科学基金重点项目、科技部国际合作项目、教育部科技基础资源数据平台建设项目和甘肃省科学技术攻关项目等课题。在国内外学术刊物上发表论文265篇，其中SCI论文156篇，编写专著10部，获得发明专利11项。成果获教育部高等学校自然科学奖一等奖、甘肃省自然科学奖二等奖、甘肃省高等学校教学成果奖一等奖和北京市高等教育教学成果奖一等奖。

林 震 男，1972年6月生，福建福清人，博士，教授，博士生导师，毕业于北京大学政府管理学院。现任北京林业大学生态文明智库中心主任兼生态文明研究院院长，北京林业大学侨联主席。兼任北京市侨联常委、北京市海淀区政协委员、中国行政管理学会常务理事、中国生态文明研究与促进会理论与标准创新专委会主任委员、北京市政治学行政学学会副会长、北京生态文化协会副会长等职。致力于习近平生态文明思想、生态文明制度与法治、生态环境政策、生态文化等领域的研究。

    薛永基　男，1981 年 4 月生，河南夏邑人，博士，教授，毕业于北京理工大学。现为北京林业大学农林业经营管理国家级虚拟仿真实验教学中心执行主任、北京林业大学黄河流域生态保护和高质量发展研究院副院长、北京市高等学校实验教学示范中心主任、北京市高等学校示范性校内创新实践基地主任、北京林业大学创新创业基地主任，兼任中国农学会农业产业化分会副主任、中国教育发展战略学会乡村振兴专业委员会副主任、虚拟仿真实验教学创新联盟经济与管理类专业工作委员会副主任、中国林业经济学会技术经济专业委员会委员、中国技术经济学会林业技术经济专业委员会委员等，首批教育部万名优秀创新创业导师入库人才，中组部、农业农村部、民政部、国务院国资委等单位农村创新创业人才培训授课讲师。研究方向为乡村产业与生态融合发展、农林业创新创业、林草业发展战略、农林业经营虚拟仿真。

主编的话

习近平总书记指出，高质量发展是新时代的硬道理，是全面建设社会化主义现代化国家的首要任务。推动经济社会发展绿色化、低碳化是实现高质量发展的关键环节。党的二十届三中全会要求完善生态文明制度体系，协同推进降碳、减污、扩绿、增长，积极应对气候变化，加快完善落实绿水青山就是金山银山理念的体制机制。近年来，习近平总书记走遍黄河流域九省（区），发表系列重要讲话、作出重要指示批示，突出强调"沿黄河省区要落实好黄河流域生态保护和高质量发展战略部署，坚定不移走生态优先、绿色发展的现代化道路"，为统筹推进黄河流域生态保护和高质量发展指明了方向。

进入新时代以来，沿黄河省（区）和各相关部门完整、准确、全面贯彻新发展理念，统筹推进山水林田湖草沙一体化保护和系统治理，黄河绿色低碳高质量发展取得明显成效。当前，黄河流域绿色低碳高质量发展已进入稳步提升阶段：流域及各地区生态环境质量持续改善、绿色低碳创新水平有效提升、绿色全要素生产率稳中有进、"生态-经济-社会"发展日益协调，整体发展态势持续向好。可以看到，经过多方不懈努力，黄河流域在绿色低碳高质量发展方面取得了实质性、阶段性进展。

其实，生态优先、绿色发展是黄河流域推进现代化的主攻方向、战略路径、重大原则和根本遵循。实现黄河流域高质量发展，事关中华民族永续发展，事关中华民族伟大复兴，需要将以往的粗放式和要素高投入发展模式转变为绿色发展和要素集约式投入模式。本研究立足于高质量发展，旨在为黄河流域低碳、绿色发展提供参考，贡献智慧，形成决策依据。

经过研究团队的精心筹划和不懈努力，在反复推敲和修改多次后，凝聚着全体参编人员智慧和心血的《黄河流域生态文明建设发展报告》第三部如期刊印。报告以"黄河流域绿色低碳高质量发展"为核心主题，在总体评价黄河流域社会、经济、生态发展状况的基础上，分产业探讨了黄河流域绿色低碳高质量发展的基本状况，并概括了沿黄河各省（区）"绿水青山就是金山银山"实践创新的主要经验。具体而言，报告由 1 个总报告、4 个专题报告和 9 个区域报告组成。

我们需要认识到黄河流域生态保护和高质量发展是一项长期、复杂的系统性工程。本报告的出版仅仅是一些初步思考和想法，希望能为黄河绿色低碳高质量发展进程贡献绵薄之力。此外，我们也期待本报告的理论探讨和实践案例能够引起社会各界对于黄河流域生态保护和高质量发展更广泛的讨论、思考或创新，助推黄河流域生态保护和高质量发展进程迈出更加坚实的步伐。

最后，衷心感谢所有为本次报告做出贡献的人员！愿我们的努力能够取得令人瞩目的成果，为黄河流域的生态文明建设和高质量发展做出应有的贡献。

摘　要

高质量发展是新时代的硬道理，也是黄河流域生态保护和高质量发展国家重大战略的应有之义。绿色化、低碳化是高质量发展的关键环节。《黄河流域生态文明建设发展报告（2024）》以"黄河流域绿色低碳高质量发展"为主题，分为1篇总报告、4篇专题报告和9篇区域报告。

总报告在总体评价分析黄河流域生态、经济、社会发展状况的基础上，对2012～2021年黄河流域9省（区）36市（州）的绿色低碳创新水平、绿色全要素生产率、生态贡献度及"生态—经济—社会"耦合协调度进行评价分析。研究表明，新时代的头十年，黄河流域整体及上、中、下游地区的绿色低碳创新水平、绿色全要素生产率、生态贡献度均呈波动变化态势，各区域间差距明显、空间非均衡性特征显著；流域"生态—经济—社会"耦合协调度稳中有升，基本达到"勉强协调"或"初级协调"。

4篇专题报告分别研究分析了黄河流域第一、第二和第三产业绿色低碳高质量发展的情况以及水土保持事业的高质量发展情况。第一产业是黄河流域绿色低碳高质量发展的核心产业。黄河流域第一产业绿色低碳高质量发展已进入稳步提升阶段，但区域间发展差距日益凸显，协调发展成为流域第一产业绿色低碳高质量发展的必然选择。第二产业是黄河流域绿色低碳高质量发展的重中之重。黄河流域第二产业绿色低碳高质量发展水平有所提高，水资源利用效率大幅提升，水污染、空气污染得到明显改善，但固体废弃物污染防治仍有待加强；节能减排取得显著成效，但仍不及全国水平，提升空间较大。应加强产业结构调整和转型升级，推广绿色制造技术和管理模式，强

化企业社会责任。第三产业是黄河流域绿色低碳高质量发展的关键支柱。黄河流域第三产业整体发展态势持续向好,但上、中、下游发展差距较大。应当建立黄河流域三产区域协调发展机制,加强文旅赋能,畅通交通物流,弥补金融短板,以助力绿色低碳高质量发展。

9篇区域报告分别研究分析了黄河流域9省(区)在绿色低碳高质量发展方面出台的主要政策和取得的主要成就,重点对各省(区)"两山"实践创新基地进行了案例分析,概括了各省(区)"两山"实践创新的主要经验。

关键词: 高质量发展 绿色低碳 "两山"实践创新基地 黄河流域

目 录 ▷▷

I 总报告

II 专题报告

Ⅲ 区域报告

皮书数据库阅读**使用指南**

总 报 告

G.1

黄河流域"生态—经济—社会"绿色低碳高质量发展报告

薛永基　安黎哲　林震　杨晨钰婧　凌佳旭　陈远星*

摘　要：　黄河流域绿色低碳高质量发展是一项复杂的系统工程。本报告在总体评价分析黄河流域生态、经济、社会发展状况的基础上，对2012~2021年黄河流域9省（区）36市（州）的绿色低碳创新水平、绿色全要素生产率、生态贡献度及"生态—经济—社会"耦合协调度进行评价分析。研究表明，10年来，黄河流域整体及上、中、下游地区的绿色低碳创新水平、绿色全要素生产率、生态贡献度均呈波动变化态势，各区域间差距明显、空间非均衡性特征显著；流域"生态—经济—社会"耦合协调度稳中有升，

---

*　薛永基，博士，北京林业大学黄河流域生态保护和高质量发展研究院副院长，经济管理学院教授、博士生导师，研究方向为农林绿色产业与生态治理；安黎哲，博士，北京林业大学黄河流域生态保护和高质量发展研究院院长，生态与自然保护学院教授、博士后导师，研究方向为生态学、生态文明建设；林震，博士，北京林业大学生态文明智库中心主任兼生态文明研究院院长，博士生导师，研究方向为习近平生态文明思想、生态文明制度与法治、生态环境政策、生态文化等；杨晨钰婧、凌佳旭，北京林业大学博士研究生；陈远星，北京林业大学硕士研究生。

基本达到"勉强协调"或"初级协调"。基于研究结果，本报告从生态保护、基础设施、产业转型、科技创新、都市圈建设、乡村振兴等方面提出黄河流域绿色低碳高质量发展的对策建议。

关键词： 黄河流域　绿色创新　绿色全要素生产率　生态贡献度　耦合协调度

一　黄河流域"生态—经济—社会"发展状况分析

黄河流域绿色低碳高质量发展是融合生态、经济、社会等多个领域的复杂系统。对黄河流域的整体生态发展状况（人口数量、居民收入）、经济发展状况（经济总量、产业结构）、生态保护状况（生态城市、绿色生活）进行综合性分析有利于明晰黄河流域绿色低碳高质量发展的一般趋势和整体走向。

（一）黄河流域绿色低碳高质量发展分析框架

黄河流域生态保护和高质量发展是国家重大发展战略。党的十八大以来，以习近平同志为核心的党中央高度重视黄河流域的生态环境保护，坚定不移走绿色低碳创新发展之路。绿色化、低碳化是促进黄河流域高质量发展的必然要求，也是实现我国"双碳"目标的必然选择。2019年9月，习近平总书记在河南郑州座谈会上发表重要讲话，首次提出黄河流域高质量发展这一国家战略。2021年，《黄河流域生态保护和高质量发展规划纲要》强调黄河流域发展必须坚持生态优先、绿色发展理念，明确煤炭产业绿色化发展道路。2022年，党的二十大报告指出，推动经济社会发展绿色化、低碳化是实现高质量发展的关键环节。

黄河流域绿色低碳高质量发展是一项系统工程。从目标上讲，黄河流域绿色低碳高质量发展是黄河保护和利用的高质量，集中体现了生态保护和可持续发展的要求。从路径上讲，黄河流域绿色低碳高质量发展是"绿色转型+低碳发展+要素升级"，将以往的粗放式和要素高投入发展模式，转变为绿色发展和要素集约式投入模式。从内容上讲，黄河流域绿色低碳高质量发展在宏观层面体现为"生态—经济—社会"协调发展，可表征为生态先行、经济发展和社会进步；在中观层面体现为产业、市场和区域发展的全面升级；在微观层面表现为优越的自然环境、可观的居民收入和旺盛的经济活力（见图1）。

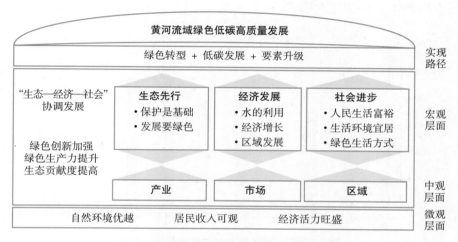

图1 黄河流域绿色低碳高质量发展分析框架

（二）黄河流域经济发展总体评价分析

2012~2021年，黄河流域经济发展整体向好，但上、中、下游地区经济发展差距仍然存在。从经济总量来看，2021年，黄河流域36市（州）地区生产总值（GDP）合计达108019.44亿元，占全国的9.4%；下游GDP明显高于上中游，呈现"领头羊"的发展态势。从产业结构来看，黄河流域产业结构高级化趋势明显，产业结构从"二、三、一"向"三、二、一"转变。

1. 黄河流域经济发展总体趋势良好

黄河流经青海、四川、甘肃、宁夏、内蒙古、山西、陕西、河南、山东

9省（区），横贯我国东中西三大区域。黄河流域经济发展总体趋势良好，2012~2021年，GDP增长47563.16亿元。2012年，黄河流域GDP 60512.8亿元①，其中第一产业增加值4742.95亿元、第二产业增加值33492.25亿元、第三产业增加值22277.60亿元。一、二、三产业比重分别为7.84%、55.35%、36.81%。2021年，黄河流域9省（区）GDP 108019.44亿元（见图2），占全国的9.4%。其中第一产业增加值7518.55亿元、第二产业增加值48223.26亿元、第三产业增加值52277.63亿元。一、二、三产业比重分别为6.96%、44.64%、48.40%。

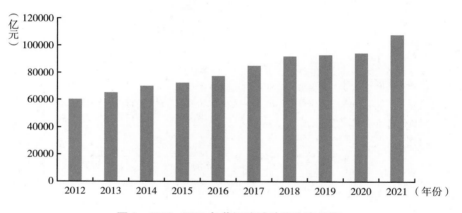

图2　2012~2021年黄河流域地区生产总值

2.黄河流域上、中、下游发展不平衡问题仍然存在

2012~2021年，黄河流域总体经济发展水平呈上升趋势，但是流域内部，上、中、下游发展不平衡。黄河流域下游GDP明显高于上、中游GDP，呈现"领头羊"的发展态势（见表1）；黄河上游地区发展水平处于明显劣势，GDP虽有所增长，但是增长较为缓慢，经济发展水平整体偏低。这可能是由于黄河上、中、下游的发展模式、政府政策，以及地区间的支柱产业、主导产业等存在差异。

----

① 36个市（州）GDP之和，除特殊说明外，本报告数据来源为所涉及市（州）统计年鉴、统计公报。

表1   2012~2021年黄河上中下游地区生产总值

单位：亿元

年份	黄河上游地区 生产总值	黄河中游地区 生产总值	黄河下游地区 生产总值
2012	11342.75	32961.87	62123.48
2013	11910.17	35156.18	67115.97
2014	13158.51	37635.64	72056.05
2015	13851.81	38443.02	74510.22
2016	14638.89	40924.01	79285.19
2017	15207.92	45448.07	87021.34
2018	17008.52	50879.63	89439.14
2019	18188.78	54827.76	95812.15
2020	18385.36	54904.74	97304.49
2021	21555.35	63611.17	111293.45

通过分析比较2012年、2015年、2018年、2021年黄河流域36市（州）经济发展水平，可以发现经济发展水平较高的市（州）大多集中于资源禀赋条件良好、科学技术较为发达的地区。郑州市、济南市、洛阳市以及济宁市的经济发展水平位于黄河流域36市（州）前列。而石嘴山市、吴忠市、海东市、阿坝藏族羌族自治州（以下简称"阿坝州"）等上中游地区市（州）的经济发展水平在整个黄河流域处于劣势地位。

3.黄河流域产业结构向"三、二、一"转变

黄河流域是中国重要的农业经济开发区域。上游的宁蒙河套平原、中游的汾渭盆地以及下游的引黄灌区都是主要的农业生产基地。加快上中游地区的开发建设，对改善生态环境、实现经济重心由东部向中西部转移的战略部署具有重大意义。黄河流域第一产业增加值少于第二、第三产业，但仍然保持稳定增长，由2012年的4742.95亿元增长到2021年的7518.55亿元。

历史上，黄河流域工业基础薄弱，但是自新中国成立以来有了很大的

发展，建立了一批能源工业基地、基础工业基地和新兴城市，为进一步发展流域经济奠定了基础。2012 年，黄河流域第二产业增加值为 33492.25 亿元，且多为传统高能耗、高污染、高排放的工业产业，经济产业结构严重失衡。

由于区位、历史、自然条件等原因，黄河流域 9 省（区）第三产业发展相对滞后，在产业结构、经济增长、全要素生产率等方面与其他区域存在显著差距。2012 年，黄河流域第三产业增加值仅为 22277.60 亿元；2021 年黄河流域第三产业增加值为 52277.63 亿元（见图 3）。

图 3 2012~2021 年黄河流域一、二、三产业增加值

2012~2021 年，黄河流域产业发展整体向好，产业结构总体从"二、三、一"向"三、二、一"过渡（见图 4）。首先，2012~2021 年，黄河流域第一产业增加值占比总体呈下降趋势，由 7.84% 下降到 6.96%。其次，2011 年，黄河流域开展产业结构调整行动，此后工业增加值占比总体呈下降趋势，一度从 2012 年的 55.35% 降至最低的 42.03%（2020 年）。在产业结构转型升级过程中，黄河流域于 2016 年实现第三产业增加值占比高于第二产业。黄河流域第三产业发展相对滞后，但总体呈现增长态势。黄河流域第三产业增加值占比从 2012 年的 36.81% 上升至 2021 年的 48.40%，增长 11.59 个百分点。

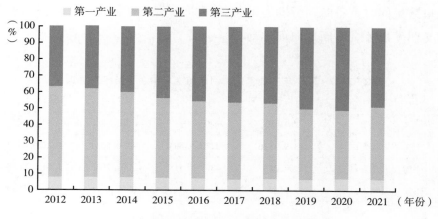

图4　2012~2021年黄河流域三次产业结构

（三）黄河流域社会发展总体评价分析

2012~2021年，黄河流域社会发展整体稳中有升，但增长趋缓。整体而言，黄河流域总人口数仍呈增加态势，下游的山东省和河南省是黄河流域人口大省。然而，2021年，黄河流域各段均出现人口负增长态势，尤其是上游和中游地区较为突出。从居民收入来看，2012~2021年黄河流域城乡居民收入均呈增长趋势，但是城乡收入差距仍旧存在，农村居民收入总体上升速度较为缓慢。

1. 总人口数稳增，劳动力资源充足

截至2021年，黄河流域年末人口数量较多的为下游地区（见表2），尤其是山东省和河南省。其中，郑州市、济宁市、菏泽市、济南市人口总数最高，分别达911.5万人、894.5万人、873.2万人和816.6万人。而青海省海东市和四川省阿坝州年末人口数量相对较少，分别仅有173.04万人和89.66万人。人口数量的多少虽不能全面体现黄河流域的整体社会发展情况，但可以从侧面反映相关地区的生产规模大小、社会分工发达程度以及劳动力市场分布情况等。而在同等社会需要的情况下，人口数量相对较多的山东省，开发资源程度会更高一些，当社会资源和

人口数量同时具备时，劳动力的价值可以得到充分体现，社会发展和历史文明发展才会不断地向前推动。

表 2　2012~2021 年主要年份黄河流域上、中、下游年末总人口

单位：万人

指标	2012 年	2015 年	2018 年	2021 年
上游年末总人口	2279.7876	2272.6569	2350.6034	2370.4402
中游年末总人口	4907.3597	4808.8851	5007.2645	5056.9658
下游年末总人口	6529.56	6768.8934	6750.4	7095.5855

人口数量的变化受社会经济发展的影响，且对实现社会经济的可持续发展起到至关重要的作用。2012~2021 年，黄河流域上、中、下游地区人口总数呈波动变化趋势。2021 年，上、中、下游地区均出现人口负增长情况（见图 5），这对黄河流域的绿色低碳高质量发展带来了一定的挑战。人口减少会带来劳动力短缺等发展问题，可能对黄河流域的社会经济发展造成影响。

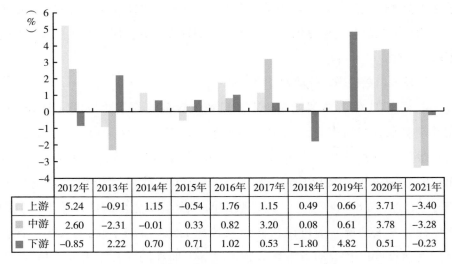

	2012年	2013年	2014年	2015年	2016年	2017年	2018年	2019年	2020年	2021年
上游	5.24	-0.91	1.15	-0.54	1.76	1.15	0.49	0.66	3.71	-3.40
中游	2.60	-2.31	-0.01	0.33	0.82	3.20	0.08	0.61	3.78	-3.28
下游	-0.85	2.22	0.70	0.71	1.02	0.53	-1.80	4.82	0.51	-0.23

图 5　2012~2021 年黄河流域上、中、下游总人口增长情况

2.城乡居民收入显著增长，城乡差距仍旧存在

在社会的现实经济活动中，居民家庭的消费支出主要由可支配收入决定，而城镇人口的消费情况可以由城镇居民人均可支配收入水平反映，当城镇居民人均可支配收入提高时，城镇居民的预算消费也会随之增加，进而影响居民生活品质和幸福度以及社会满意度。农村居民人均纯收入指标的一个最基本特征是可以综合体现农村居民收入水平和生活质量，代表某一区域农户的综合收入水平，是农业从投入到产出整个经济过程多因素作用的结果。

总体来看，黄河流域城镇居民人均可支配收入显著增长。2021年，除山西省外，其他8省（区）城镇居民人均可支配收入均高于全国人均可支配收入（35128元）。2021年，内蒙古沿黄地区的城镇居民人均可支配收入和农村居民人均可支配收入分别为49227.4元和23078.2元，在黄河流域9省（区）中稳居第一位。而山西沿黄地区的城镇居民人均可支配收入为34844元，农村居民人均可支配收入为13096.75元，相对较低（见图6）。

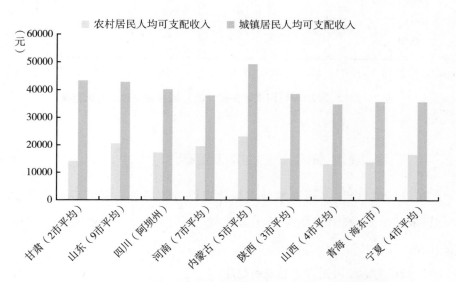

图6　2021年黄河流域9省（区）城乡居民收入情况（沿黄地区平均）

2012~2021 年，黄河流域城镇居民人均可支配收入和农村居民人均可支配收入均呈现稳定上升趋势。2012 年，城镇居民人均可支配收入22097.52 元，农村居民人均可支配收入 8276.00 元；2021 年，城镇居民人均可支配收入 40457.83 元，农村居民人均可支配收入 18309.81。相较于 2012 年，2021 年城镇居民人均可支配收入的增加额（18360.31 元）高于农村居民人均可支配收入的增加额（10033.81 元）。从城乡居民收入差距角度来看，尽管黄河流域的城乡居民收入不断增加，但是城乡居民收入差距仍旧存在，农村居民收入总体上升速度较为缓慢，2021 年城乡居民收入差距为 22148.02 元（见图 7）。

图 7　2012~2021 年黄河流域 9 省（区）城乡居民收入对比情况

（四）积极推进黄河流域生态文明建设

2012~2021 年，黄河流域城市绿化建设成效显著，交出了一份亮眼的"绿色成绩单"，城市生活垃圾无害化处理率、建成区绿化覆盖率均稳中有升。

1. 城市生活垃圾无害化处理率提升

黄河流域城市生活垃圾无害化处理推进顺利。2021 年，除山西段城市外，其他各段城市生活垃圾无害化处理率均高于90%，上游地区、中游地区、下游地区城市生活垃圾无害化处理率分别为99.64%、92.91%、99.98%（见图8）。其中，内蒙古、宁夏、山东、甘肃河段城市生活垃圾无害化处理进程较快。

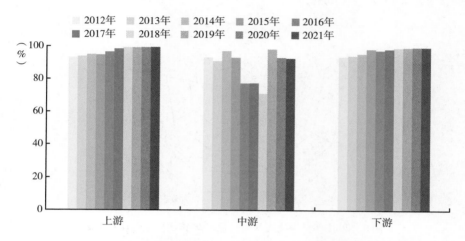

图8 2012~2021年黄河流域上、中、下游城市生活垃圾无害化处理率

2012~2021年，黄河流域城市生活垃圾无害化处理率总体呈现上升趋势。相较于2012年，2021年黄河流域城市生活垃圾无害化处理率增长率为4.4%。其中，上游和下游增长较为明显，增长率分别为6.84%和6.36%；中游则呈现波动态势，平均水平在90%左右。从空间维度看，2012~2021年上游和下游的城市生活垃圾无害化处理率高于中游，均值在95%以上。

2. 建成区绿化覆盖率稳中有升

总体来看，黄河流域城市建成区绿化覆盖率较为可观。2021年，除海东市外，黄河流域城市建成区绿化覆盖率均高于30%，上游地区、中游地区、下游地区的城市建成区绿化覆盖率分别为39.73%、38.26%、40.65%。其中，内蒙古自治区的城市建成区绿化覆盖率平均水平（42.24%）最高，宁夏回族自治区（42.13%）和山东省（41.57%）次之，而以海东市为代表的黄河流域青海段城市建成区绿化覆盖率平均水平较低（见图9）。

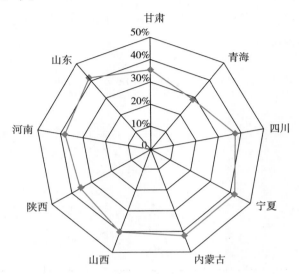

图9　2021年黄河流域9省（区）城市建成区绿化覆盖率

2012～2021年，黄河流域城市建成区绿化覆盖率总体呈现上升趋势。相较于2012年，2021年黄河流域城市建成区绿化覆盖率的增长率为9.5%。其中，中游增长最为明显，增长率达22.62%；下游的增长较为缓慢，增长率仅有1.5%。从空间维度看，2012～2021年下游的城市建成区绿化覆盖率基本高于上游和中游地区，从2012年的40.06%上升至2021年的40.65%（见图10）。

（五）研究区域与数据来源

本报告采用官方统计数据，对黄河流域9省（区）36市（州）的绿色低碳创新水平、绿色全要素生产率、生态贡献度及"生态—经济—社会"耦合协调度进行评价。具体研究区域、数据来源如下，研究方法见附录。

1. 研究区域

本报告以黄河流域的地级市作为基本研究单位，选取黄河流域9省

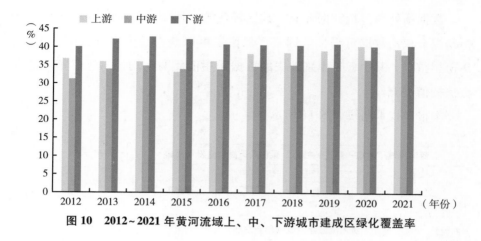

图 10　2012～2021 年黄河流域上、中、下游城市建成区绿化覆盖率

（区）36 市（州）作为研究对象。依据黄河流经地区的地形、地貌、水文等自然因素，以及科学保护治理等多方面、多层次情况，将河源至内蒙古托克托河口镇划分为黄河流域的上游，托克托河口镇至河南桃花峪花园口为中游，桃花峪花园口至入海口为下游。

上游城市群包括兰州市、白银市、海东市、阿坝州、中卫市、吴忠市、银川市、石嘴山市、乌海市、鄂尔多斯市、巴彦淖尔市、呼和浩特市以及包头市。

中游城市群涵盖三门峡市、洛阳市、焦作市、郑州市、临汾市、吕梁市、忻州市、运城市、榆林市、延安市和渭南市。

下游城市群则包含开封市、新乡市、濮阳市、聊城市、泰安市、德州市、淄博市、济南市、滨州市、济宁市、东营市以及菏泽市。

2. 数据来源

本报告数据主要来自各类型统计年鉴、统计公报及政府报告等资料，包括《中国统计年鉴》、《中国农村统计年鉴》、《中国农业年鉴》、《中国环境统计年鉴》、《中国城市统计年鉴》、各省市统计年鉴、各省生态环境状况公报、各省水资源公报、生态环境部自然保护区统计资料等，部分数据通过权威网站获取，如生态环境部《中国生态环境状况公报》、中国绿色食品发展中心《绿色食品统计年报》、中国碳核算数据库（CEADs）。

数据预处理包括数据补充、数据替代等。用于分析的地区、年份、指标是综合权衡数据可得性等因素，保留了可以获得较为系统数据的地区、年份、指标。其中，对个别缺失的数据采用前后两年均值、近三年均值等方法插值补充。

本报告技术路线如图11所示。

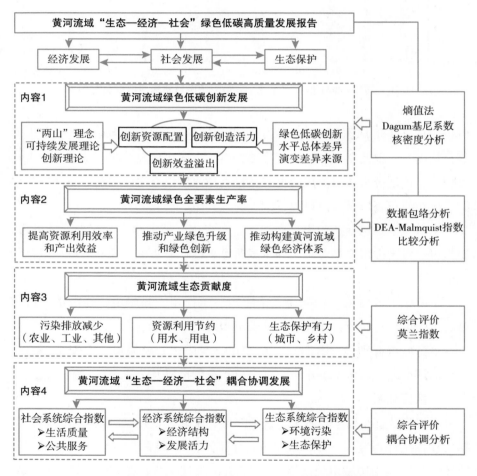

图11 黄河流域"生态—经济—社会"绿色低碳高质量发展
报告技术路线

二　黄河流域绿色低碳创新发展测度及区域差异识别①

2022 年 6 月，由生态环境部等 4 部门联合印发的《黄河流域生态环境保护规划》，针对黄河流域生态环境污染、能源供应不足等问题提出了解决方案，为生态系统、能源系统的绿色低碳转型提供了行动指南。同年，《关于深入推进黄河流域工业绿色发展的指导意见》发布，聚焦黄河流域产业结构、水资源利用、能源消费等五个具体方面十四项重点发展任务，为黄河流域下一步发展指明了方向。可见，黄河流域绿色低碳创新发展是目前国家推进的重大战略安排，更是大势所趋、发展所需。

本报告通过构建指标体系，对黄河流域绿色低碳创新水平进行分析。通过深入梳理黄河流域发展脉络，为促进区域间融合互动、融通补充，形成黄河流域优势互补的绿色低碳创新高质量发展格局提供决策参考。同时，从静态和动态双重视角出发，借助 Dagum 基尼系数与核密度分析方法全面揭示 2012~2021 年黄河流域绿色低碳创新发展的时空格局及演化特征，为探索差异化的绿色低碳创新水平提升方案提供借鉴。

（一）黄河流域高质量发展需兼顾创新、绿色、低碳三重属性

绿色低碳创新作为资源环境约束凸显背景下"创新驱动"与"绿色发展"的结合点，是推动绿色集约发展、解决资源环境问题的战略选择。黄河流域绿色低碳创新发展需要兼顾创新、绿色、低碳三重属性，不仅要科学合理提升创新发展水平，还要加入绿色和低碳理念，充分考虑环境污染与碳排放。

---

① 本部分探究黄河流域沿线市（州）在本地区及全流域绿色低碳创新发展中发挥的作用，以全面剖析黄河流域绿色低碳高质量发展格局。具体来看，黄河流域整体分析以全域 36 个市（州）为总样本，分析各市（州）在推动全流域绿色低碳高质量发展中的地位和贡献；黄河上游的分析以 13 个市（州）为总样本，分析各市（州）在推动上游绿色低碳高质量发展中的能动作用（中、下游同理）。因此，全域测算数据与局域测算数据存在差异属正常现象。

1. 黄河流域绿色低碳创新的基本内涵

关于绿色低碳创新的内涵，目前学者们众说纷纭。有学者指出绿色的关键在于协调人与自然的关系，实现人与自然和谐共生；低碳即在可持续发展理念下，尽可能地减少高污染能源消耗（如煤炭、石油），使用清洁能源，以低能耗低污染为前提维持经济增长[①]。也有学者认为绿色低碳发展涵盖多方面内容，是一种促进经济、社会、生态共进共赢的新模式[②]，旨在解决生态环境污染、化石能源不足、经济效率低等问题[③]。通常认为，绿色是实现"双碳"目标的主要愿景，产业发展不能再依赖高消耗、高污染模式，只有在资源环境压力合理范围内保持经济增长，有序高效地进行碳排放管理，才能真正促进绿色低碳高质量发展，从而实现"双碳"目标[④]。而绿色低碳目标的实现离不开技术创新、数字创新以及金融创新[⑤]。绿色低碳发展是一项极其复杂的系统工程，必须依靠技术创新驱动，只有将绿色化、低碳化与数字、金融发展相结合[⑥]，加速节能降碳先进技术研发，丰富绿色金融产品种类，才能为绿色低碳成果高效率转化助力[⑦]。对于黄河流域的绿色低碳创新发展，绿色方面要从流域上中下游地区人们的生态环境保护意识发力，坚持人与自然和谐共生理念[⑧]；低碳方面减少化石燃料使用，控制碳排放量，减轻大气污染[⑨]；创

---

① 邹浩：《实现绿色发展的低碳经济之路》，《学术交流》2016年第3期。
② 邬彩霞：《中国低碳经济发展的协同效应研究》，《管理世界》2021年第8期。
③ 高红贵、何美璇：《生态优先、绿色低碳发展的理论逻辑、内涵特征与实践向度》，《生态经济》2023年第8期。
④ 庄贵阳、王思博：《全球气候治理变革期主要经济体碳中和战略博弈》，《社会科学辑刊》2023年第5期。
⑤ 邵帅、范美婷、杨莉莉：《经济结构调整、绿色技术进步与中国低碳转型发展——基于总体技术前沿和空间溢出效应视角的经验考察》，《管理世界》2022年第2期。
⑥ 樊亚平、周晶：《"双碳"目标下中国特色绿色金融理论：历史镜鉴与践行指向》，《经济问题》2022年第9期。
⑦ 王学婷、张俊飚：《双碳战略目标下农业绿色低碳发展的基本路径与制度构建》，《中国生态农业学报》（中英文）2022年第4期。
⑧ 鲁仕宝等：《黄河流域经济带生态环境绩效评估及其提升路径》，《水土保持学报》2023年第4期。
⑨ 贺卫华、刘宝亮：《"双碳"目标下黄河流域产业转型发展的策略选择》，《学习论坛》2022年第4期。

新方面加快减碳技术创新,大力发展绿色清洁能源①。

2. 提升黄河流域绿色低碳创新水平具有重要意义

黄河流域拥有多个重要生态功能区,横贯多种地形地貌,涉及多个城市,具有十分重要的经济效益、社会效益和生态效益。一直以来,黄河流域工业化与城镇化快速发展,追求经济增长却忽视了生态环境保护,随着经年累月的资源消耗,黄河流域出现生态破坏、空气污染、能源耗竭等各种问题②,严重制约了黄河流域高质量发展目标的实现,迫切需要加快推进产业结构升级,实现绿色低碳转型③。黄河流域推进绿色低碳创新发展,一方面有利于保障黄河流域的水安全、能源安全和生态安全;另一方面有利于响应国家号召与满足人民对美好生活的期待,为实现"双碳"目标而努力。因此,必须坚持绿色低碳创新发展路径,严格落实执行国家重大政策方案,扎实推进黄河流域生态环境高质量发展。

3. 黄河流域绿色低碳创新指标体系构建

本报告构建的黄河流域绿色低碳创新指标体系,包含创新资源配置、创新创造活力、创新效益溢出三个子系统(见表3)。

表3　黄河流域绿色低碳创新指标体系

子系统	一级指标	二级指标	单位	属性
创新资源配置	财政支持	人均科学技术支出	元	+
		人均教育支出	元	+
	创新载体	城镇图书馆数量	个	+
		公共图书馆图书藏量	万册	+

---

① 刘晓东、毕克新、叶惠:《全球价值链下低碳技术突破性创新风险管理研究——以中国制造业为例》,《中国软科学》2016年第11期。

② 何爱平、安梦天:《黄河流域高质量发展中的重大环境灾害及减灾路径》,《经济问题》2020年第7期。

③ 田美荣等:《近70年来黄河流域生态修复历程及系统性修复思考》,《环境工程技术学报》2023年第5期。

续表

子系统	一级指标	二级指标	单位	属性
创新创造活力	人才支撑	就业人数	万人	+
		普通中学在校学生数	万人	+
	技术转化	城市污水处理率	%	+
		生活垃圾无害化处理率	%	+
创新效益溢出	生态建设	城市建成区绿化覆盖率	%	+
		绿地面积	公顷	+
	知识扩散	专利申请和授权数量	项	+

　　创新资源配置子系统由财政支持和创新载体两个一级指标组成，其中财政支持反映国家对黄河流域绿色低碳创新发展的支持，创新载体反映绿色低碳创新的实施主体；创新创造活力子系统主要由人才支撑和技术转化两个一级指标组成，反映黄河流域的创新人才储备及技术成果支持情况；创新效益溢出子系统包括生态建设和知识扩散两个一级指标，反映黄河流域绿色低碳创新的成果。

（二）黄河流域绿色低碳创新水平评价与分析

　　本报告收集了2012~2021年黄河流域36市（州）的绿色低碳创新指标原始数据。经数据预处理，采用熵值法确定测度指标权重。根据预处理数据和组合权重，得出黄河流域36市（州）的绿色低碳创新水平测度结果，并进行了时间变化趋势、空间差异的综合性分析。

1.黄河流域绿色低碳创新水平概况

　　2012~2021年，黄河流域上、中、下游的绿色低碳创新水平均呈波动变化趋势（见图12）。黄河下游的绿色低碳创新水平明显高于黄河流域整体；黄河中游的绿色低碳创新水平虽低于整体，但是总体相差较小；黄河上游的绿色低碳创新水平则低于整体。这表明，黄河上游的绿色低碳创新水平拥有巨大的上升空间，黄河流域的绿色低碳创新水平仍有较大的地区差异，缩小区域间和区域内绿色低碳创新水平差异将是加快实现黄河流域高质量发展目标所要面对的严峻挑战。

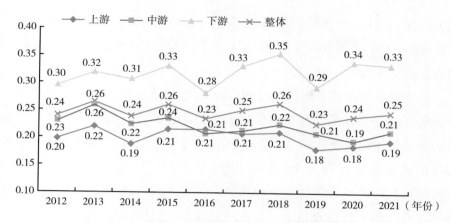

图 12 2012～2021 年黄河流域上、中、下游绿色低碳创新水平变化趋势

考虑到区域层面的分析可能会掩盖省（区）内部绿色低碳创新水平的异质性，因此进一步分析黄河流域 9 省（区）绿色低碳创新水平的测度结果（见图 13）。黄河流经 9 省（区），其中山东省的绿色低碳创新水平最高，

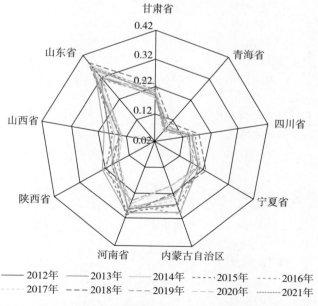

图 13 2012～2021 年黄河流域 9 省（区）绿色低碳创新水平

这说明近年来山东省在深化新旧动能转换、推动绿色高质量发展等方面取得了显著的成效。青海省的绿色低碳创新水平则处于劣势地位，这可能是因为青海省的科技创新水平较低。

为了更加清晰地了解各市（州）绿色低碳创新水平的异质性，进一步分析各市（州）的绿色低碳创新水平测度结果（见表4）。其中，济南市的绿色低碳创新指数较高，2021年达到了0.65；海东市在样本考察期内绿色低碳创新指数较低，2021年仅为0.08。可以发现，各市（州）之间绿色低碳创新水平的差异较大，需要不断完善基础设施建设，不断激发各市（州）的发展活力，以推动共同富裕目标的实现。

表4 2012~2021年主要年份黄河流域36市（州）绿色低碳创新水平

省（区）	市（州）	绿色低碳创新指数			
		2012年	2015年	2018年	2021年
甘肃	兰州市	0.24	0.27	0.30	0.26
	白银市	0.13	0.14	0.15	0.12
青海	海东市	0.09	0.09	0.11	0.08
四川	阿坝州	0.14	0.16	0.18	0.15
宁夏	中卫市	0.09	0.14	0.14	0.12
	吴忠市	0.14	0.14	0.18	0.17
	银川市	0.36	0.45	0.48	0.40
	石嘴山市	0.08	0.09	0.12	0.10
内蒙古	乌海市	0.15	0.22	0.14	0.19
	鄂尔多斯市	0.41	0.30	0.29	0.33
	巴彦淖尔市	0.13	0.15	0.15	0.11
	呼和浩特市	0.28	0.35	0.22	0.26
	包头市	0.33	0.29	0.27	0.24
河南	郑州市	0.53	0.58	0.64	0.65
	洛阳市	0.36	0.34	0.32	0.33
	焦作市	0.19	0.19	0.18	0.13
	三门峡市	0.17	0.16	0.18	0.14
	开封市	0.20	0.25	0.25	0.24
	新乡市	0.30	0.32	0.32	0.28
	濮阳市	0.20	0.18	0.22	0.21

省（区）	市（州）	绿色低碳创新指数			
		2012 年	2015 年	2018 年	2021 年
陕西	渭南市	0.21	0.22	0.18	0.16
	榆林市	0.17	0.22	0.21	0.17
	延安市	0.18	0.20	0.18	0.16
山西	临汾市	0.21	0.20	0.16	0.16
	吕梁市	0.15	0.15	0.12	0.14
	忻州市	0.16	0.14	0.13	0.13
	运城市	0.20	0.18	0.16	0.16
山东	泰安市	0.28	0.33	0.37	0.40
	聊城市	0.22	0.28	0.32	0.30
	德州市	0.22	0.29	0.33	0.28
	济南市	0.61	0.67	0.63	0.65
	淄博市	0.41	0.42	0.37	0.34
	滨州市	0.26	0.27	0.28	0.27
	东营市	0.25	0.30	0.30	0.27
	菏泽市	0.25	0.30	0.40	0.38
	济宁市	0.35	0.37	0.45	0.38

2. 黄河上游绿色低碳创新水平概况①

2021 年，甘肃（兰州市和白银市）、宁夏（中卫市、吴忠市、银川市、石嘴山市）等的绿色低碳创新指数较 2012 年有明显增长，其中，增长幅度排名前三的分别为乌海市、吴忠市和银川市，增长幅度分别达67.41%、15.17%、14.38%。坚持贯彻国家绿色发展战略和建设创新型国家战略是这些城市绿色低碳创新水平显著提升的重要原因。海东市、阿坝州以及鄂尔多斯市等的绿色低碳创新指数呈现小幅度下降态势，其中海东市的下降幅度（25%）最大，绿色低碳创新指数由 0.12 下降至0.09（见图 14）。出现这一现象，一方面是由于新冠疫情冲击不利于绿

---

① 本部分以黄河上游 13 个市（州）为总样本，故测算结果可能与以全域为总样本的测算结果存在偏差，属正常现象。

色低碳创新，另一方面是由于这些城市高耗能高污染类产业占比较大，短期内难以转变，绿色低碳创新难度较大。

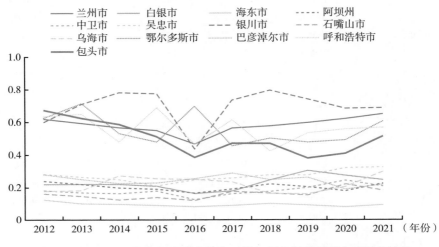

图 14 2012～2021 年黄河流域上游市（州）绿色低碳创新水平测度结果

将 2012～2021 年黄河上游各市（州）的绿色低碳创新指数取平均值（见图 15），通过比较可知，银川市的绿色低碳创新指数均值最高，达0.69，其次为兰州市。这说明近年来宁夏深入实施可持续发展战略，大力推广绿色创新技术，成效凸显。从整体上看，黄河上游市（州）间绿色低碳创新水平存在较大差异，而缩小区域间和区域内绿色低碳创新水平差异将是加快实现黄河上游高质量发展目标过程中所要面临的严峻挑战。

3. 黄河中游绿色低碳创新水平概况①

从变化趋势来看，黄河中游各地市绿色低碳创新指数存在较大的波动性。相较于 2012 年，2021 年实现增长的地市有郑州市、榆林市、忻州市。其中，榆林市增长幅度最大，达到了 94.12%。2021 年，其他地市的绿色低

---

① 本部分以黄河中游 11 个市为总样本，故测算结果可能与以全域为总样本的测算结果存在偏差，属正常现象。

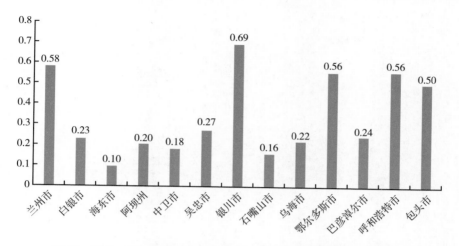

图15 2012~2021年黄河流域上游市（州）绿色低碳创新指数均值

碳创新指数相较于2012年呈波动变化状态。其中，焦作市下降幅度最大，达到了48.15%。事实上，榆林市和焦作市均以煤炭资源丰富而闻名，但随着煤炭经济的衰败，两市都归为"资源枯竭型城市"。但这两个相似的资源枯竭型城市的绿色低碳创新指数存在巨大差异。在煤炭经济已经迫切需要转型升级的今天，焦作和榆林所采取的不同政策和方向，是两市的绿色低碳创新发展能力存在差异的原因所在。资源枯竭型城市实现转型绝非易事，其中更离不开对时机的把握，在实现产业升级转型的过程中，资源枯竭型城市更需要注意绿色发展和低碳环保。

从空间分异来看，除郑州和洛阳外，黄河中游地区各地市的绿色低碳创新指数基本处于同一水平（见图16）。郑州和洛阳的绿色低碳创新指数随着经济发展水平的提高而提高，尤其是郑州绿色低碳创新指数相较于其他地市更为突出，2012~2021年均在0.8以上，展现了郑州市较强的绿色发展能力与绿色创新能力。

总的来说，在黄河中游地区，各地市的绿色低碳创新水平仍存在较大的空间差异，各地市要想推动产业转型升级，提高绿色发展能力，实现"双碳"目标，从而走上绿色发展之路仍面临很大的挑战。

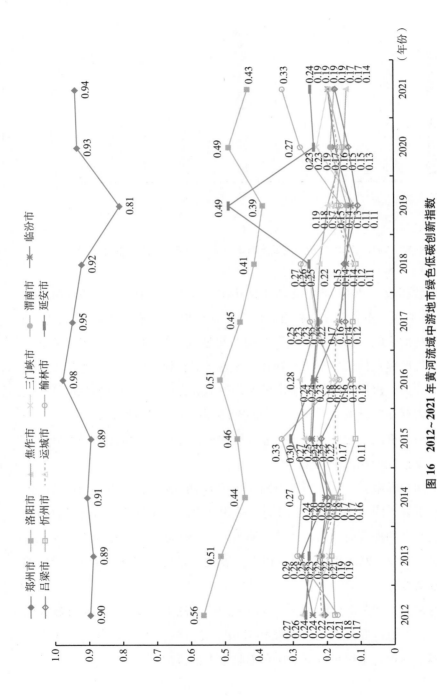

图 16 2012～2021 年黄河流域中游地市绿色低碳创新指数

4. 黄河下游绿色低碳创新水平概况①

2012~2021 年，黄河下游 12 市中的大部分绿色低碳创新水平总体呈波动上升趋势（见图 17）。黄河下游绿色低碳创新指数由 2012 年的 0.34 上升到 2021 年的 0.35。山东的绿色低碳创新水平处于黄河下游领先地位，始终高于黄河下游的平均水平，这说明，山东省在经济、金融、教育、社会发展等方面具有较强的竞争力。河南绿色低碳创新水平低于黄河下游的平均水平。这可能是因为开封市、新乡市以及濮阳市存在经济基础相对较为薄弱、教育体系不尽完善、创新氛围不足等制约条件，但是与 2012 年相比，2021 年黄河下游河南段的绿色低碳创新水平有显著提高，从 0.21 上升到了 0.27，表明黄河下游河南段也在不断完善自身条件，推动绿色低碳创新发展。

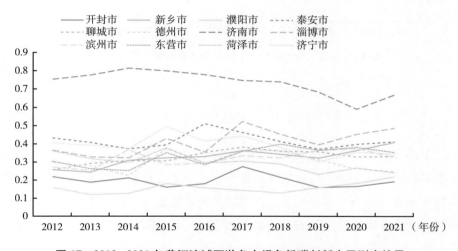

图 17　2012~2021 年黄河流域下游各市绿色低碳创新水平测度结果

进一步分析黄河下游两省内部绿色低碳创新水平测度结果可知，2021 年黄河下游绿色低碳创新指数为 0.35（见图 18）。其中，济南市的绿色低碳创新指数最高，2021 年达到 0.67。开封市在样本考察期内绿色低碳创新

---

① 本部分以黄河下游 12 个市为总样本，故测算结果可能与以全域为总样本的测算结果存在偏差，属正常现象。

指数最低，2021年绿色低碳创新指数仅为0.19。这说明黄河下游绿色低碳创新水平仍有较大的空间差异，缩小区域间和区域内绿色低碳创新水平差异将是加快实现黄河下游"双碳"目标所要面对的严峻挑战。

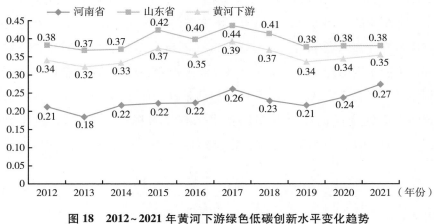

图18　2012~2021年黄河下游绿色低碳创新水平变化趋势

（三）黄河流域绿色低碳创新水平的总体差异演变

上述分析表明，黄河流域整体及上游、中游、下游地区的绿色低碳创新水平呈波动变化态势，各区域绿色低碳创新水平存在明显差异，空间非均衡性特征显著。为进一步剖析黄河流域绿色低碳创新水平地区差异形成的内在机理并量化分析其演变特征，本报告采用Dagum基尼系数及其分解方法展开探索。

1. 黄河流域整体绿色低碳创新水平的总体差异演变

样本考察期内，黄河流域绿色低碳创新总体基尼系数自2012年的0.260上升到2021年的0.283，增长2.3%，这表明黄河流域绿色低碳创新水平差异整体呈扩大态势（见表5）。从基尼系数的演变动态来看，总体差异的扩大并非平稳的，而是波动的。2015年总体基尼系数出现一定幅度的下降，原因可能是区域协调发展越来越受重视，从而缩小了黄河流域绿色低碳创新水平的总体差异。

表5　2012~2021 年黄河流域绿色低碳创新 Dagum 基尼系数及差异贡献率结果

单位：%

年份	基尼系数				差异贡献率		
	总体	组内基尼系数(G_w)	组间基尼系数(G_b)	超变密度基尼系数(G_t)	区域内差异贡献率	区域间差异贡献率	超变密度贡献率
2012	0.260	0.076	0.092	0.092	29.16	35.38	35.46
2013	0.272	0.080	0.083	0.109	29.46	30.33	40.22
2014	0.278	0.078	0.111	0.089	27.98	40.05	31.97
2015	0.254	0.072	0.101	0.081	28.28	39.69	32.03
2016	0.259	0.076	0.072	0.111	29.40	27.69	42.91
2017	0.270	0.074	0.111	0.085	27.58	41.07	31.35
2018	0.266	0.069	0.122	0.076	25.79	45.81	28.40
2019	0.277	0.077	0.112	0.088	27.77	40.39	31.84
2020	0.283	0.072	0.142	0.069	25.39	50.27	24.34
2021	0.283	0.074	0.126	0.083	26.14	44.46	29.40

　　其中，区域间差异来源始终保持最大，均值为 0.107，平均贡献率为39.51%；超变密度差异次之，均值为 0.075，平均贡献率为 27.70%；区域内差异来源最小，均值为 0.088，平均贡献率为 32.79%。说明这一时期黄河流域绿色低碳创新的交叉重叠现象较为显著。从动态演进趋势看，区域间差异贡献率整体呈波动上升趋势，区域内差异贡献率整体波动较为平缓并呈下降趋势，超变密度贡献率在整个考察期内呈波动下降趋势。2012~2021 年区域间差异贡献率上升了 9.08 个百分点，区域内差异贡献率下降了 3.02 个百分点，超变密度贡献率下降了 6.06 个百分点。这表明以区域为单位，绿色低碳创新的分化趋势正在加剧，主要表现在黄河流域发达段逐渐拉大与其他区域的整体差距，部分区域绿色低碳创新陷入相对停滞状态。

　　表6 展示了 2012~2021 年黄河流域上、中、下游绿色低碳创新指数的组内基尼系数以及组间基尼系数。样本考察期内，黄河上游地区组内基尼系数由 0.298 下降到 0.266，下降 0.032；黄河下游地区组内基尼系数由 0.183下降到 0.163，下降 0.020；黄河中游地区组内基尼系数则由 0.210 上升至

0.275，增长0.065。这表明黄河上游以及下游地区区域内绿色低碳创新水平差异逐渐缩小，但是黄河中游地区区域内绿色低碳创新水平差异不断扩大，说明中游地区部分地市得到了快速发展，而部分地市的发展出现了停滞。由组间基尼系数可知，上游和下游之间的绿色低碳创新水平差异较大，均值达到了0.298，说明资源禀赋较好、基础设施条件完善的区域发展速度相对更快。

表6 2012~2021年黄河流域上、中、下游绿色低碳创新
Dagum基尼系数差异指数

年份	组内基尼系数			组间基尼系数		
	上游	中游	下游	上游 & 下游	上游 & 中游	下游 & 中游
2012	0.298	0.210	0.183	0.300	0.286	0.240
2013	0.331	0.213	0.185	0.316	0.313	0.235
2014	0.309	0.245	0.172	0.314	0.31	0.278
2015	0.269	0.228	0.167	0.281	0.266	0.272
2016	0.292	0.267	0.146	0.254	0.296	0.281
2017	0.263	0.249	0.178	0.292	0.27	0.315
2018	0.241	0.262	0.151	0.300	0.262	0.321
2019	0.252	0.300	0.174	0.297	0.290	0.312
2020	0.237	0.257	0.181	0.324	0.262	0.353
2021	0.266	0.275	0.163	0.304	0.295	0.341

2. 黄河上游绿色低碳创新水平的总体差异演变

从总体上看，2012~2021年黄河上游绿色低碳创新水平的区域差距处于波动状态，呈现波动下降趋势（见图19）。2012年总体基尼系数为0.305，到2015年总体基尼系数上升至0.337，上升幅度为10.49%。2015年以后，总体差异开始缩小，总体基尼系数由0.337降至0.293，下降幅度达13.06%。2018年和2019年的总体基尼系数同为0.312，2020年下降最为明显。

进一步从黄河流域上游各省（区）绿色低碳创新水平区域内差异的角度看，2012~2021年甘肃与内蒙古组内基尼系数相差较小，截至2021年，两省（区）组内基尼系数分别为0.22、0.18，表明两省（区）绿色低碳创

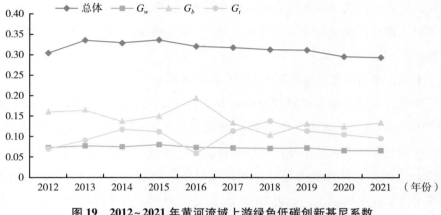

图 19　2012~2021 年黄河流域上游绿色低碳创新基尼系数

新水平区域内差距较小（见图 20）。对比而言，宁夏的组内基尼系数相对较高，基本维持在 0.25 以上，表明宁夏内部城市之间的绿色低碳创新水平存在较为显著的差异。从曲线变化趋势来看，宁夏组内基尼系数呈波动状态，变化幅度较大。甘肃组内基尼系数总体呈现先上升后下降又上升的趋势，2012~2017 年上升幅度为 8.33%，2017~2019 年下降幅度为 34.61%。总体上，内蒙古组内基尼系数变化幅度较小，基本处于稳定状态。基于以上综合分析结果，可以认为引起黄河上游绿色低碳创新水平区域差异的可能是来自

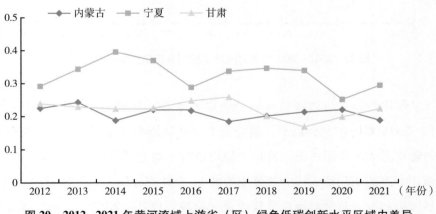

图 20　2012~2021 年黄河流域上游省（区）绿色低碳创新水平区域内差异

宁夏的影响。因此必须加大力度进一步缩小上游城市之间的绿色低碳创新水平差异，推动高水平城市带动低水平城市发展，争取实现绿色低碳创新协调发展。

3. 黄河中游绿色低碳创新水平的总体差异演变

从中游地区总体基尼系数变化来看，总体基尼系数呈现波动上升趋势，由 2012 年的 0.287 波动上升至 2021 年的 0.347（见图 21）。这说明黄河中游地区绿色低碳创新的不平衡性逐步加剧，产生这一结果的原因是黄河中游 11 个地市的体量具有较大差异，既存在郑州这种新一线大型城市，也有忻州这类体量较小的城市，二者 GDP 相差几乎 10 倍，绿色低碳创新能力自然也有较大的差别。城市发展不均衡带来的绿色低碳创新能力不均衡是总体基尼系数上升的主要原因。

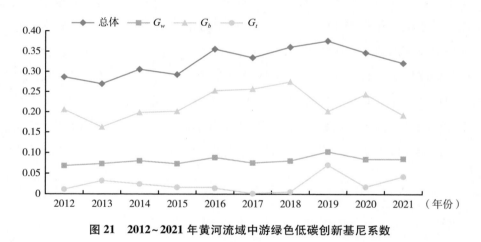

图 21　2012~2021 年黄河流域中游绿色低碳创新基尼系数

从不同指标对总体基尼系数的贡献率来看，区域间差异贡献率最大，2012~2021 年均在 50% 以上，超变密度贡献率最小（见图 22）。区域间差异贡献率最大的原因可能是流域中游地市对于绿色低碳创新投入的不均衡和重视程度的不均衡。因为流域中游的 11 个地市分属 3 个不同的省，城市发展政策和地方政府对绿色低碳产业的重视程度各不相同，这是整体差异扩大的主要原因。2012~2021 年，区域间差异贡献率总体呈现波动下降趋势，特别是 2012~2014 年与 2019~2021 年对比，这一趋势更为显著。可以看出，各地市均响应了国家绿色低碳政策号召，重视绿色经济及相关产业的发展，这对于黄河中游乃至整体的绿色低碳创新水平提升具有重要意义。

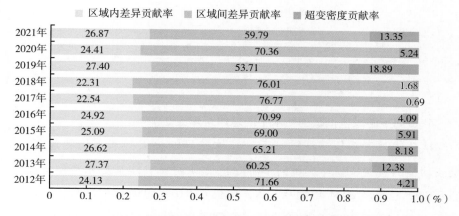

图 22　2012~2021 年黄河流域中游绿色低碳创新水平差异贡献率分布

由表 7 可以看出，陕西、山西、河南 3 省内部的绿色低碳创新水平具有较大的非均衡性，河南省内差异尤为显著。这与黄河流经的河南省 4 个地市三门峡、焦作、洛阳以及郑州体量差异较大有重要关系。2021 年，4 市的 GDP 分别为 1582.54 亿元、2107.79 亿元、5447.12 亿元和 12691 亿元，差距极大，因此 4 市之间的绿色投入以及绿色低碳创新能力也必然存在巨大差异，这导致黄河中游河南段组内基尼系数要显著高于其他两省。

表 7　2012~2021 年黄河流域中游 3 省绿色低碳创新组内基尼系数

年份	组内基尼系数		
	中游山西段	中游河南段	中游陕西段
2012	0.056	0.288	0.094
2013	0.076	0.33	0.071
2014	0.051	0.361	0.087
2015	0.149	0.299	0.061

续表

年份	组内基尼系数		
	中游山西段	中游河南段	中游陕西段
2016	0.144	0.337	0.083
2017	0.072	0.32	0.029
2018	0.067	0.311	0.131
2019	0.106	0.383	0.299
2020	0.053	0.361	0.077
2021	0.02	0.388	0.144

4. 黄河下游绿色低碳创新水平的总体差异演变

从总体基尼系数演变动态看，总体差异的扩大并非平稳的过程，而是波动性的（见图23）。黄河下游绿色低碳创新总体基尼系数由2012年的0.192上升至2021年的0.208，增长0.016；组内基尼系数由2012年的0.112上升至2021年的0.115；组间基尼系数由2012年的0.057上升至2021年的0.093。这表明黄河下游的绿色低碳创新具有明显的空间非均衡性特征，仅少部分地市具备高水平的绿色低碳创新能力。尽管后期空间非均衡程度出现小幅下降，但整体差异仍保持扩大态势，未来一段时间仍将是少部分城市引领黄河下游绿色低碳创新水平提升。

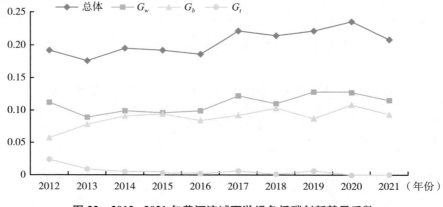

图23　2012~2021年黄河流域下游绿色低碳创新基尼系数

进一步从样本平均趋势看，2012~2021 年，区域内差异来源始终保持最大，均值为 0.110，平均贡献率高达 53.70%；区域间差异来源次之，均值为 0.089，平均贡献率为 43.39%；超变密度差异来源最小，均值为 0.006，平均贡献率为 2.92%。不同区域内部均存在高绿色低碳创新水平及低绿色低碳创新水平地市。从动态演进趋势看，区域间差异贡献率整体呈波动上升趋势，样本考察期内上升了 15.34 个百分点；区域内差异贡献率整体呈现波动下降趋势，样本考察期内下降了 2.87 个百分点；超变密度贡献率在整个考察期内同样呈现波动下降趋势。这表明区域间省会城市以及资源基础等条件良好的地市与其他一些基础较为薄弱地市的整体发展差距逐渐扩大。但是，以区域为单位，绿色低碳创新水平的差距不断缩小则表明不同省份充分发挥先富带动后富作用，朝着共同富裕的目标不断前进。

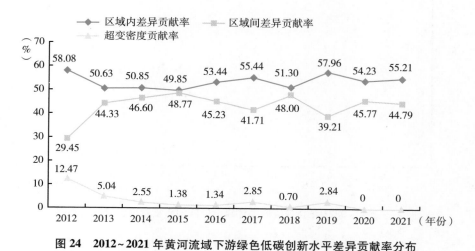

图 24　2012~2021 年黄河流域下游绿色低碳创新水平差异贡献率分布

（四）黄河流域绿色低碳创新水平的差异来源及贡献

Dagum 基尼系数及其分解结果仅揭示黄河流域绿色低碳创新水平的区域差异大小、来源及贡献。为进一步识别绿色低碳创新水平的绝对差距，本报告采用核密度分析方法探索绿色低碳创新水平的时空演进规律，并从分布位置、分布形态、分布延展性和极化特点等角度展开分析。

1. 黄河流域整体绿色低碳创新水平的差异来源及贡献

从分布延展性看，黄河流域整体核密度曲线存在明显的右拖尾现象，主要原因在于各区域内部均存在绿色低碳创新水平较高的市（州），如河南省郑州市、山东省济南市。从极化现象看，黄河流域整体、山东省和河南省绿色低碳创新水平具有多极分化特征。具体而言，黄河流域整体主峰峰值偏高，侧峰峰值偏低，说明整体存在明显的梯度效应，多极分化现象虽然显著但程度得到缓解（见图25）。山东省和河南省存在双峰或多峰现象，说明绿色低碳创新水平存在一定的梯度。

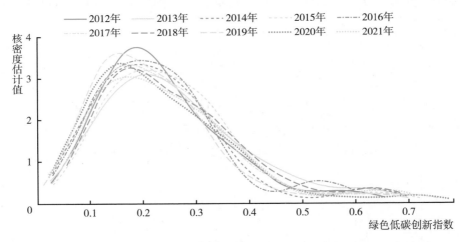

图25 2012~2021年黄河流域整体绿色低碳创新指数核密度分布动态

2. 黄河上游绿色低碳创新水平的差异来源及贡献

从全域尺度看，2012~2021年黄河流域绿色低碳创新指数主要集中在0.3左右，并且核密度曲线整体呈现右移趋势，但迁移幅度不明显。2012~2021年，黄河上游核密度曲线表现为主峰峰值先下降后上升、峰宽不断增大的特点，表明黄河上游绿色低碳创新水平差异程度不断提高。从波峰数量看，2013年之前黄河上游核密度曲线有一个主峰和一个侧峰，说明两极分化现象出现，但 2014 年之后侧峰逐渐消失，成为单峰形态，表明 2014 年之后绿色低碳创新水平两极分化有所改善。右拖尾现象说明了黄河上游各市（州）间绿色低碳创新水平的差距不断扩大，究其原因主要是黄河上游一些市（州），如银川、兰州、包头等绿色低碳创新水平与其他市（州）相比明显较高，而且随着年份增加，这种差距仍在不断扩大。

从局域尺度看，甘肃与宁夏的核密度曲线呈现小幅度右移趋势，而内蒙古的核密度曲线整体向左移动，表明甘肃与宁夏的绿色低碳创新水平总体上稳步提升，但提升速度较为缓慢，内蒙古的绿色低碳创新水平则有所下降（见图 26）。从波峰数量看，3 省（区）均只有一个主峰，说明不存在两极

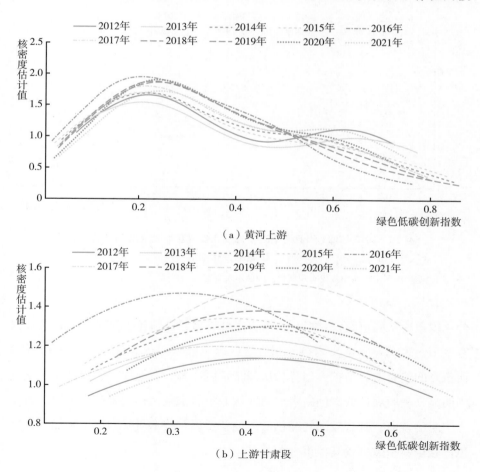

（a）黄河上游

（b）上游甘肃段

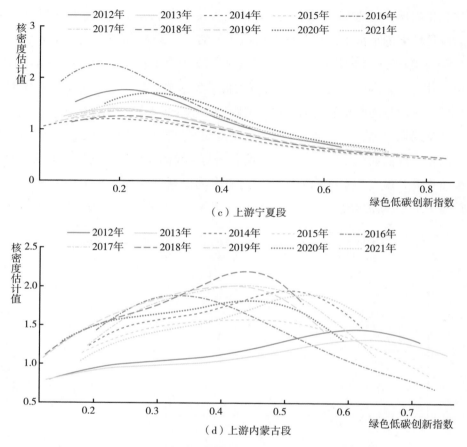

**图 26 2012~2021 年黄河上游整体及 3 省（区）绿色低碳创新指数
核密度分布动态**

说明：由于上游四川段仅有阿坝州，因此不单列图表，余同。

分化现象。从峰值看，甘肃与内蒙古主峰峰值整体随年份增加升高，峰宽由
宽变窄，表明省（区）内市（州）之间绿色低碳创新水平的绝对差异变小，
而宁夏的绝对差异呈扩大趋势。从分布延展性看，右拖尾现象同样在宁夏较
为明显，表明绿色低碳创新水平的区域差距越来越大，主要是由于银川市作
为宁夏的首府，具有较高的绿色低碳创新意识，技术研发力度不断加大，绿
色低碳创新指数也较其他市（州）高。

3. 黄河中游绿色低碳创新水平的差异来源及贡献

2012~2021 年，黄河中游核密度估计值在绿色低碳创新指数 0.2 附近出现最高峰，说明黄河中游大多数地市的绿色低碳创新指数在 0.2 左右（见图 27）。而核密度曲线右拖尾存在逐年拉长现象，分布延展性在一定程度上存在拓宽趋势，意味着黄河中游的绿色低碳创新指数呈增长趋势，说明各地市的发展并不均衡。结合山西、陕西、河南 3 省的核密度估计值来看，黄河中游河南段各地市的绿色低碳创新指数波动较小，最为稳定。陕西段次之，山西段的波动变化最为明显。

2012~2017 年山西段的核密度曲线存在峰高降低、峰宽增大的现象，而 2017~2021 年又向峰高上升、峰宽变小发展。可见，山西的绿色低碳创新水平出现了由均衡到不均衡再到均衡的变化。具体来看，2012 年之前，山西依赖丰富的矿产资源实现了经济的快速腾飞，但是其各地市忽略了绿色发展，此时的均衡属于低水平均衡。2012 年之后，中国特色社会主义进入新时代，山西的发展方向以及策略也迎来了大更新。山西各地市也开始注意绿色低碳产业的发展，但是此时山西的经济迎来了"阵痛期"，GDP 下降明显，各地市对绿色低碳创新的重视程度不同，绿色低碳创新水平呈现较大的不均衡性。2017 年之后，我国再次强调了绿色发展在现代化建设全局中的战略地位，山西持续深化供给侧结构性改革，压减焦化、钢铁等落后过剩产

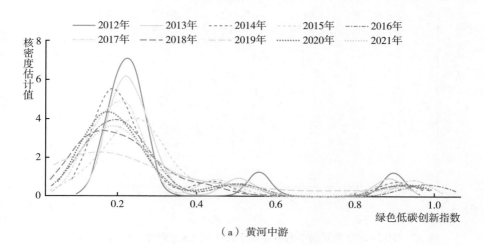

（a）黄河中游

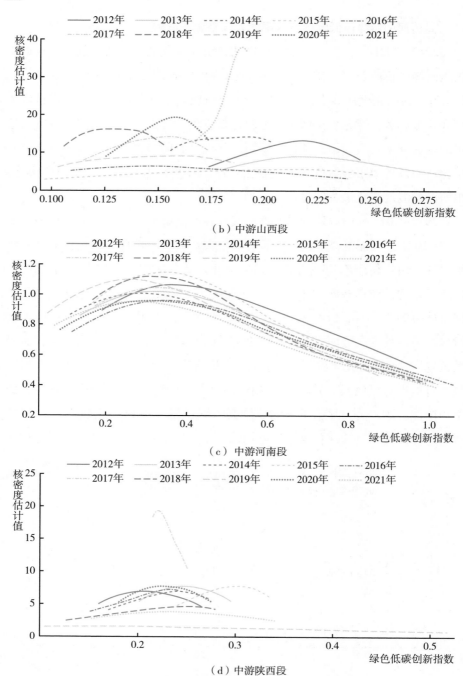

（b）中游山西段

（c）中游河南段

（d）中游陕西段

图27 2012~2021年黄河中游整体及3省绿色低碳创新指数核密度分布动态

能，将绿色低碳创新发展放在重要地位，各地市绿色低碳创新水平恢复均衡态势。

4. 黄河下游绿色低碳创新水平的差异来源及贡献

从分布位置看，黄河下游整体及山东省核密度曲线演进脉络总体均具有右移趋势，表明绿色低碳创新水平总体呈现提升态势。其中，黄河下游山东段的核密度曲线右移幅度较大，表明山东段的绿色低碳创新水平提升最为显著。河南段则表现出核密度曲线左移趋势，绿色低碳创新水平有所回落。从分布形态看，山东省内部主峰峰值变小，主峰宽度略微增加，表明各地市之间绿色低碳创新水平的绝对差距进一步扩大；河南省内部则呈现主峰高度有所上升、宽度变小，表明黄河下游河南段内部绿色低碳创新水平的绝对差异状况得到了一定程度的改善。从分布延展性看，黄河下游整体核密度曲线存在明显的右拖尾现象，主要原因在于各区域内部均存在绿色低碳创新水平较高的城市，如山东省济南市。另外，黄河下游整体核密度曲线分布延展性呈拓宽趋势，绿色低碳创新水平较高的地市水平进一步提升，存在"优中更优"效应。从极化现象看，黄河下游整体绿色低碳创新水平具有多极分化特征。具体而言，黄河下游整体主峰峰值偏高，侧峰峰值偏低，说明整体存在明显的梯度效应，多极分化现象虽然显著但程度得到缓解（见图28）。

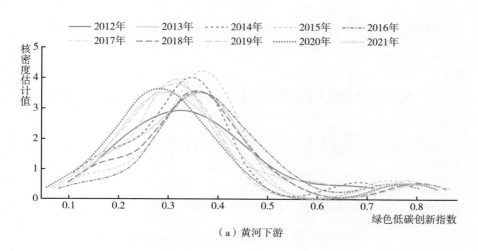

（a）黄河下游

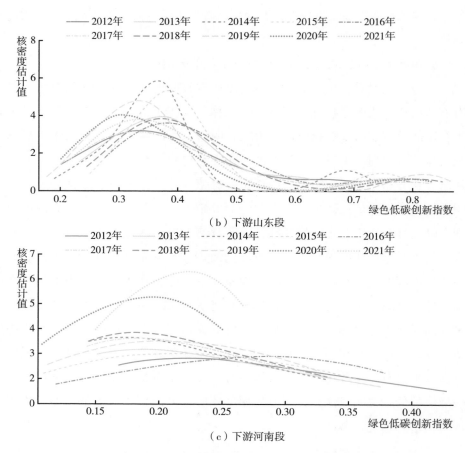

（b）下游山东段

（c）下游河南段

图28　2012~2021年黄河下游整体及两省绿色低碳创新指数核密度分布动态

三　黄河流域绿色全要素生产率测算与演进趋势分析①

黄河流域是我国重要的农业生产基地和生态功能区之一，并且黄河流域

---

① 本部分探究黄河流域沿线市（州）在本地区及全流域对绿色全要素生产率的作用。具体来看，黄河流域整体分析以全域36个市（州）为总样本；黄河上游的分析以13个市（州）为样本（中、下游同理）。因此，全域测算数据与局域测算数据存在差异属正常现象。

有我国较为重要的特色经济带。然而，黄河流域经济发展相对滞后，传统产业结构偏重，资源消耗和环境污染问题比较突出。推动黄河流域绿色高质量发展，倡导低碳生活方式，加强生态环境保护，构建绿色经济体系，符合国家绿色发展、建设生态文明的战略重点。为保护黄河生态环境，并推动黄河流域经济转型实现高质量发展，国家出台了一系列相关政策法规，包括《黄河保护法》、《黄河流域生态环境保护规划》和《黄河流域生态保护和高质量发展科技创新实施方案》。

本报告利用 2012~2021 年统计数据进行研究，使用调整以后的人口数据、固定资产投入数据，使研究结果更接近实际，并能反映黄河流域绿色生产效率的最新变化情况。DEA 是一种相对效率评价方法，该方法基于多个决策单元（DMU）的投入产出数据构造生产前沿面，以单个 DMU 到生产前沿面的距离为基础构造效率测度指标。具体而言，本报告使用 DEA-Malmquist 指数法对黄河流域 9 省（区）绿色全要素生产率（GTFP）进行测度、动态分析和分解。

（一）黄河流域高质量发展要注重提高资源利用效率

高质量发展是实现可持续发展的基础。传统经济发展模式往往以资源消耗、环境破坏为代价，导致资源枯竭和生态破坏，无法长期持续发展。高质量发展更加注重提高资源利用效率、降低能耗和碳排放，实现经济发展的可持续性，这与绿色全要素生产率的提高紧密相关。坚持以推动高质量发展为主题，着力提高绿色全要素生产率，是当前全球环境问题日益突出、经济发展与资源环境之间矛盾加剧的背景下所提出的一项重要战略举措。这一战略举措旨在通过促进绿色发展，提高资源利用效率，减少环境污染和生态破坏，实现经济社会发展与生态环境保护的良性循环。

1. 绿色全要素生产率的基本内涵

绿色全要素生产率概念由传统的全要素生产率概念衍生而来，它将各类环境污染排放等因素纳入核算全要素生产率的范畴，解决了全要素生产率仅衡量资本、劳动等要素的有效使用程度，而忽略与绿色发展相关的能源环境要素的问题。绿色全要素生产率是把某一国或一个地区内的所有生产活动视作一个整体，考虑物质资本、人力劳动、自然资源等投入因素和经济产出及污染物排放等产出因素后得到的总投入和总产出的比值①。有学者在研究时使用空间杜宾模型，通过分析绿色经济发展和绿色全要素生产率，发现二者存在 U 形数量关系，具有地域特色，呈现由西到东逐渐提高的特点。②

2. 绿色全要素生产率提升的重要价值

黄河流域提升绿色全要素生产率具有重大意义和广阔的发展前景。首先，提升绿色全要素生产率可以提高资源利用效率和产出效益。黄河流域作为我国重要的农业生产基地，农业是该地区经济的支柱产业。通过推动绿色农业发展，提高农业全要素生产率，可以有效利用土地、水资源和劳动力，并减少农药、化肥等农业投入品的使用，降低生产成本，提高农产品质量和市场竞争力。其次，提升绿色全要素生产率有助于推动产业升级和创新。黄河流域传统产业结构较为落后，资源消耗和环境污染问题突出。通过加强科技创新和技术进步，推动传统产业向绿色低碳产业转型，并积极培育新兴绿色产业，可以提高绿色全要素生产率。这样不仅可以提高企业和产业的竞争力，还可以推动经济结构调整和升级，实现经济效益和环境效益的双赢。最后，提升绿色全要素生产率有助于构建绿色经济体系。黄河流域的绿色发展可以带动相关产业链的发展，从而推动整个区域经济的绿色转型。在政府、企业和社会各界的共同努力下，可以形成以绿色生产、绿色消费和绿色投资为核心的绿色经济体系，实现资源的循环利用和环境的可持续发展，为黄河流域的经济增长提供有力支撑。

3. 黄河流域绿色全要素生产率指标体系构建

本报告利用 2012～2021 年统计数据进行研究，构建黄河流域绿色全要素生产率指标体系（见表 8），使用 DEA-Malmquist 指数法对黄河流域 9 省

---

① 冯杰、张世秋：《基于 DEA 方法的我国省际绿色全要素生产率评估——不同模型选择的差异性探析》，《北京大学学报》（自然科学版）2017 年第 1 期。
② 陈操操等：《京津冀与长三角城市群碳排放的空间聚集效应比较》，《中国环境科学》2017 年第 11 期。

（区）绿色全要素生产率进行测度、动态分析和分解。同时，评价黄河流域36市（州）的绿色全要素生产率。

表8 黄河流域绿色全要素生产率指标体系

要素类别	指标	单位	衡量方式
投入	资本存量 K	万元	资本存量 K 以2012年为基期，以各市（州）的固定资本形成总额除以10%
	劳动力投入 L	人	作为对应起始资本存量，并根据永续盘存法，$K_t = I_t + K_{t-1}(1-\delta)$，将 δ 设为
	能源投入 E	kWh	9.6%，计算后续年份资本存量；劳动
期望产出和非期望产出	经济总量	元	力投入 L 以各市（州）年末就业人
	工业二氧化硫排放量	吨	数衡量；能源投入 E 以用电总量衡量。
	城市生活垃圾无害化处理率	%	经济总量以2012年为基期处理的不
	城镇居民人均可支配收入	元	变价 GDP 衡量
	农村居民人均可支配收入	元	

（二）黄河流域绿色全要素生产率静态分析

利用 DEAP 2.1 软件测算 2012~2021 年黄河流域 36 市（州）的绿色全要素生产率，得到相应的综合效率值、技术效率值以及规模效率值，并进行全流域、上游、中游和下游的分类分析。

1. 黄河流域整体绿色全要素生产率静态分析

2012~2021 年，黄河流域规模效率的平均值总体实现了较高增长。具体而言，2018 年黄河流域综合效率平均值出现一定幅度下降，但是 2018 年之后综合效率平均值实现了稳步提升；技术效率平均值整体呈现下降趋势，但近几年的波动幅度较小（见图29）。这表明，目前主要是通过规模效率的提升来推动黄河流域绿色全要素生产率的提升，而技术效率的下降则阻碍了绿色全要素生产率的提升。

本报告进一步选取 9 省（区）部分具有代表性的市（州）进行分析，从综合效率、技术效率以及规模效率三个方面进行比较（见表9）。

（1）综合效率。2021 年，除白银市、海东市、阿坝州、中卫市、石嘴山市、乌海市达到 DEA 有效外，其他市（州）均未达到 DEA 有效。从市

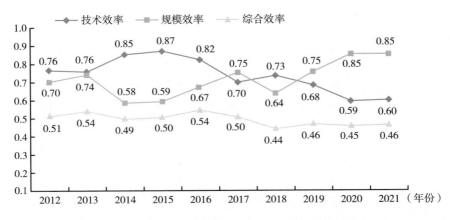

图 29　2012~2021 年黄河流域绿色全要素生产率平均值变动趋势

（州）之间的对比来看，各市（州）之间的综合效率有一定程度的分层。吕梁市的综合效率持续改善，在整个黄河流域中处于较为靠前的位置。

（2）技术效率。黄河流域技术效率呈现两极分化趋势，部分市（州）的效率值有所降低，部分市（州）的效率值则不断提升，其中相较于 2012 年，2021 年榆林市的技术效率提升最为明显。

（3）规模效率。2021 年，焦作市、渭南市处于规模报酬递增阶段，表明两市处于较优的生产阶段、采用了较优的生产方式，且要素配置效率较高。部分市（州）处于规模报酬递减阶段，应注重内部结构的调整，通过要素的优化配置提升规模效率。

表 9　2012 年和 2021 年黄河流域部分市（州）绿色全要素生产率

市(州)	2012 年				2021 年			
	综合效率	技术效率	规模效率	规模收益	综合效率	技术效率	规模效率	规模收益
兰州市	0.421	0.544	0.229	drs	0.263	0.983	0.259	drs
白银市	1.000	1.000	1.000	—	1.000	1.000	1.000	—
海东市	1.000	1.000	1.000	—	1.000	1.000	1.000	—
阿坝州	1.000	1.000	1.000	—	1.000	1.000	1.000	—

续表

市(州)	2012 年				2021 年			
	综合效率	技术效率	规模效率	规模收益	综合效率	技术效率	规模效率	规模收益
中卫市	1.000	1.000	1.000	—	1.000	1.000	1.000	—
吴忠市	0.982	0.863	0.848	drs	0.744	1.000	0.744	drs
石嘴山市	1.000	1.000	1.000	—	1.000	1.000	1.000	—
乌海市	1.000	1.000	1.000	—	1.000	1.000	1.000	—
鄂尔多斯市	1.000	0.347	0.347	drs	1.000	0.421	0.421	drs
包头市	1.000	0.319	0.319	drs	1.000	0.328	0.328	drs
郑州市	0.091	0.993	0.090	irs	1.000	0.116	0.116	drs
洛阳市	0.129	0.995	0.129	irs	0.146	0.995	0.146	drs
焦作市	0.259	0.983	0.254	irs	0.310	0.994	0.309	irs
开封市	0.342	0.900	0.308	irs	0.355	1.000	0.355	—
渭南市	1.000	0.227	0.227	drs	0.243	0.965	0.234	irs
榆林市	0.849	0.203	0.172	drs	0.541	0.982	0.531	drs
延安市	0.299	0.983	0.294	drs	0.278	0.986	0.274	drs
临汾市	0.646	0.482	0.312	drs	0.345	0.999	0.345	drs
吕梁市	1.000	0.745	0.745	drs	1.000	0.946	0.946	drs
运城市	0.709	0.413	0.293	drs	1.000	0.764	0.764	drs
泰安市	0.832	0.573	0.477	drs	0.219	0.968	0.212	drs
济南市	1.000	0.321	0.321	drs	1.000	0.187	0.187	drs
淄博市	1.000	0.403	0.403	drs	0.368	0.556	0.205	drs
济宁市	0.735	0.444	0.326	drs	0.174	1.000	0.174	—

注：drs 代表规模报酬递减、irs 代表规模报酬递增、—代表规模报酬不变。

2. 黄河上游绿色全要素生产率静态分析[①]

为探究黄河上游绿色发展的贡献因素以及变化趋势，对黄河上游进行绿色全要素生产率静态分析。2012~2021 年黄河上游综合效率均值总体呈

---

① 本部分以黄河上游 13 个市（州）为总样本，故测算结果可能与以全域为总样本的测算结果存在偏差，属正常现象。

现波动下降趋势（见图30）。其中，2012～2014年综合效率均值有所下降，下降幅度为6.87%；2018～2021年表现为逐年增长，由0.673增长至0.694，增长幅度较小。2012～2021年黄河上游技术效率均值总体呈下降态势，2018～2020年下降最为显著，下降幅度达7.36%。以上分析结果表明，黄河上游绿色全要素生产率受规模效率与技术效率的双重影响，规模效率的提升会使综合效率增长，而技术效率的下降则会对综合效率起制约作用。因此，为了更进一步提高黄河上游的绿色发展水平，首先必须提高上游的技术效率均值，通过大力发展绿色创新技术、加强绿色技术推广与应用等手段实现技术效率大幅度提高。同时，黄河上游的技术效率和规模效率明显大于综合效率，表明黄河上游绿色发展协调性有待提高。

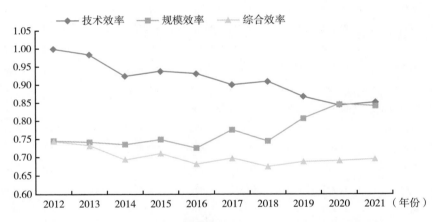

图30　2012～2021年黄河上游绿色全要素生产率平均值变动趋势

通过对黄河上游各市（州）的绿色全要素生产率静态分析，可以更加直观有效地体会上游市（州）间的绿色综合效率差异。

（1）综合效率。不同省（区）市（州）之间综合效率差异较为明显，其中甘肃省（白银市）、四川省（阿坝州）、青海省（中卫市、吴忠市）的综合效率均位于黄河上游平均值以上，而内蒙古自治区除乌海市外均位于黄河上游平均值以下，但总体上呈现不断增长态势，与黄河上游平均值差距逐渐缩小。

（2）技术效率。黄河上游各省（区）除个别市（州）外，农业技术效率基本保持在 1 的水平，远远高于黄河流域平均值。甘肃省（兰州市）的技术效率变动幅度最大，由 2012 年的 1.000 下降至 2021 年的 0.263，下降幅度达 73.7%。青海省（吴忠市、银川市）、内蒙古自治区（巴彦淖尔市）的技术效率也呈现明显的下降趋势，尤其是银川市，下降幅度为 66.2%。为此，这些省（区）必须加大绿色技术研发投入，尤其是 R&D 经费投入，着力提升技术效率。

（3）规模效率。通过省（区）对比可以发现，内蒙古自治区除乌海市外规模效率普遍低于流域平均水平，且到 2021 年，作为首府的呼和浩特市规模效率仅为 0.291。甘肃省（兰州市）的规模效率呈现增长趋势，到 2020 年规模效率实现飞跃，超过流域平均水平。其他省（区）市（州）的规模效率均持续高于流域平均水平。

2021 年，黄河上游约半数的市（州）达到了 DEA 强有效，包括白银市、海东市、阿坝州、中卫市、石嘴山市和乌海市。相应而言，2021 年 6 个市（州）的规模报酬固定，其余市（州）则呈现规模报酬递减的状态。

3. 黄河中游绿色全要素生产率静态分析①

2012～2021 年，除了榆林、洛阳、渭南，黄河中游地区各地市的绿色全要素生产率呈现下降趋势，但是从整体来看，并不是线性的下降（见图 31）。由于工业的高速发展，地方政府可能忽视了一部分绿色低碳经济的发展，在国家将绿色发展推上战略地位之后，各地又开始加大绿色发展投入。当前，我国正处于加快经济转型和提高经济发展质量的关键时期，提高绿色全要素生产率是必然选择。黄河中游各地市应通过技术创新提高资源利用效率和环境保护水平、合理配置生产要素，实现资源优化利用。同时，调整产业结构和产品结构等，减少资源浪费和环境污染，增强绿色发展能力进而提升绿色全要素生产率。

---

① 本部分以黄河中游 11 个市为总样本，故测算结果与以全域为总样本的测算结果可能存在偏差，属正常现象。

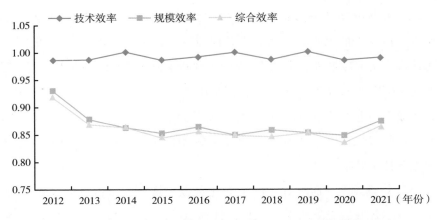

图31　2012~2021年黄河中游绿色全要素生产率平均值变动趋势

由时间轴横向对比可知，2012~2021年，未达到DEA有效的地市由郑州、洛阳2个地市增加到了郑州、洛阳、渭南和运城4个地市。2021年黄河中游3省均出现了未达到DEA有效的地市，而不再是2012年仅有河南出现未达到DEA有效的地市，且郑州与洛阳的综合效率均进一步下降，证明了绿色低碳创新形势的进一步严峻。规模报酬递减的地市需要优化资源配置，提高规模效率，实现黄河中游各地市绿色低碳创新的同步、协调发展。

2021年黄河中游有7个地市达到了DEA强有效，占中游城市的63.6%，分别为焦作市、三门峡市、临汾市、吕梁市、忻州市、运城市、榆林市。同样，除了上述7个地市处于规模报酬固定状态，中游的其他地市均处于规模报酬递减状态。总体来看，2023年黄河中游的绿色全要素生产率较高，城市资源配置效率较高。

4. 黄河下游绿色全要素生产率静态分析[①]

2012~2021年，黄河下游绿色全要素生产率的技术效率平均值变化较为平稳，规模效率和综合效率平均值在2018年表现为下降趋势、在2019年有

―――――――――――

① 本部分以黄河下游12个市为总样本，故测算结果可能与以全域为总样本的测算结果存在偏差，属正常现象。

所回升（见图 32）。规模效率和综合效率平均值的下降可能在未来阻碍全要素生产率的提升。为了克服这种负面影响，推动下游绿色全要素生产率的提升，需要不断引进新技术，调整产业结构。此外，黄河下游的绿色全要素发展理念并不是一成不变的，绿色发展理念逐渐深入人心，黄河下游地区已经逐步由重经济向重生态转变。

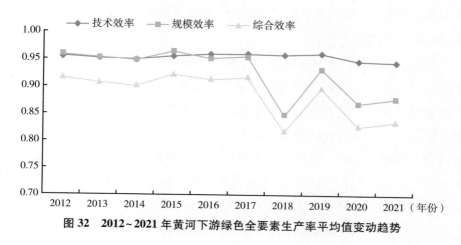

图 32　2012~2021 年黄河下游绿色全要素生产率平均值变动趋势

2021 年黄河下游仅有 4 个地市达到了 DEA 强有效，分别为濮阳市、滨州市、东营市以及菏泽市。同样，除了这 4 个地市处于规模报酬固定状态，下游的其他地市均处于规模报酬递减状态。因此，黄河下游的其他地市需要优化资源配置，提高规模效率，推动黄河下游各地市绿色全要素生产率的提升。

（三）黄河流域绿色全要素生产率动态分析

在静态分析的基础上，本报告借助 DEA-Malmquist 指数法测度黄河流域绿色全要素生产率的变动情况，并在此基础上动态分析黄河流域绿色全要素生产率时空演变特征及差异。

1. 黄河流域整体绿色全要素生产率动态分析

2012~2021 年，黄河流域绿色全要素生产率 Malmquist 指数均值为 1. 157，在研究期内并非每年均大于 1，表明黄河流域绿色综合效率呈现波动变化趋势。从分解后的指标来看，技术效率指数均值为1.025；技术进步指数均值为1.144；纯技术效率指数均值为1.053，规模效率指数均值为1.106（见表10）。上述数据表明，黄河流域绿色全要素生产率持续提高的主要驱动力是技术进步。纯技术效率和技术效率发挥的作用极其微弱。分年度来看，绿色全要素生产率Malmquist指数的变动表现出一定的波动性特征。因此，黄河流域应积极学习先进地区的管理经验，充分利用人才流动带来的知识外溢效应提高自身的技术水平。

2012~2021年，黄河流域各市（州）的绿色全要素生产率有不同程度的发展，但各市（州）之间存在一定程度的差异。2020~2021年，白银市的绿色全要素生产率增长速度高于流域平均水平，在整个流域36市（州）中处于前列。从驱动机制来看，技术效率是各市（州）绿色全要素生产率提升的共同驱动因素，纯技术效率和规模效率发挥作用的性质和程度在市（州）之间存在差异。其中，银川的技术效率和规模效率抑制了绿色全要素生产率的提升，延安市的规模效率抑制了绿色全要素生产率的提升。部分市（州）的纯技术效率和规模效率则在不同程度上促进了绿色全要素生产率的提升。

表10　2012~2021年黄河流域绿色全要素生产率及分解指标Malmquist指数

年份	技术效率	技术进步	纯技术效率	规模效率	绿色全要素生产率
2012~2013	1.193	2.518	1.116	1.178	2.662
2013~2014	0.933	0.991	1.325	0.820	0.916
2014~2015	1.034	0.937	1.089	1.038	0.957
2015~2016	1.119	0.825	0.961	1.283	0.886
2016~2017	0.961	1.031	0.930	1.269	1.041
2017~2018	0.888	1.046	1.160	0.834	0.924
2018~2019	1.106	0.953	1.004	1.308	1.040
2019~2020	0.974	0.983	0.880	1.215	0.957
2020~2021	1.018	1.013	1.013	1.006	1.031
均值	1.025	1.144	1.053	1.106	1.157

2. 黄河上游绿色全要素生产率动态分析

2012~2021 年，黄河上游绿色全要素生产率 Malmquist 指数均值为 0.981，整体上表现为波动上升趋势（见表 11）。其中，2013~2014 年绿色全要素生产率 Malmquist 指数为研究期内最高，为 1.075，到 2015~2016 年下降至 0.838，下降幅度达 22.05%，可能的原因是 2013~2014 年技术快速进步，致使绿色全要素生产率实现了飞跃。从分解后的指标来看，技术效率指数均值为 1.003、技术进步指数均值为 0.980、纯技术效率指数均值为 0.981，规模效率指数均值为 1.034。结果表明，技术进步和规模效率是引起黄河上游绿色全要素生产率提升的主要原因。

表 11　2012~2021 年黄河上游绿色全要素生产率及分解指标 Malmquist 指数

年份	技术效率	技术进步	纯技术效率	规模效率	绿色全要素生产率
2012~2013	1.083	0.808	0.985	1.090	0.902
2013~2014	0.900	1.205	0.935	0.998	1.075
2014~2015	1.045	0.943	1.037	1.025	0.979
2015~2016	0.938	0.885	0.986	0.954	0.838
2016~2017	1.045	1.014	0.952	1.110	1.057
2017~2018	0.971	1.012	1.012	0.960	0.983
2018~2019	1.032	0.951	0.945	1.116	0.979
2019~2020	1.018	0.977	0.969	1.060	0.994
2020~2021	0.998	1.022	1.010	0.988	1.021
均值	1.003	0.980	0.981	1.034	0.981

2012~2021 年，黄河上游市（州）绿色全要素生产率 Malmquist 指数存在不同程度的差异，且仅有白银市的绿色全要素生产率 Malmquist 指数高于流域平均水平（见图 33）。技术效率、技术进步、纯技术效率、规模效率在不同市（州）发挥了不同的作用，同时技术进步和规模效率是引起这些市（州）绿色全要素生产率提升的主要原因，其中技术进步对银川市的绿色全要素生产率提升作用最为显著；规模效率对兰州市的绿色全要素生产率提升作用明显。此外，纯技术效率抑制了银川市绿色全要素生产率的提升，技术进步则对中卫市、石嘴山市、鄂尔多斯市以及包头市的绿色全要素生产率提升起到一定的阻碍作用。

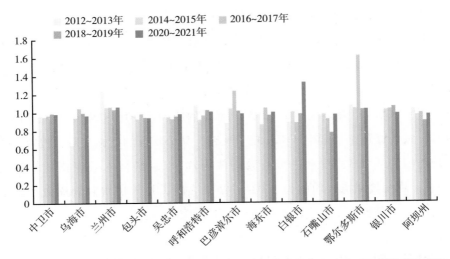

图33 2012~2021年黄河上游各市（州）绿色全要素生产率Malmquist指数变动趋势

3.黄河中游绿色全要素生产率动态分析

2012~2013年，技术进步在黄河中游绿色全要素生产率提升中贡献最大，是绿色全要素生产率增长的主要内生指标。而2020~2021年，由于技术进步指标的下降，技术效率与技术进步对绿色全要素生产率的贡献几乎相等，成为两个主要贡献指标（见表12、图34）。

表12 2012~2021年黄河中游绿色全要素生产率及分解指标Malmquist指数

年份	技术效率	技术进步	纯技术效率	规模效率	绿色全要素生产率
2012~2013	0.944	1.180	1.001	0.943	1.106
2013~2014	0.996	1.013	1.017	0.982	1.011
2014~2015	0.972	1.102	0.985	0.989	1.074
2015~2016	1.018	0.976	1.009	1.011	1.000
2016~2017	1.008	0.902	1.009	0.999	0.913
2017~2018	1.014	0.989	0.986	1.026	0.998
2018~2019	1.016	1.161	1.017	0.996	1.186
2019~2020	0.983	1.015	0.984	0.997	1.000
2020~2021	1.041	0.936	1.006	1.035	0.969
均值	0.999	1.030	1.002	0.998	1.028

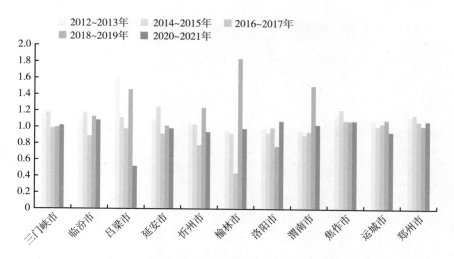

图 34　2012~2021 年黄河中游各地市绿色全要素生产率 Malmquist 指数变动趋势

除延安、洛阳和榆林外，2012~2013 年其他地市技术效率、技术进步、纯技术效率、规模效率均变化不大，且呈上升趋势。在技术效率与技术进步指标方面，洛阳和榆林 2012~2013 年到 2020~2021 年的变化最为明显，技术效率增幅分别为 55.54% 和 111.64%，技术进步的降幅分别为 16.52% 和 48.09%。这一变动导致了两市的绿色全要素生产率主要贡献因素发生了变化，由技术进步转变为技术效率和规模效率。这与两市十年间所采取的工业转型与政策变革措施有着较大的关联。工业的转型升级大幅提高了技术效率和规模效率，但是由于生产存在的边际效用递减，新技术的效用降低，从而使技术进步指标降低。

4. 黄河下游绿色全要素生产率动态分析

在样本考察期内，黄河下游绿色全要素生产率 Malmquist 指数平均值为 1.039，呈现波动变化的趋势，其中 2020~2021 年的绿色全要素生产率 Malmquist 指数最高，为 2.268。2012~2021 年技术进步指数达到了较高的水平，均值为 1.033，同样是 2020~2021 年达到了峰值，为 2.228（见表 13）。

表13　2012~2021年黄河下游绿色全要素生产率及分解指标Malmquist指数

年份	技术效率	技术进步	纯技术效率	规模效率	绿色全要素生产率
2012~2013	0.990	0.995	0.995	0.995	0.985
2013~2014	0.992	1.002	0.996	0.995	0.992
2014~2015	1.027	0.894	1.007	1.021	0.918
2015~2016	0.992	0.995	1.005	0.987	0.985
2016~2017	1.005	0.911	1.000	1.005	0.915
2017~2018	0.883	0.876	0.999	0.884	0.771
2018~2019	1.137	1.021	1.005	1.124	1.172
2019~2020	0.922	0.371	0.987	0.932	0.347
2020~2021	1.016	2.228	0.998	1.018	2.268
均值	0.996	1.033	0.999	0.996	1.039

2012~2021年，黄河下游各地市的绿色全要素生产率Malmquist指数总体处于上升趋势（见图35）。其中，东营市绿色全要素生产率Malmquist指数增速最快，由2012年的1.012上升至2021年的3.181，增长了2.169；淄博市的绿色全要素生产率Malmquist指数也有较大幅度的提高，样本考察期内，由0.954增长到了3.055，增长了2.101；对比之下，菏泽市的绿色全要素生产率Malmquist指数增长幅度最小，考察期内由0.981增长到了1.401，增长了0.420。

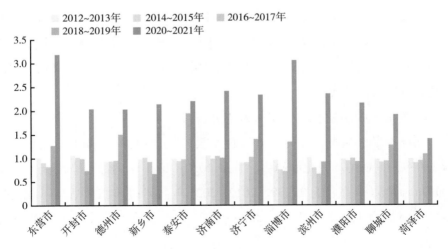

图35　2012~2021年黄河下游各地市绿色全要素生产率Malmquist指数变动趋势

四 黄河流域生态贡献度测度与时空演变特征①

生态环境保护是黄河流域绿色低碳高质量发展的必要内容之一。自然生态系统与社会经济系统相互作用,自然生态系统为社会经济系统提供了供给、调节、文化、支持等方面的生态系统服务。反过来讲,社会经济系统对生态系统服务的利用,对自然生态系统产生一定影响,因此有必要采取一些措施保护生态系统。由于人与自然相互作用,所以生态环境保护既是"生态保护"的应有之义,也是"高质量发展"的重要内容。只有社会经济系统减少对生态系统的利用、加大对生态系统的保护力度,才能实现经济、社会、环境的可持续发展。

为了解黄河流域生态贡献度的空间分布和演变趋势,本报告从生态环境状况、生态环境保护两方面提出了生态贡献度的概念及定量表征方法,利用熵值法构建生态贡献度指数,采用莫兰指数评估贡献度指数的空间相关性和局部空间集聚情况,分析了 2012~2021 年黄河流域的生态保护区域分布、贡献度及发展趋势。

(一)生态环境保护是黄河流域高质量发展的必要内容

黄河流域生态保护和高质量发展,是我国又一项区域发展战略部署。黄河流域生态系统相对脆弱,社会经济发展水平相对较低,生态环境保护与社会经济发展之间的矛盾较为突出,生态保护和高质量发展战略部署的意义尤为重大。

1. 黄河流域生态环境保护的重要意义

生态保护是经济发展含金量更足的前提。生态环境是人类赖以生存、生产与生活的基础,一个国家的经济与社会发展离不开生态环境的支撑。两者相辅相成、相互渗透、相互影响,生态保护有利于经济高质量发展,而经济

---

① 本部分探究黄河流域沿线市(州)在本地区及全流域对生态贡献度的作用。具体来看,黄河流域整体分析以全域 36 个市(州)为总样本;黄河上游的分析以 13 个市(州)为总样本(中、下游同理)。因此,全域测算数据与局域测算数据存在差异属正常现象。

高质量发展可为生态保护提供动力①。历史实践经验也表明，必须守好生态保护这一生命底线，坚持走生态优先道路，才能为未来的经济增长提供新的出路。河流是生态保护、环境高质量发展的核心②，是兼具自然地理、社会经济、行政管理的复合空间系统③，发挥着重要的保障与驱动作用，具备供水灌溉、防洪排涝、水力发电等多种功能，而健康的河流生态系统往往会带来巨大的价值，必须竭力维护好河流生态系统健康与稳定，促使流域自然生态系统和经济社会系统实现良性循环。作为中国第二大长河的黄河，流域生态保护不仅与上下游地区经济社会进步相联系，更关乎中华民族之复兴，对全国范围内的生态保护都有着十分重要的战略与借鉴意义④。

2. 黄河流域生态贡献度的评价指标体系

生态贡献度评价指标体系的构建，可以参考环境绩效指数评价⑤、传统的生态环境质量评价方法⑥以及生态文明建设综合评价中的生态环境部分⑦。从内涵来看，生态贡献度评价指标反映高质量发展中生态环境保护努力的程度和成效；从过程和结果来看，包括生态环境保护和生态环境状况两个目标层单元。生态环境状况描述了生态系统、资源利用、环境质量等方面的状态。生态环境保护描述了社会经济系统为减少对自然生态系统的压力、提高自然生态系统健康水平所进行的努力，强调了人类社会对生态环境的回馈。

生态环境状况，包括环境质量状况、生态系统状况、资源持续利用状况三个方面。环境质量状况以空气、水两个主要环境要素的质量表征。生态系

---

① 张杰等：《黄河三角洲生态保护和高质量发展面临的挑战及科技支撑对策建议》，《海洋科学》2023 年第 5 期。

② 王元钦：《试论流域生态与社会协调发展的内涵与路径》，《学术探索》2022 年第 6 期。

③ 宋敏、肖嘉利：《黄河流域生态保护与高质量发展耦合协调现代化治理体系》，《西安财经大学学报》2023 年第 4 期。

④ 黄承梁等：《中国共产党百年黄河流域保护和发展的历程、经验与启示》，《中国人口·资源与环境》2022 年第 8 期。

⑤ 郝春旭等：《2020 年全球环境绩效指数报告分析》，《环境保护》2020 年第 16 期。

⑥ 卿青平、王瑛：《省域生态环境质量动态评价及差异研究》，《中国环境科学》2019 年第 2 期。

⑦ 王会、王奇、詹贤达：《基于文明生态化的生态文明评价指标体系研究》，《中国地质大学学报》（社会科学版）2012 年第 3 期。

统状况以森林覆盖率和建成区绿化覆盖率分别表征整个区域、城镇区域的生态系统状况。资源持续利用状况则选用耕地、水资源两个主要的自然资源指标来表征。

生态环境保护，包括污染治理、资源节约、生态保护三个方面工作的努力程度。污染治理既包括工业污染物排放量、农药化肥施用量的减少，也包括工业固体废物综合利用、污水和垃圾的处理；资源节约主要以单位经济产出的用水量来表示；生态保护主要以自然保护区的数量或面积来表示。

综合生态环境状况、生态环境保护 2 个目标层、6 个准则层，构建包括 30 项指标的评价指标体系（见表 14）。

表 14　生态贡献度评价指标体系

目标层	准则层	序号	指标	单位
生态环境状况	环境质量良好	1	达到或好于Ⅲ类水体比例	%
		2	重要江河湖泊水功能区水质达标率	%
		3	集中式饮用水水源水质达到或优于Ⅲ类比例	%
		4	城市空气质量优良天数比例	%
	生态系统健康	5	森林覆盖率	%
		6	森林蓄积量	万立方米
		7	湿地保有量	万亩
		8	草原综合植被盖度	%
		9	城市建成区绿地率	%
		10	城市建成区绿化覆盖率	%
	资源利用持续	11	耕地保有量	万亩
		12	非化石能源占一次能源消费比重	%
		13	用水量	立方米
	污染治理情况	14	主要污染物排放总量(化学需氧量、氨氮、二氧化硫、氮氧化物)	吨
		15	污水集中处理率	%
		16	一般工业固体废物综合利用率	%
		17	农作物秸秆综合利用率	%
		18	危险废物处置利用率	%

续表

目标层	准则层	序号	指标	单位
生态环境状况	污染治理情况	19	生活垃圾无害化处理率	%
		20	化肥农药施用量	吨/万亩
		21	环境污染治理投资占 GDP 比重	%
生态环境保护	生态保护情况	22	各类自然保护地面积占比	%
		23	国家重点保护野生动植物保护率	%
		24	湿地保护率	%
		25	水土流失治理面积	万亩
		26	可治理沙化土地治理率	%
		27	受污染耕地安全利用率	%
		28	污染地块安全利用率	%
	资源节约利用	29	万元 GDP 用水量	吨
		30	万元 GDP 能耗	吨

在生态贡献度评价指标体系基础上，结合数据可获得性，简化、调整指标体系，得到具体可实施的评价指标体系。该指标体系包括污染排放减少、资源利用节约、生态保护有力三个方面。污染排放减少主要包括工业方面的工业二氧化硫排放量，农业方面的农用化肥施用量，以及城市生活垃圾无害化处理率 3 项指标；资源利用节约方面，主要包括万元 GDP 用电量、万元 GDP 用水量 2 项指标；生态保护有力方面，主要包括绿地面积、城市建成区绿化覆盖率 2 项指标，具体见表 15。

表 15　具体可实施的评价指标体系

准则层	序号	指标	方向	可比性
污染排放减少	1	工业二氧化硫排放量	逆向	不可比
	2	农用化肥施用量	逆向	不可比
	3	城市生活垃圾无害化处理率	正向	可比
资源利用节约	4	万元 GDP 用电量	逆向	不可比
	5	万元 GDP 用水量	逆向	不可比
生态保护有力	6	绿地面积	正向	不可比
	7	城市建成区绿化覆盖率	正向	可比

（二）黄河流域生态贡献度时空分布特征分析

本报告根据熵值法计算 2012～2021 年黄河流域生态贡献度评价指标权重，在此基础上对黄河流域各省（区）、各市（州）的生态贡献度进行时间和空间分布差异比较，旨在探索十年间黄河流域生态贡献度的变化趋势和影响因素。

1. 黄河流域整体生态贡献度的时空分布特征分析

首先，计算黄河流域生态贡献度的评价指标权重（见表 16）。从二级指标权重平均值可以看出，绿地面积、工业二氧化硫排放量以及农用化肥施用量 3 项二级指标在黄河流域生态贡献度中所占权重较高。这说明整体的污染排放减少、绿地面积增加，生态保护是推动黄河流域生态文明建设、铺就永续发展道路的有效途径。

表 16　2012～2021 年黄河流域生态贡献度评价指标权重

一级指标	二级指标	2012 年	2013 年	2014 年	2015 年	2016 年	2017 年	2018 年	2019 年	2020 年	2021 年	权重平均值
污染排放减少	工业二氧化硫排放量	0.133	0.142	0.216	0.126	0.111	0.140	0.087	0.067	0.095	0.095	0.121
	农用化肥施用量	0.135	0.136	0.108	0.095	0.098	0.089	0.129	0.133	0.114	0.161	0.120
	城市生活垃圾无害化处理率	0.051	0.055	0.043	0.097	0.086	0.100	0.139	0.124	0.132	0.046	0.087
资源利用节约	万元 GDP 用电量	0.075	0.061	0.059	0.090	0.067	0.071	0.067	0.064	0.064	0.067	0.069
	万元 GDP 用水量	0.060	0.052	0.050	0.045	0.048	0.043	0.039	0.040	0.044	0.046	0.047
生态保护有力	城市建成区绿化覆盖率	0.098	0.075	0.082	0.106	0.107	0.098	0.101	0.078	0.075	0.100	0.092
	绿地面积	0.448	0.479	0.443	0.441	0.483	0.460	0.439	0.493	0.477	0.485	0.465

其次,在省(区)层面比较生态贡献度得分情况(见图36)。从时间变化趋势来看,2012~2021年,黄河流域大多数省(区)的生态贡献度得分总体呈现上升趋势,这表明生态环境保护的理念得到贯彻,成效显著。其中,四川省的生态贡献度得分提升幅度最大,与2012年相比,2021年的生态贡献度得分提高了8%;2012~2021年甘肃、内蒙古、山东、陕西的生态贡献度得分分别提高了0.039、0.031、0.025、0.030。从横向比较来看,在整个评价期内,生态贡献度得分平均值前三为山东、内蒙古和甘肃,得分平均值分别为0.628、0.578和0.539,可见3省(区)的生态环境保护成效相对较好。

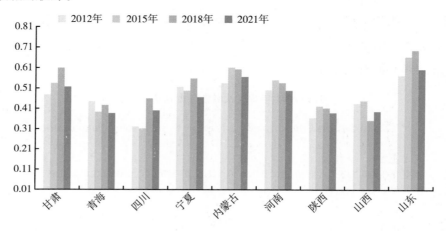

图36 2012~2021年主要年份黄河流域9省(区)生态贡献度得分变化趋势

最后,在市(州)层面比较生态贡献度得分情况(见表17)。由于各市(州)生态贡献度得分是针对全部市(州)计算得到的,所以各市(州)的生态贡献度得分可以相互比较。从横向比较来看,2012~2021年,黄河流域生态贡献度得分平均值最高的分别是淄博市、济南市、郑州市,得分平均值依次为0.846、0.845、0.745,这也反映出东部城市在生态环境保护方面获得的支持更多,成效更为显著。从纵向比较来看,2012~2021年,生态贡献度得分增长幅度最大的分别为济南市、呼和浩特市、乌海市,得分分别增加了0.163、0.115、0.097,说明这几个城市立足自身条件，在挖掘自身资源优势、拓展生态产品价值等方面进行了深入的探索。

表 17　2012~2021 年黄河流域 36 市（州）生态贡献度得分

市（州）	2012 年	2013 年	2014 年	2015 年	2016 年	2017 年	2018 年	2019 年	2020 年	2021 年
兰州市	0.56	0.59	0.60	0.63	0.65	0.66	0.68	0.62	0.61	0.56
白银市	0.39	0.42	0.42	0.44	0.46	0.51	0.54	0.49	0.49	0.47
海东市	0.44	0.44	0.38	0.39	0.41	0.42	0.43	0.32	0.42	0.39
阿坝州	0.32	0.36	0.39	0.31	0.33	0.43	0.46	0.30	0.39	0.40
中卫市	0.46	0.41	0.44	0.44	0.42	0.49	0.49	0.44	0.46	0.41
吴忠市	0.51	0.47	0.50	0.47	0.50	0.52	0.51	0.46	0.48	0.44
银川市	0.58	0.55	0.59	0.58	0.66	0.64	0.65	0.51	0.49	0.52
石嘴山市	0.52	0.58	0.57	0.50	0.59	0.60	0.57	0.50	0.53	0.50
乌海市	0.41	0.46	0.45	0.49	0.45	0.48	0.55	0.51	0.51	0.51
鄂尔多斯市	0.63	0.67	0.61	0.65	0.74	0.73	0.75	0.65	0.49	0.60
巴彦淖尔市	0.45	0.44	0.43	0.52	0.50	0.48	0.43	0.44	0.44	0.38
呼和浩特市	0.61	0.65	0.62	0.82	0.77	0.83	0.52	0.74	0.70	0.72
包头市	0.57	0.56	0.49	0.58	0.69	0.68	0.71	0.60	0.56	0.61
郑州市	0.69	0.70	0.68	0.78	0.78	0.77	0.75	0.77	0.74	0.78
洛阳市	0.46	0.46	0.46	0.51	0.54	0.51	0.52	0.55	0.57	0.54
焦作市	0.49	0.47	0.52	0.52	0.49	0.49	0.53	0.50	0.37	0.41
三门峡市	0.45	0.44	0.42	0.46	0.43	0.39	0.48	0.37	0.38	0.47
开封市	0.27	0.24	0.30	0.39	0.40	0.41	0.28	0.23	0.32	0.32
新乡市	0.44	0.45	0.44	0.51	0.45	0.36	0.36	0.36	0.38	0.44
濮阳市	0.48	0.43	0.42	0.47	0.34	0.34	0.35	0.34	0.30	0.38
渭南市	0.43	0.44	0.45	0.40	0.35	0.39	0.37	0.45	0.37	0.42
榆林市	0.39	0.39	0.37	0.45	0.37	0.37	0.37	0.44	0.31	0.34
延安市	0.41	0.38	0.32	0.40	0.41	0.42	0.48	0.46	0.40	0.40
临汾市	0.42	0.42	0.48	0.47	0.44	0.45	0.46	0.41	0.45	0.34
吕梁市	0.46	0.45	0.50	0.58	0.53	0.53	0.55	0.52	0.54	0.48
忻州市	0.48	0.47	0.48	0.52	0.47	0.42	0.42	0.41	0.43	0.37
运城市	0.47	0.47	0.51	0.46	0.44	0.45	0.48	0.49	0.41	0.47	0.42
泰安市	0.57	0.57	0.59	0.64	0.64	0.67	0.68	0.60	0.60	0.57

续表

市（州）	2012 年	2013 年	2014 年	2015 年	2016 年	2017 年	2018 年	2019 年	2020 年	2021 年
聊城市	0.45	0.44	0.47	0.55	0.50	0.52	0.54	0.51	0.54	0.49
德州市	0.47	0.48	0.56	0.62	0.57	0.61	0.60	0.50	0.54	0.50
济南市	0.73	0.76	0.77	0.81	0.85	0.88	0.89	0.93	0.93	0.89
淄博市	0.81	0.83	0.75	0.88	0.86	0.90	0.96	0.84	0.81	0.81
滨州市	0.56	0.58	0.50	0.62	0.48	0.57	0.62	0.56	0.55	0.52
东营市	0.62	0.64	0.65	0.69	0.67	0.71	0.73	0.63	0.64	0.62
菏泽市	0.45	0.45	0.47	0.54	0.50	0.56	0.57	0.50	0.53	0.46
济宁市	0.47	0.53	0.54	0.63	0.61	0.67	0.66	0.57	0.59	0.55

注：表中得分为保留小数点后两位数据，与正文表述得分相关数据结果略有不同，余同，不赘。

2. 黄河上游生态贡献度的时空分布特征分析

2012～2021 年，黄河上游的生态贡献度总体表现为先下降后上升的态势，表明随着时间推移，黄河上游的生态保护成效正在逐渐凸显。其中，2012～2016 年呈现下降趋势，下降幅度为 7.22%；2017～2021 年呈现上升趋势，上升幅度为 7.24%，此外，2020 年出现了小幅度下降，可能是由于受到疫情冲击。从省（区）层面比较生态贡献度得分情况，甘肃、内蒙古的生态贡献度得分总体高于黄河流域整体，而宁夏、青海、四川的生态贡献度得分则总体低于黄河流域整体。2021 年 5 省（区）生态贡献度得分排序依次为内蒙古（0.69）、甘肃（0.67）、宁夏（0.54）、青海（0.48）、四川（0.44），表明黄河流域上游地区的生态环境改善与修复主要得益于甘肃与内蒙古的努力（见图 37）。从生态贡献度得分变化趋势来看，甘肃与内蒙古整体上呈现提高趋势，而其他 3 省（区）处于波动状态，变化幅度较大，表明 3 省（区）在黄河流域生态保护方面仍存在一定程度的不足，还需继续努力，持续加强生态保护与水域修复。

从空间角度看，2012～2021 年黄河上游各市（州）生态贡献度得分均值前三依次为呼和浩特市（0.76）、兰州市（0.75）、鄂尔多斯市（0.70）（见图 38），其中前两名是省会（首府）城市，可见，对比其他城市，省会（首府）城市在黄河流域生态保护方面所做的工作更多，生态环境建设

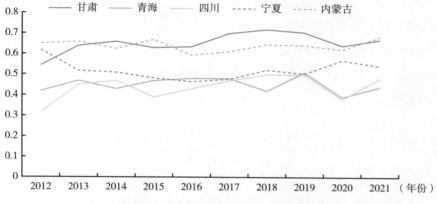

图 37　2012~2021 年黄河上游各省（区）生态贡献度得分变化趋势

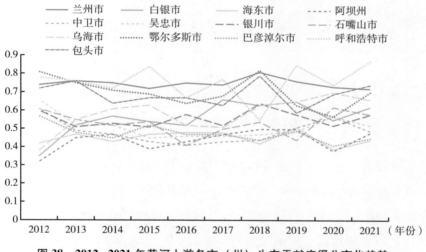

图 38　2012~2021 年黄河上游各市（州）生态贡献度得分变化趋势

成效也更显著。对比 2012 年和 2021 年数据，乌海市、白银市和阿坝州生态贡献度得分增长幅度较大，增长幅度依次为 75.96%、74.96%、49.74%。这些市（州）虽然生态保护成效还不显著，在绿色低碳发展上或许还存在一定的薄弱环节，但也在为黄河流域的生态环境建设贡献力量。

3. 黄河中游生态贡献度的时空分布特征分析

黄河中游郑州市的生态贡献度得分显著高出其他地市 40% 左右，其余地市基本处于同一水平（见图 39）。而从生态贡献度的横向变化看，不同地市变化趋势各异，这与各地市所采取的环保政策以及对环保的投入力度不同有紧密联系。

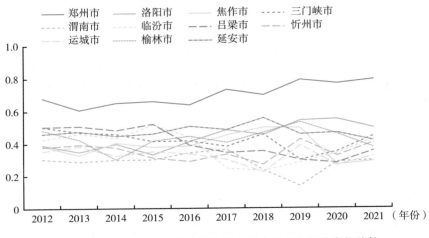

图 39　2012~2021 年黄河中游各地市生态贡献度得分变化趋势

分省份看，总体上，黄河中游河南生态贡献度得分相对较高，其次是陕西，然后是山西（见图 40）。总体来说，黄河中游各地市的生态贡献度得分分布较为均衡，基本处于相同水平。但是对比黄河上游青海、宁夏、甘肃 3 省（区）的十年均值（分别为 0.71、0.65、0.60），黄河中游各省得分明显较低，说明黄河中游的生态环境保护面临严峻挑战，各地政府需要采取相应的处理措施。

分地市来看，黄河中游经济较为发达的 3 个地市郑州、洛阳和榆林的生态贡献度得分处于较高的水平，这也说明经济领先的地区更为重视绿色环保发展。2012~2021 年黄河中游生态贡献度得分总体下降的地市达到了 7 个，超出了样本总数的 50%，其中降幅最大的地市依次为延安市、焦作市、临汾市，分属不同省份。这也从侧面反映了黄河中游的生

图40　2012~2021年黄河中游3省生态贡献度得分变化趋势

态环保问题不只在一省出现，各省仍需对绿色环保工作给予足够的
重视。

4. 黄河下游生态贡献度的时空分布特征分析

2012~2021年，黄河下游各地市的生态贡献度得分变化趋势不尽相同，但
基本处于同一变化区间（见图41）。2012~2021年，泰安市的生态贡献度得分
均值最高，为0.72；新乡市的生态贡献度得分均值处于黄河下游最低水平，
仅为0.28。2012~2021年，黄河下游生态贡献度得分均值最高的3个地市分别
是泰安市、济南市、滨州市，得分均值依次为0.72、0.64、0.60，这也反映出
经济基础较好的地市在生态环境保护方面获得的支持更多，成效更为显著。
2012~2021年，生态贡献度得分增长幅度最大的3个地市分别为济南市、开封
市以及济宁市，得分分别增加了0.199、0.180、0.111。

在省级层面比较生态贡献度得分情况，2012~2021年，黄河下游两省
的生态贡献度得分总体均呈上升趋势，这表明两省不断努力进行生态环境
保护且成效明显。其中，2013年山东省和河南省的生态贡献度得分均出现
了轻微下降。2015~2017年，两省的生态贡献度得分变化较为平稳。
2018~2019年，山东省生态贡献度得分有所下降，而河南省有所上升（见
图42）。总体来看，黄河下游山东段的生态贡献度得分仍然高于黄河下游
整体，黄河下游河南段生态贡献度得分较低。十年间，山东大力推进生态

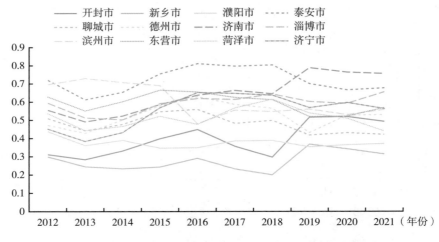

图 41　2012~2021 年黄河下游各地市生态贡献度得分变化趋势

图 42　2012~2021 年黄河下游两省生态贡献度得分变化趋势

文明建设，不断强化顶层设计、系统谋划，注重精准施策，有效促进了责任落实和观念转变，山东省的生态环境保护成效相对较好，生态治理成效较为显著。

（三）黄河流域生态贡献度的空间相关性

生态贡献度问题具有一定的空间关联性和溢出效应，特别是对于处于同一流域的相关省 (区) 而言, 生态贡献度之间的关联性与溢出效应更为明显。因此, 本报告从全局自相关的角度分析黄河流域区域间的生态贡献度空间相关性。莫兰指数是最常见的用于测算空间相关性的指标, 是衡量变量在同一区域内的观测值之间潜在相互依赖性的重要研究指标。

1. 黄河流域整体生态贡献度的空间相关性

2012~2021 年黄河流域全局莫兰指数 P 值均小于 0.05, 说明具有空间相关关系 (见表 18)。同时, 全局莫兰指数 Z 值均大于 0, 说明为空间正相关, 即区域与周边区域为正向协调关系。

进一步地, 对 2012 年、2015 年、2018 年和 2021 年四个时间节点的生态贡献度进行空间集聚程度分析, 进一步刻画 36 个市 (州) 的空间集聚区及空间关联模式 (见图 43~图 46)。可将黄河流域生态贡献度的空间关联模式分为 "高高" 集聚、"高低" 集聚、"低高" 集聚和 "低低" 集聚。

表 18　2012~2021 年黄河流域全局莫兰指数

项目	2012 年	2013 年	2014 年	2015 年	2016 年
全局莫兰指数	0.365	0.363	0.306	0.347	0.267
P 值	0.001	0.001	0.004	0.001	0.009
Z 值	3.135	3.12	2.671	2.993	2.356
项目	2017 年	2018 年	2019 年	2020 年	2021 年
全局莫兰指数	0.367	0.425	0.314	0.364	0.237
P 值	0.001	0.000	0.003	0.001	0.017
Z 值	3.158	3.616	2.736	3.129	2.119

(1) "高高" 集聚 (HH)。"高高" 集聚区市 (州) 与周围地区的协调度较高, 空间的内部差异也较小。2012 年处于 "高高" 集聚区的市 (州) 最多, 有 11 个, 2021 年则仅有 9 个。其中, 包头市、济南市、淄博市、东营市、泰安市、滨州市在 2012 年、2015 年、2018 年和 2021 年均处于 "高高" 集聚区。2015 年和 2018 年呼和浩特市退出 "高高" 集

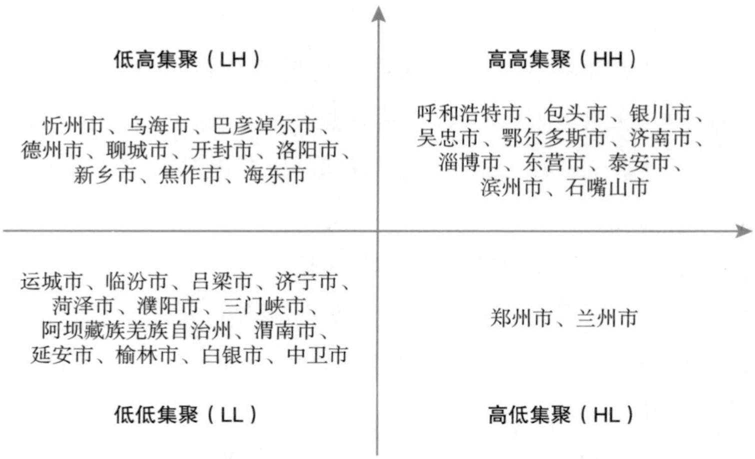

低高集聚（LH）　　　　　　　　高高集聚（HH）

忻州市、乌海市、巴彦淖尔市、　　呼和浩特市、包头市、银川市、
德州市、聊城市、开封市、洛阳市、　吴忠市、鄂尔多斯市、济南市、
新乡市、焦作市、海东市　　　　　淄博市、东营市、泰安市、
　　　　　　　　　　　　　　　　滨州市、石嘴山市

运城市、临汾市、吕梁市、济宁市、
菏泽市、濮阳市、三门峡市、
阿坝藏族羌族自治州、渭南市、　　郑州市、兰州市
延安市、榆林市、白银市、中卫市

低低集聚（LL）　　　　　　　　高低集聚（HL）

图 43　2012 年黄河流域 36 市（州）空间关联模式

低高集聚（LH）　　　　　　　　高高集聚（HH）

忻州市、乌海市、巴彦淖尔市、　　包头市、济南市、淄博市、东营市、
菏泽市、新乡市、焦作市、　　　　济宁市、泰安市、德州市、聊城市、
濮阳市、海东市、石嘴山市　　　　滨州市、开封市

运城市、临汾市、吕梁市、洛阳市、
三门峡市、阿坝藏族羌族自治州、　呼和浩特市、鄂尔多斯市、
渭南市、延安市、榆林市、白银市、郑州市、银川市、兰州市
吴忠市、中卫市

低低集聚（LL）　　　　　　　　高低集聚（HL）

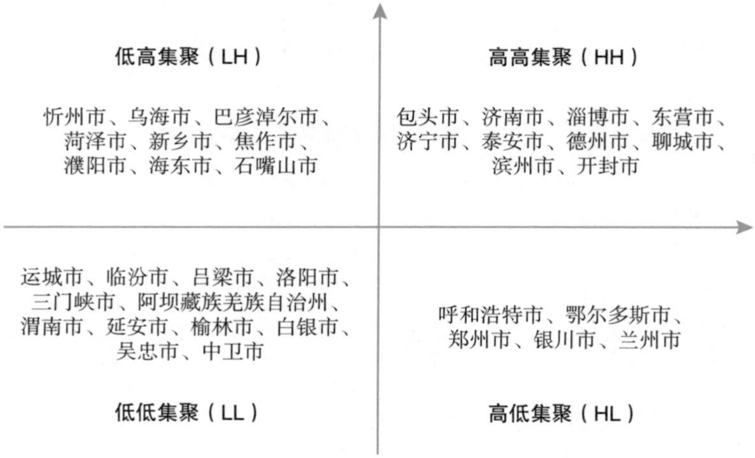

图 44　2015 年黄河流域 36 市（州）空间关联模式

聚区，分别进入"高低"和"低高"集聚区，说明呼和浩特的生态贡献
度在此期间出现了大幅下降，且与相邻区域差距较大，2021 年呼和浩特
回归"高高"集聚区，生态贡献对相邻区域有辐射带动作用。德州市只
有 2015 年和 2018 年处于"高高"集聚区，表明德州在这段时间内与邻
近区域的协调程度处于较高水平，2018 年之后则向其他集聚区转移，这

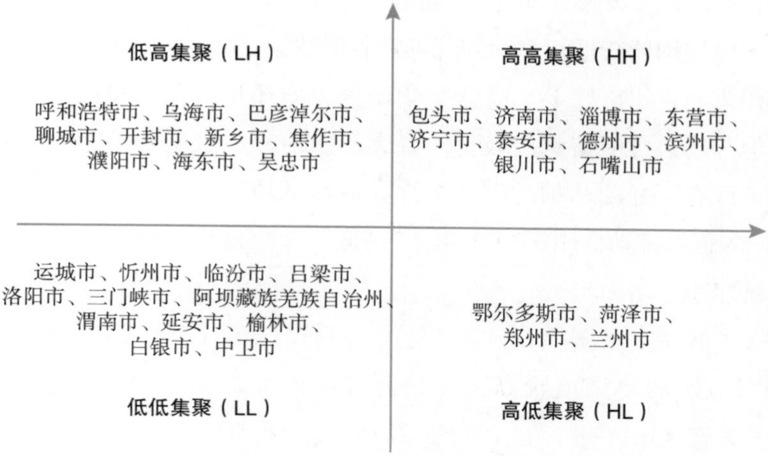

低高集聚（LH）　　　　　　　高高集聚（HH）

呼和浩特市、乌海市、巴彦淖尔市、　　包头市、济南市、淄博市、东营市、
聊城市、开封市、新乡市、焦作市、　　济宁市、泰安市、德州市、滨州市、
濮阳市、海东市、吴忠市　　　　　　　银川市、石嘴山市

运城市、忻州市、临汾市、吕梁市、
洛阳市、三门峡市、阿坝藏族羌族自治州、
渭南市、延安市、榆林市、　　　　　　　鄂尔多斯市、菏泽市、
白银市、中卫市　　　　　　　　　　　　郑州市、兰州市

低低集聚（LL）　　　　　　　高低集聚（HL）

图 45　2018 年黄河流域 36 市（州）空间关联模式

低高集聚（LH）　　　　　　　高高集聚（HH）

忻州市、巴彦淖尔市、德州市、　　　　呼和浩特市、包头市、乌海市、
聊城市、开封市、新乡市、　　　　　　济南市、淄博市、东营市、泰安市、
焦作市、海东市、石嘴山市　　　　　　滨州市、银川市

运城市、临汾市、吕梁市、菏泽市、
濮阳市、三门峡市、渭南市、延安市、
阿坝藏族羌族自治州、榆林市、　　　　鄂尔多斯市、济宁市、
白银市、吴忠市、中卫市　　　　　　　郑州市、洛阳市、兰州市

低低集聚（LL）　　　　　　　高低集聚（HL）

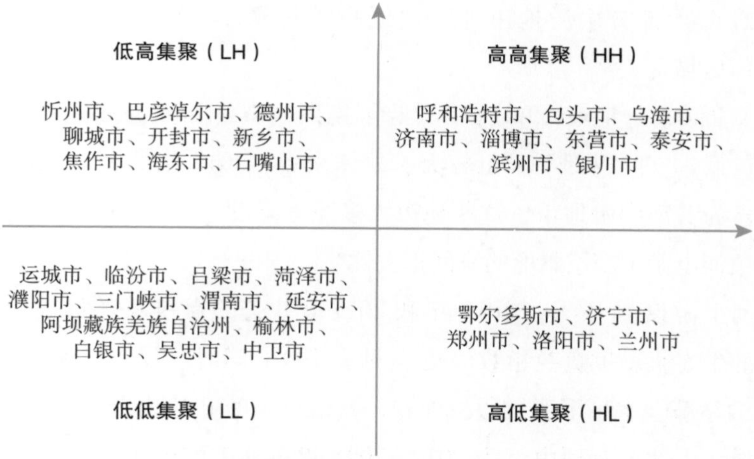

图 46　2021 年黄河流域 36 市（州）空间关联模式

与其生态贡献度的变化趋势一致。从 2021 年的分布情况来看，长期处于
"高高"集聚区的市（州）集中在下游，也有部分上游市（州）开始加
入，表明大部分下游地市的生态贡献度较高，这与近年来黄河下游大力
挖掘生态产品的潜在价值、开展生态治理等活动密切相关。

（2）"高低"集聚（HL）。"高低"集聚区市（州）内部协调度较高而与周围区域协调度较低，空间外部异质性较大。2012年，36个市（州）中只有郑州市和兰州市处于"高低"集聚区，即郑州市和兰州市生态贡献度较高，但与周边区域协调度较低。省会（首府）的社会经济生态发展相较于周边地区有更好的基础，因此为推动区域的协调发展，应充分发挥省会（首府）的辐射带动作用。2021年，"高低"集聚区市（州）增加了鄂尔多斯市、济宁市、洛阳市。

（3）"低高"集聚（LH）。"低高"集聚区市（州）内部协调度较低而与周围地区的协调度较高，空间内部异质性较大。2012年和2018年"低高"集聚区市（州）有10个，2015年和2021年均有9个。其中，忻州市在2012年、2015年和2021年处于"低高"集聚区，这表明忻州市的生态贡献度较低，而周边区域生态贡献度较高，区域之间协调度较低。此外，2021年大部分中游地市处于"低高"集聚区，这些地市的生态贡献度较相邻区域低。

（4）"低低"集聚（LL）。"低低"集聚区市（州）与周围邻近地区的协调度较低，空间内部差异也较大。总体来看，2012年处于"低低"集聚区的大多为黄河中游地市，这些地市大多经济不发达。

2.黄河上游生态贡献度的空间相关性

黄河上游仅2012年、2015年和2021年生态贡献度莫兰指数为正，其他年份的生态贡献度莫兰指数为负（见表19）。同时，仅有2018年的P值在10%的显著性水平下通过假设检验，其他年份的P值均大于0.1，即接受了原假设。因此，有理由认为2012~2021年黄河上游的生态贡献度不存在空间相关性，即并没有生态贡献度得分低的省（区）被生态贡献度得分高的省（区）包围的现象。造成这种情况的原因可能是由于近年来，国家不断加强对黄河流域生态保护的管控，而位于黄河上游的省（区）起着至关重要的作用。黄河上游省（区）都开始在生态环境建设上发力，扎实推进绿色低碳发展，区域之间协同合作，共同为筑牢黄河上游生态安全屏障而奋斗。

表 19 2012~2021 年黄河上游生态贡献度莫兰指数

项目	2012 年	2013 年	2014 年	2015 年	2016 年
莫兰指数	0.157	−0.057	−0.202	0.177	−0.031
P 值	0.143	0.453	0.3	0.124	0.408
Z 值	1.065	0.118	−0.524	1.153	0.233
项目	2017 年	2018 年	2019 年	2020 年	2021 年
莫兰指数	−0.052	−0.39	−0.126	−0.198	0.004
P 值	0.446	0.087 *	0.425	0.307	0.35
Z 值	0.136	−1.358	−0.189	−0.505	0.385

注：* 代表在 10% 的显著性水平下通过检验。

3. 黄河中游生态贡献度的空间相关性

2012~2021 年，黄河中游只有 2017 年和 2019 年生态贡献度莫兰指数在 10% 的显著性水平下通过检验（P<0.1，Z>1.645），说明这两个年份黄河中游地区的生态贡献度具有空间相关性，且为正相关关系，即具有一定的空间集聚关系（见表 20）。下面将对 2017 年与 2019 年黄河中游城市生态贡献度进行局部莫兰指数分析（见图 47）。

表 20 2012~2021 年黄河中游生态贡献度莫兰指数

项目	2012 年	2013 年	2014 年	2015 年	2016 年
莫兰指数	−0.241	−0.361	−0.113	−0.223	−0.101
P 值	0.24	0.097	0.473	0.27	0.498
Z 值	−0.705	−1.302	−0.067	−0.614	−0.004
项目	2017 年	2018 年	2019 年	2020 年	2021 年
莫兰指数	0.275	0.209	0.331	−0.081	−0.172
P 值	0.031	0.061	0.016	0.462	0.36
Z 值	1.871	1.543	2.152	0.095	−0.357

2017 年郑州市和焦作市，2019 年临汾市、郑州市、焦作市和渭南市的生态贡献度莫兰指数在 10% 的显著性水平下通过检验。同时，这些地市的莫兰指数均为正数，说明其自身具有空间正协调性，它们的 GDP 增长可以

图47 2017年及2019年黄河中游地市生态贡献度空间关联模式

有效带动周边其他地市的GDP增长。

结合象限图来看,郑州和焦作处于第一象限,具有高GDP和高GDP集聚的特点;而临汾和渭南处于第三象限,具有低GDP和低GDP集聚的特点。这些城市需要结合自身特点制定适合自己的发展政策。

4. 黄河下游生态贡献度的空间相关性

2012~2021年黄河下游除2019年外,生态贡献度莫兰指数P值均小于0.1,说明在10%的显著性水平下具有空间相关关系(见表21)。进一步地,下游各地市的莫兰指数Z值均大于0,说明下游各地市的生态贡献度为空间正相关关系。

表21 2012~2021年黄河下游生态贡献度莫兰指数

项目	2012年	2013年	2014年	2015年	2016年
莫兰指数	0.318	0.369	0.383	0.415	0.285
P值	0.011	0.005	0.004	0.002	0.018
Z值	2.283	2.567	2.643	2.824	2.096
项目	2017年	2018年	2019年	2020年	2021年
莫兰指数	0.296	0.291	0.087	0.158	0.366
P值	0.015	0.016	0.161	0.083	0.005
Z值	2.16	2.133	0.992	1.387	2.552

对 2012 年、2015 年、2018 年和 2021 年黄河下游生态贡献度进行莫兰指数分析，以反映黄河下游生态贡献度的局部空间关系（见图 48）。

（1）"高高"集聚（HH）。2021 年黄河下游处于该集聚区的地市最多，有 6 个，分别为济南市、淄博市、东营市、德州市、滨州市、泰安市。其中，济南市、淄博市、东营市、滨州市在 2012 年、2015 年、2018 年和 2021 年均处于"高高"集聚区。

（2）"高低"集聚（HL）。2012 年，黄河下游地市中泰安市、菏泽市处于"高低"集聚区，即泰安市、菏泽市生态贡献度较高，但与周边区域协调度较低。2018 年泰安市退出该集聚区，进入"高高"集聚区，说明泰安市周边地市的生态贡献度在此期间实现了提升，泰安与相邻区域生态贡献度差距缩小。

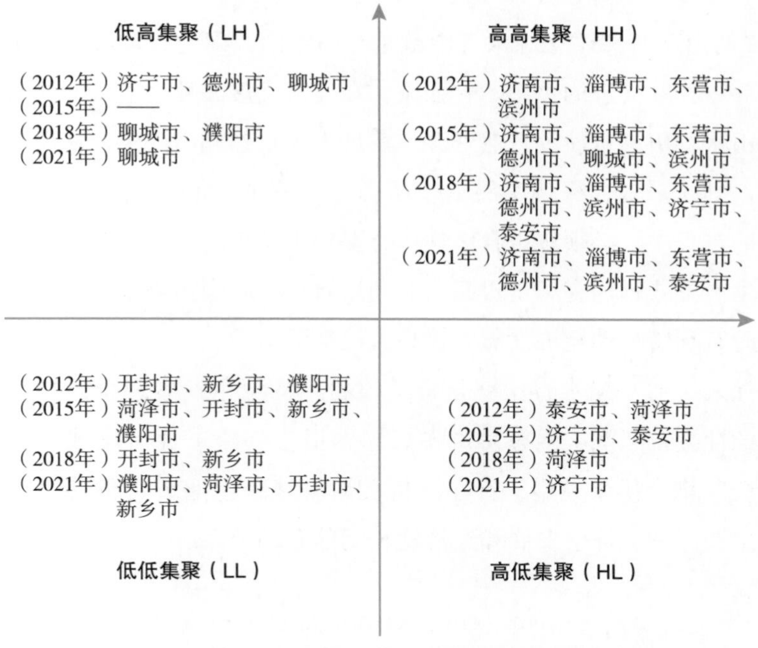

	低高集聚（LH）	高高集聚（HH）
	（2012年）济宁市、德州市、聊城市 （2015年）—— （2018年）聊城市、濮阳市 （2021年）聊城市	（2012年）济南市、淄博市、东营市、滨州市 （2015年）济南市、淄博市、东营市、德州市、聊城市、滨州市 （2018年）济南市、淄博市、东营市、德州市、滨州市、济宁市、泰安市 （2021年）济南市、淄博市、东营市、德州市、滨州市、泰安市
	（2012年）开封市、新乡市、濮阳市 （2015年）菏泽市、开封市、新乡市、濮阳市 （2018年）开封市、新乡市 （2021年）濮阳市、菏泽市、开封市、新乡市	（2012年）泰安市、菏泽市 （2015年）济宁市、泰安市 （2018年）菏泽市 （2021年）济宁市
	低低集聚（LL）	高低集聚（HL）

图 48　2012~2021 年黄河下游地市生态贡献度空间关联模式

（3）"低高"集聚（LH）。黄河下游处于"低高"集聚区的地市相对较少。聊城市在2012年、2018年和2021年均处于"低高"集聚区，表明其生态贡献度较低，而周边区域生态贡献度较高，区域之间协调度较低，且此情况至2021年尚未得到改观。

（4）"低低"集聚（LL）。总体来看，2012~2021年大部分处于"低低"集聚区的地市位于黄河下游河南段，即开封市、新乡市、濮阳市。相比于山东段，河南段的生态贡献度仍然较低，出现扎堆于"低低"集聚区的现象。

五 黄河流域"生态—经济—社会"耦合协调度评价与分析①

"两山"理念体现了习近平总书记关于生态文明和可持续发展的重要思想。"两山"理念主张绿水青山就是金山银山，即生态环境与经济发展是相互依存、相互促进的关系。它强调，在经济发展和社会进步的同时，必须保护好山水林田湖草沙等自然资源，实现人与自然和谐共生，从而实现可持续发展。具体来说，绿色发展是"两山"理念的核心。它要求在经济、社会发展的过程中，必须尊重自然规律，保护生态环境，实现资源节约和环境友好的生产方式。这有利于提高资源利用效率，减少污染排放，保护生态环境，同时有利于推动经济发展，提高人民生活水平。

为深入贯彻"绿水青山就是金山银山"的绿色发展理念，推动黄河流域整体的社会、经济、生态协调发展，本报告构建了黄河流域"生态—经济—社会"耦合协调模型，旨在剖析黄河流域绿色低碳高质量发展的内在机理及生态保护、社会发展和经济增长间的互动关系。

---

① 本部分探究黄河流域沿线市（州）在本地区及全流域对"生态—经济—社会"耦合协调度的作用。具体来看，黄河流域整体分析以全域36个市（州）为总样本；黄河上游的分析以13个市（州）为总样本（中、下游同理）。因此，全域测算数据与局域测算数据存在差异属正常现象。

（一）协同发展是黄河流域高质量发展的必然之举

1. 黄河流域高质量发展要综合考虑社会、经济、生态三个层面

黄河流域高质量发展是在推动黄河流域经济、社会、生态协同发展的基础上，实现产业高质量发展、生态环境高水平保护、人居环境高品质改善①。黄河流域高质量发展是一个综合性战略，旨在全面提升流域发展质量和效益，实现高质量、高产出、高福利的经济社会发展目标。

综合考虑社会、经济和生态因素，才能推动黄河流域的绿色低碳高质量发展，实现环境保护和经济发展的协调，为人民群众提供更加美好的生活。首先，黄河流域居民经济水平相对较低，建设绿色低碳的流域必须保障当地民众的生计和发展，确保落实可持续发展的理念。同时，在推进黄河流域绿色低碳高质量发展的过程中，需要注重社会公正，避免出现地区间的不公平现象。其次，水、土、能源、环境等资源的高效利用是流域经济发展的基础。同时，经济发展也需要考虑环境保护和生态修复等因素，推广绿色低碳技术和模式，提高资源利用效率和减少环境污染，改善生态环境和社会福利水平。最后，生态系统是保证人类生存和发展的重要基础，黄河流域生态环境的改善是保障流域可持续发展的根本所在，需要通过加强生态保护和修复、增加生态环境基础设施投资等措施来实现流域的绿色低碳高质量发展。

2. "生态—经济—社会"耦合协调的重要意义

黄河流域的生态环境保护、产业经济发展、人文社会进步之间是辩证统一关系，良好的生态环境是经济社会可持续发展的基础，也是推进现代化建设的内在要求。促进生态—经济—社会的耦合协调发展，是现代经济管理和社会发展的重要理念之一，具有多个层面的重要价值。其一，促进黄河流域"生态—经济—社会"的耦合协调发展，有助于维护流域生态环境的平衡和稳定，加强生态保护和修复，减少环境污染和生态破坏，为可持续发展创造

---

① 秦华、任保平：《黄河流域城市群高质量发展的目标及其实现路径》，《经济与管理评论》2021年第6期。

良好的条件。其二，促进黄河流域"生态—经济—社会"的耦合协调发展，有助于提高经济生产和社会福利水平，增强生产力和创新力，推动经济结构优化和转型升级，增强社会的稳定性和可持续性。其三，促进黄河流域"生态—经济—社会"的耦合协调发展，有助于解决社会矛盾和问题，促进社会和谐发展，实现经济发展和社会进步的平衡，提高人民生活水平和质量，增强社会的团结和凝聚力。总而言之，促进黄河流域"生态—经济—社会"耦合协调发展已经成为现代经济社会发展的趋势和要求，同时是保护生态环境、实现经济社会可持续发展、构建和谐社会、实现黄河流域高质量发展的必要举措。

3. 黄河流域"生态—经济—社会"耦合协调度评价指标体系构建

本报告构建了黄河流域"生态—经济—社会"耦合协调度评价指标体系（见表22），并基于耦合协调模型对黄河流域在生态、经济和社会方面的协调性进行分析。指标体系分为三个层次，第一层是子系统，包含生态、经济、社会三个子系统。生态子系统由环境污染和环境保护两个一级指标组成，其中环境污染反映空气污染和水污染的情况，环境保护反映城市的环保措施力度和绿化情况；经济子系统由经济水平、经济结构和经济活力三个一级指标组成，人均生产总值反映该城市的经济水平，第三产业和第二产业占比反映城市的经济结构，生产总值增长率和人均科学技术支出代表城市的经济活力；社会子系统由生活质量、公共服务和人口三个一级指标构成，失业率代表生活质量，人均教育支出和医院、卫生院数量反映城市的公共服务水平，年末平均人口反映人口因素。

表 22　黄河流域"生态—经济—社会"耦合协调度评价指标体系

子系统	一级指标	二级指标	单位	属性
生态	环境污染	生活垃圾无害化处理率	%	－
		工业二氧化硫排放量	吨	－
	环境保护	建成区绿化覆盖率	%	＋
		一般工业固体废物综合利用率	%	＋

子系统	一级指标	二级指标	单位	属性
经济	经济水平	人均GDP	元	+
	经济结构	第三产业占比	%	+
		第二产业占比	%	+
	经济活力	GDP增长率	%	+
		人均科学技术支出	元	+
社会	生活质量	失业率	%	−
	公共服务	人均教育支出	元	+
		医院、卫生院数量	个	+
	人口	年末平均人口	万人	+

根据已有研究成果，对黄河流域的"生态—经济—社会"耦合协调度进行等级划分，耦合协调度的等级划分标准见表23。

表23　黄河流域"生态—经济—社会"耦合协调度等级划分标准

耦合协调度	等级	耦合协调度	等级
0.0000~0.0999	极度失调	0.5000~0.5999	勉强协调
0.1000~0.1999	严重失调	0.6000~0.6999	初级协调
0.2000~0.2999	中度失调	0.7000~0.7999	中级协调
0.3000~0.3999	轻度失调	0.8000~0.8999	良好协调
0.4000~0.4999	濒临失调	0.9000~1.0000	优质协调

（二）黄河流域"生态—经济—社会"综合指数测算

2012~2021年黄河流域36个市（州）的生态系统综合指数、经济系统综合指数以及社会系统综合指数均有一定幅度的波动，呈现生态优先、社会和经济次之的发展态势。

1. 黄河流域整体"生态—经济—社会"综合指数

从整体来看，黄河流域生态系统综合指数（0.67）高于经济系统综合指数（0.35）和社会系统综合指数（0.31）。在样本观察期内，郑州市的社会系统综合指数最高，为0.61；石嘴山市的社会系统综合指数最低，仅为0.08。说明2012～2021年郑州市在城市基础设施建设、教育医疗、科技创新等方面取得了显著成就。此外，郑州市通过构建开放大平台，成功获批全国第四个邮政国际枢纽口岸，成为内陆地区口岸数量最多、种类最全城市。鄂尔多斯市的经济系统综合指数最高，为0.75；渭南市和运城市的经济系统综合指数最低，均为0.22。泰安市的生态系统综合指数最高，达到了0.93；三门峡市的生态系统综合指数最低，仅为0.39（见表24）。

表24 2012～2021年黄河流域36市（州）"生态—经济—社会"综合指数

市(州)	生态系统综合指数	经济系统综合指数	社会系统综合指数	市(州)	生态系统综合指数	经济系统综合指数	社会系统综合指数
兰州市	0.85	0.40	0.34	临汾市	0.64	0.26	0.20
白银市	0.68	0.24	0.23	吕梁市	0.52	0.27	0.25
海东市	0.67	0.23	0.20	忻州市	0.58	0.26	0.27
阿坝州	0.48	0.26	0.25	运城市	0.40	0.22	0.31
中卫市	0.78	0.24	0.15	榆林市	0.52	0.44	0.32
吴忠市	0.66	0.25	0.18	延安市	0.71	0.32	0.28
银川市	0.63	0.38	0.51	开封市	0.83	0.26	0.28
石嘴山市	0.55	0.36	0.08	新乡市	0.75	0.28	0.30
乌海市	0.66	0.56	0.28	濮阳市	0.82	0.28	0.31
鄂尔多斯市	0.47	0.75	0.42	泰安市	0.93	0.34	0.52
巴彦淖尔市	0.54	0.23	0.14	聊城市	0.74	0.28	0.42
呼和浩特市	0.48	0.46	0.23	德州市	0.85	0.32	0.35
包头市	0.54	0.48	0.25	济南市	0.86	0.53	0.48
郑州市	0.63	0.45	0.61	淄博市	0.73	0.46	0.35
洛阳市	0.52	0.36	0.34	滨州市	0.74	0.36	0.36
焦作市	0.61	0.33	0.34	东营市	0.87	0.68	0.35
三门峡市	0.39	0.33	0.25	菏泽市	0.89	0.29	0.36
渭南市	0.71	0.22	0.29	济宁市	0.84	0.31	0.41

2.黄河上游整体"生态—经济—社会"综合指数①

黄河上游各市(州)在生态、经济、社会方面有不同的发展程度(见图 49)。从生态系统的角度对上游各市(州)进行排序,前三名为兰州市(0.85)、中卫市(0.79)、吴忠市(0.67);从经济系统角度排序,前三名分别是鄂尔多斯市(0.70)、乌海市(0.57)、包头市(0.48);从社会系统角度排序,前三名依次是兰州市(0.58)、银川市(0.54)、鄂尔多斯市(0.51)。其中,兰州市的生态系统与社会系统综合指数均最高,鄂尔多斯市的经济系统与社会系统综合指数均比较高,可见,相比于其他市(州),兰州和鄂尔多斯更为注重生态、经济与社会的协调发展。

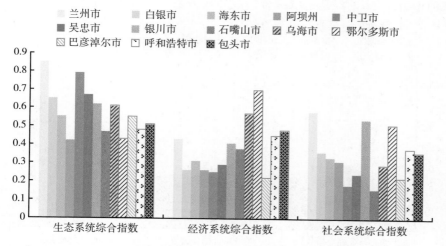

图 49　2012~2021 年黄河上游各市(州)"生态—经济—社会"综合指数

2012~2021 年,甘肃省、青海省、四川省保持基本一致的发展态势,即生态优先、社会其次、经济最后。其中,甘肃省的生态系统综合指数、经济系统综合指数与社会系统综合指数均高于另外两省,尤其是生态系统综合指数高达 0.75,在上游 5 省(区)中排名第一。而宁夏与内蒙古保

---

①　本部分以黄河上游 13 个市(州)为总样本,故测算结果可能与以全域为总样本的测算结果存在偏差,属正常现象。

持相同发展态势，为生态>经济>社会，其中，宁夏的生态系统综合指数最高。综合来看，黄河上游各省（区）均将发展生态排在第一位，表明生态文明建设不仅刻不容缓，而且已成为大势所趋，生态文明建设势在必行，因此各省（区）深入推进生态保护工作，不断推动黄河流域生态保护和高质量发展。

3. 黄河中游整体"生态—经济—社会"综合指数①

黄河中游山西段和陕西段地市的生态系统综合指数较均衡，而河南段地市的生态系统综合指数方差较大，郑州的生态系统综合指数比焦作高出一倍以上，地区差异显著（见图50）。相较于生态系统综合指数，黄河中游11市的经济系统综合指数和社会系统综合指数较为均衡。

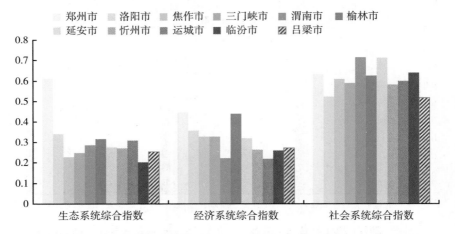

图50　2012~2021年黄河中游11市"生态—经济—社会"综合指数

从整体来看，郑州除社会系统综合指数低于陕西省的渭南和延安外，生态系统和经济系统综合指数均高于中游其他地市，体现了郑州较好的生态、经济、社会发展水平。

---

① 本部分以黄河中游11个市为总样本，故测算结果可能与以全流域为总样本的测算结果存在偏差，属正常现象。

4. 黄河下游整体"生态—经济—社会"综合指数①

黄河下游生态、经济、社会发展较好，尤其是下游山东段呈现明显优势（见图51）。黄河下游山东段生态系统综合指数较高的地市为泰安市（0.90）、济宁市（0.86）、德州市（0.81）；经济系统综合指数较高的分别是东营布（0.89）、济南市（0.58）、淄博市（0.56），社会系统综合指数较高的分别是泰安市（0.80）、济南市（0.49）、济宁市（0.44）。其中，济南市和东营市生态系统、社会系统、经济系统综合指数均比较高。黄河下游河南段开封市、新乡市、濮阳市的社会系统综合指数均值、经济系统综合指数均值、生态系统综合指数均值分别仅为0.27、0.24、0.60，低于下游整体平均水平。从发展态势来看，山东段与河南段保持相同发展态势，为生态>社会>经济。

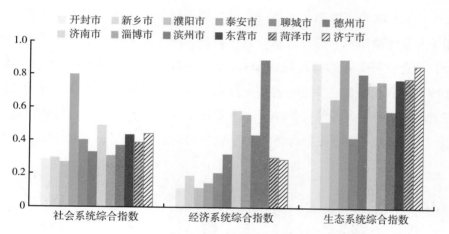

图51　2012~2021年黄河下游12市"生态—经济—社会"综合指数

（三）黄河流域"生态—经济—社会"耦合协调度分析

从时间维度分析，黄河流域"生态—经济—社会"耦合协调度呈现

---

① 本部分以黄河下游12个市为总样本，故测算结果可能与以全域为总样本的测算结果存在偏差，属正常现象。

"稳趋势，微变动"特征。黄河上游大多数省（区）处于"勉强协调"阶段，中游处于"勉强协调"向"初级协调"过渡的阶段，下游大多数地市处于"初级协调"阶段，部分地市已迈入"中级协调"阶段。

1. 黄河流域整体"生态—经济—社会"耦合协调度

分别计算 2012~2021 年黄河流域各市（州）的耦合协调度，取平均值，然后对耦合协调度等级进行统计分析，总结归纳黄河流域"生态—经济—社会"耦合协调度的时间演变特征和空间演变特征。

（1）黄河流域"生态—经济—社会"耦合协调度时间演变特征。从时间维度分析黄河流域"生态—经济—社会"耦合协调度，呈现"稳趋势，微变动"特征。2012~2021 年，黄河流域"生态—经济—社会"耦合协调度总体变化趋势较为平稳，波动不超过 0.1，呈现平稳发展特征。也就是说，黄河流域的"生态—经济—社会"耦合协调度基本无逆向发展趋势，相关关系逐渐增强，良性发展。具体而言，黄河流域的"生态—经济—社会"耦合协调度从 2012 年的 0.624 波动上升为 2021 年的 0.643（见图 52）。2019 年黄河流域的"生态—经济—社会"耦合协调度有所下降，可能是由于黄河流域的生态环境保护缺少经济发展的支撑，过度依赖政府的财政支持，从而造成了生态保护与经济发展无法协同推进的局面。2019~2021 年黄

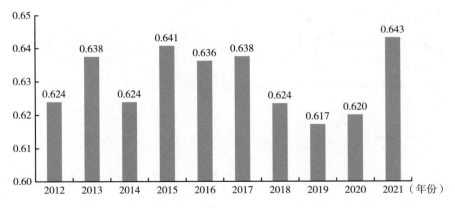

图 52　2012~2021 年黄河流域"生态—经济—社会"耦合协调度

河流域的"生态—经济—社会"耦合协调度不断上升，推动黄河流域的高质量发展。

2012~2021 年，黄河流域 9 省（区）的"生态—经济—社会"耦合协调度总体呈向好态势（见图 53）。山东省"生态—经济—社会"耦合协调度从 2012 年的 0.68 上升至 2021 年的 0.75，涨幅较大。河南省"生态—经济—社会"耦合协调度上涨趋势也较为明显，由 2012 年的 0.61 上涨至2021 年的 0.66。

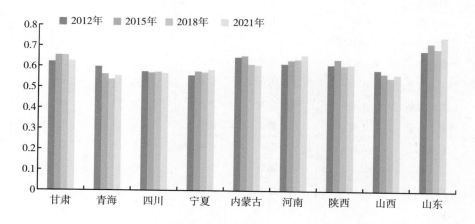

图 53　2012~2021 年主要年份黄河流域 9 省（区）"生态—经济—社会"
耦合协调度

（2）黄河流域"生态—经济—社会"耦合协调度的空间演变特征。2021 年，黄河流域 36 市（州）"生态—经济—社会"的发展较为协调（见表 25）。除巴彦淖尔市外，其他市（州）的耦合协调度均在 0.5 以上，勉强协调的市（州）有 13 个，初级协调的市（州）有 12 个，中级协调的市（州）有 9 个，良好协调的市（州）有 1 个。耦合协调度最低的市（州）是巴彦淖尔市，耦合协调度为 0.469；耦合协调度最高的市（州）是济南市，耦合协调度达到了 0.800。

表25　2021年黄河流域36市（州）"生态—经济—社会"耦合协调度

市（州）	耦合协调度	协调等级	市（州）	耦合协调度	协调等级
兰州市	0.653	初级协调	临汾市	0.585	勉强协调
白银市	0.601	初级协调	吕梁市	0.556	勉强协调
海东市	0.555	勉强协调	忻州市	0.555	勉强协调
阿坝州	0.567	勉强协调	运城市	0.559	勉强协调
中卫市	0.548	勉强协调	榆林市	0.597	勉强协调
吴忠市	0.589	勉强协调	延安市	0.601	初级协调
银川市	0.673	初级协调	开封市	0.672	初级协调
石嘴山市	0.514	勉强协调	新乡市	0.651	初级协调
乌海市	0.620	初级协调	濮阳市	0.673	初级协调
鄂尔多斯市	0.711	中级协调	泰安市	0.778	中级协调
巴彦淖尔市	0.469	濒临失调	聊城市	0.678	初级协调
呼和浩特市	0.588	勉强协调	德州市	0.734	中级协调
包头市	0.644	初级协调	济南市	0.800	良好协调
郑州市	0.772	中级协调	淄博市	0.723	中级协调
洛阳市	0.669	初级协调	滨州市	0.738	中级协调
焦作市	0.579	勉强协调	东营市	0.766	中级协调
三门峡市	0.585	勉强协调	菏泽市	0.757	中级协调
渭南市	0.631	初级协调	济宁市	0.765	中级协调

2. 黄河上游"生态—经济—社会"耦合协调度

从时间维度看，2012～2021年黄河上游"生态—经济—社会"耦合协调度表现为波动上升状态，耦合协调度由0.62波动上升至0.67，上升幅度较小，每年变化幅度基本保持在0.01～0.03（见图54）。对比而言，2020～2021年耦合协调度增长最多，上升幅度为4.69%。协调等级仍为初级协调，表明黄河上游"生态—经济—社会"耦合协调度虽有所提升，但上升速度较为缓慢，同时说明黄河上游的"生态—经济—社会"耦合协调度基本无逆向发展趋势，相关关系逐渐增强，实现良性发展。因此，黄河上游的生态保护与治理工作仍需继续加强。

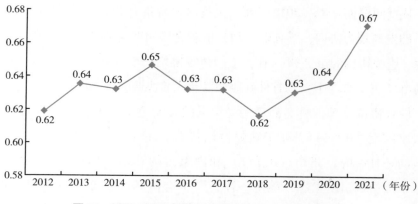

图54 2012~2021年黄河上游"生态—经济—社会"
耦合协调度变化趋势

从省（区）角度分析，黄河上游5省（区）的"生态—经济—社会"耦合协调度总体呈向好态势（见图55）。2021年"生态—经济—社会"耦合协调度由高到低依次为甘肃（0.73）、内蒙古（0.68）、宁夏（0.65）、青海（0.63）、四川（0.63），其中甘肃的耦合协调度除2012年外均位列第一。此外，宁夏"生态—经济—社会"耦合协调度从2012年的0.56上升至2021年的0.65，涨幅最大，甘肃的上涨趋势也较为明显。

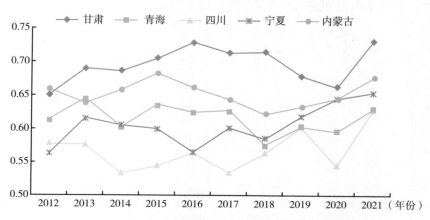

图55 2012~2021年黄河上游5省（区）"生态—经济—社会"
耦合协调度变化趋势

从空间层面来看，2012～2021年黄河上游市（州）"生态—经济—社会"的发展较为协调，所有市（州）的耦合协调度均值都保持在0.5以上。其中，勉强协调的市（州）有5个、初级协调的市（州）有5个、中级协调的市（州）有3个，没有良好协调以及优质协调的市（州）。

耦合协调度均值排名靠后的是宁夏的石嘴山市（0.542）和内蒙古的巴彦淖尔市（0.546），处于勉强协调状态，还存在较大提升空间。排名靠前的是甘肃的兰州市（0.771）和内蒙古的鄂尔多斯市（0.725），已达到中级协调。"生态—经济—社会"耦合协调度较低的市（州）要充分认识到不足，应在提升地区经济效益和社会效益的同时继续加大生态环境保护力度，为黄河上游"生态—经济—社会"高质量耦合协调发展而努力。

3.黄河中游"生态—经济—社会"耦合协调度

本部分计算了2012～2021年黄河中游各地市的耦合协调度，绘制成趋势图，然后取平均值，结合协调等级进行进一步分析。

黄河中游除洛阳市外，各地市的"生态—经济—社会"耦合协调度基本均处于0.5~0.7，波动不大，整体发展态势趋于平稳（见图56）。洛阳市在略高于整体耦合协调度的水平上也保持平稳的发展态势。

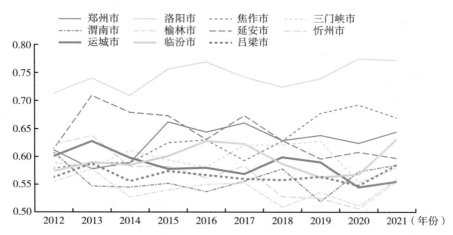

图56 2012~2021年黄河中游各地市"生态—经济—社会"耦合协调度变化趋势

分省份来看，仍是黄河中游河南段的"生态—经济—社会"耦合协调度最高，陕西次之、山西最低，这与各省的经济发展水平有着较强的关系。2021 年"生态—经济—社会"耦合协调度高于 2012 年的地市有郑州、洛阳、焦作、榆林、临汾、吕梁。2021 年耦合协调度低于 2012 年的地市降幅也较小，除了忻州下降幅度为 10.61% 外，其他"生态—经济—社会"耦合协调度下降的地市降幅均小于 10%。整个黄河中游的"生态—经济—社会"耦合协调度发展趋势是较为乐观且有上涨空间的。虽然黄河中游 11 个地市均达到协调水平，但是处于较低等级：7 个地市为勉强协调、3 个地市为初级协调、1 个地市为中级协调，无良好协调以及优质协调地市，整体协调等级低于黄河上游和下游。

总的来说，黄河中游仍需继续提高对绿色低碳环保发展的重视程度，做到发展与环保两不误，从而提升"生态—经济—社会"耦合协调度，实现更好的发展。

4. 黄河下游"生态—经济—社会"耦合协调度[①]

2012~2021 年黄河下游各地市的"生态—经济—社会"耦合协调度基本集中在 0.5~0.8（见图 57）。2012~2021 年，除了新乡市、濮阳市、泰安市、聊城市，剩下的 8 个地市耦合协调度总体呈现上升的良好态势。2021 年，黄河下游"生态—经济—社会"耦合协调度前四名依次为东营市、济南市、淄博市以及济宁市，耦合协调度分别为 0.819、0.773、0.713 和 0.690。

分地市来看，样本考察期内黄河下游 12 个地市均达到协调水平，但是只有东营市达到了良好协调（0.805），泰安市（0.762）、济南市（0.771）达到了中级协调，剩下的地市则仅达到了初级协调或勉强协调。其中，勉强协调的地市均集中在黄河下游河南段，表明河南要加快转型，推动绿色发展，既要禁止不适宜的产业和行业，也要鼓励发展符合绿色发展理念的产业。

---

① 本部分以黄河下游 12 个市为总样本，故测算结果可能与以全域为总样本的测算结果存在偏差，属正常现象。

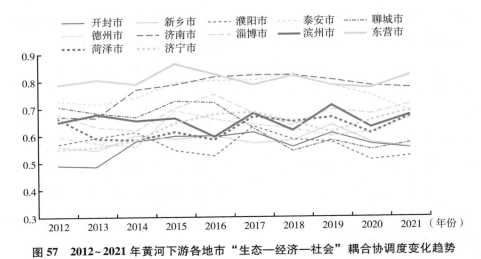

图57　2012～2021年黄河下游各地市"生态—经济—社会"耦合协调度变化趋势

六　黄河流域绿色低碳高质量发展战略与路径

黄河流域绿色低碳高质量发展事关中华民族伟大复兴战略全局，意义重大。作为我国经济腹地和生态屏障，黄河流域在我国经济社会发展和生态安全方面具有重要的战略地位。黄河流域的绿色低碳高质量发展，是加快形成新质生产力、推动流域经济结构转型升级、实现生态环境高水平保护和经济高质量发展深度融合的必然举措。要树立和坚持生态优先的发展理念，建立生态经济与产业发展的综合体系，形成流域治理现代化和可持续发展的格局。

（一）黄河流域绿色低碳高质量发展目标与战略设计

黄河流域是我国北方最重要的生态屏障，协同推进生态保护与经济发展的需求迫切。2019年，国家提出黄河流域生态保护和高质量发展战略，黄河流域进入绿色低碳高质量发展的新阶段。

1.黄河流域绿色低碳高质量发展目标

改革开放以来，黄河流域在经济社会发展、生态环境治理等方面取得了较大成就，但也存在发展与保护之间的矛盾，核心体现在发展规模与生态环境安全、资源环境承载之间的矛盾。黄河流域高质量发展的关键就是要解决发展过程中不平衡、不充分的现实困境。首先，树立和坚持生态优先的发展理念，统筹推动黄河流域生态系统的综合保护和治理，精准施策，有效解决生态环境脆弱、水土流失严重、自然生态失衡与生物多样性降低等问题，为绿色低碳高质量发展提供基础支撑。其次，加快培育新质生产力，实现动能转换，挖掘市场潜力，培育新的经济增长极，以创新和绿色引领全流域产业结构优化调整，建立生态经济与产业发展体系，形成产业一体化发展格局，提高经济增长的质量和效率。最后，加强制度供给，推进乡村振兴与共同富裕，提高居民的收入水平，缩小区域与城乡差距，并加强基础设施建设，提高公共服务水平和质量，真正实现全流域协调发展和民生共享。黄河流域绿色低碳高质量发展，就是要逐步实现流域生态环境高水平保护和经济高质量发展深度融合，促进区域经济提质增效升级、多维度协同发展，实现流域治理现代化和可持续发展。

2. 黄河流域绿色低碳高质量发展的战略设计

为了推动黄河流域绿色低碳高质量发展，逐步实现共同富裕、人民共享的战略目标，需要着力解决好流域生态环境安全格局与产业开发布局之间的关系，从绿色发展、分类发展、协同发展、创新发展等几个维度，协同推进黄河流域上、中、下游绿色低碳高质量发展转型。

第一，绿色发展，生态优先。黄河流域绿色低碳高质量发展必须践行"绿水青山就是金山银山"的发展理念，打破"与河争地""以水定产"的思维范式，坚持绿色发展、生态优先。黄河流域实现绿色低碳高质量发展重在引入和布局新质生产力，有序推动流域省（区）的高能耗、高污染产业结构调整与优化转型，培育新兴支柱产业，打造绿色、环保产业新格局，并形成全流域布局合理、规模适当、分工协作的产业体系，实现产业发展与流域资源环境承载能力相适应，推动流域发展模式转型，提高黄河流域绿色低碳高质量发展水平。

第二，分类发展，分区施策。黄河流域分为上游、中游、下游三个重点区域，每个区域的生态环境与经济社会发展状况都各不相同。黄河的水来自上游，泥沙来自中游，灾害主要发生在下游。具体来看，黄河流域水资源危机不断，上游地区整体生态环境脆弱，荒漠化、沙化土地比较多，不适宜过度开发；中游地区水土流失和环境污染问题严重；而下游地区则经济活动相对活跃，但面临生态系统退化和污染严重的问题。因此，应充分考虑各个区域的发展和治理需求及差异性，实施分类发展、分区施策的战略，以实现绿色低碳高质量发展目标。

第三，协同发展，合作共治。绿色低碳高质量发展是政治、经济、社会、文化和生态多维度协调发展的结果，具有系统性、整体性、协调性、复杂性等特征。因此，黄河流域绿色低碳高质量发展要注重各个维度之间的协调，形成驱动合力，提升发展质量和效率。同时，黄河流域绿色低碳高质量发展涉及多个省（区）、多个行政部门和多个行业领域，任何一块"短板"都会影响全流域的发展成效。因此，要建立整体和系统视角，构建跨地区、跨部门、跨领域的协同共治格局，实现流域系统治理、整体发展。黄河流域上中下游各个省（区）要着眼于流域的整体布局，加强联系和合作，打破有形和无形障碍，消除要素流动壁垒，基础设施互通有无，生态环境保护通力合作，经济与社会发展协同一体，制度供给共商联动，在合作中求发展、求共赢，合理共建新质生产力发展格局。

第四，创新发展，动力转换。创新是引领发展的第一动力。绿色低碳高质量发展的关键就是要从"低端锁定"迈向价值链的中高端，发展新质生产力，这要依靠技术创新的突破。目前，黄河流域高质量发展的突出问题是内生动力不足、产业转型升级压力大。如何通过创新驱动发展战略、新技术和新能源的利用来实现黄河流域传统产业的转型升级，构建新质生产力发展格局，成为流域绿色低碳高质量发展的重要突破口。因此，要坚持创新发展，实现动能转换，引领新质生产力发展，加大科技投入，提升科技成果转化效率，用新技术、新方法改造传统产业，不断开发和深化市场，打造黄河流域上中下游的高质量发展产业链条，实现生态高水平保护与经济高质量发展的良性循环。

（二）黄河流域绿色低碳高质量发展路径构建

黄河流域绿色低碳高质量发展路径的构建应当综合考虑生态、经济、社会等多个方面，以培育新质生产力为着力点，从加强生态环境治理、完善基础设施建设、加快产业转型、促进区域合作、推动城乡发展、加强科技创新引领等多方面入手，因地制宜构建黄河流域绿色低碳高质量发展推进路径。

1. 加强生态环境保护与治理

绿水青山就是金山银山。黄河流域的生态环境是实现绿色低碳高质量发展的前提和基础，生态保护与治理是实现高质量发展的根本保障。黄河流域的上游地区为水源涵养区，生态安全至关重要。提升黄河水资源利用效率，加强国家重大战略建设保障。要以三江源为重点，加强流域的湿地保护修复工作。继续实行退牧还草、退耕还林，增加草地和林地的绿化面积，提高应对自然风险的能力。对于退牧还草和退耕还林要探索出合理的生态补偿政策，提高还草、还林的覆盖度。同时，要注意防洪体系建设，强化山洪防治，完善山洪沟道、导洪、蓄水工程设施。对于沙漠地区，要加强沙漠的治理，推进土地沙化防治，实行禁牧、休牧、划区轮牧等政策。黄河流域的中游地区要以水土流失和污染治理为重心。加强黄河流域水土流失综合治理，以淤地坝、治沟造地、固沟保塬为重点，建设水土保持工程，有序推进引汉济渭、引沁入汾等支流引水工程，防治水土流失。黄河流域的下游地区要以湿地保护为重点，重点加强黄河三角洲的湿地保护与修复。要推进黄河口国家公园建设，保障黄河河道和入海口的生态用水，发展盐碱地生态农业，逐步实现土壤改良。

2. 强化流域沿线基础设施建设

基础设施建设是黄河流域绿色低碳高质量发展的"硬支撑"。加强黄河流域各地的交通、通信设施等建设，对于黄河流域上中下游区域实现联动发展，推动全域绿色低碳高质量发展转型具有重要意义。因此，黄河流域沿线基础设施的建设发展要以新发展理念为统领，以发展新质生产力为目标，以技术创新为驱动，以信息建设为基础，面向高质量发展，推动数字转型、智

能升级、融合创新的新型基础设施建设。

在信息与交通基础设施建设方面,充分利用互联网、云计算、大数据、人工智能和卫星遥感、移动终端等新一代信息技术和设备,有序推动黄河流域省(区)部署推广5G信息网络,引入和发展"互联网+"经济,发展新质生产力。同时,加强交通基础设施方面的互联互通,不断完善交通基础设施网络化布局,统筹推进海陆空交通建设,为新质生产力的发展提供硬件支撑。借助国家现代综合交通运输体系发展重大项目,积极参与"十纵十横"大通道建设,合力打造丝绸之路经济带运输走廊,提高黄河流域沿线的交通通达度。在对黄河流域沿线的交通体系进行广域建设基础上,重点建设国际性综合交通枢纽,全面提升黄河流域城市的全国性综合交通枢纽功能,加快推进区域性综合交通枢纽建设。

在能源与水利基础设施建设方面,流域沿线多为传统高耗能产业,严重制约流域绿色低碳转型。要有序推动黄河流域能源结构转型升级,积极由以火力发电为主向风力、太阳能、水能等多元节能发电方式转型,加强全流域能源合作,实现能源互补。同时,黄河流域上中下游要依据自身实际情况,中上游地区大力建设旱作梯田、淤地坝等基础设施,下游地区加大农田水利基础设施建设力度,发展节水农业、高效农业。此外,进一步加强河道和入海口的滩区综合治理,防止发生洪涝等自然灾害。

3. 加快流域产业结构转型升级

第一产业绿色低碳转型是黄河流域高质量发展的重中之重。黄河流域第一产业绿色低碳高质量发展,必须立足地区特色优势,优先培育和发展现代高效农业,实现资源利用的高效化和生态化。同时,要充分发展黄河流域上中下游的畜牧业与种植业合作经营,延长产业链条,实现一二三产业的有机融合发展,充分发挥黄河沿线农业资源禀赋及文旅资源优势。特别是推动农业生态化和高质化发展,最终绘就农业增效、农民增收、农村增色的黄河流域绿色低碳高质量发展"富春山居图"。

第二产业绿色低碳转型是黄河流域高质量发展的核心要义。要重点培育战略性新质生产力,全面塑造黄河流域绿色低碳发展新优势,着力推动绿色、循环、低能耗产业发展，促进资源节约与高效利用。黄河流域主要省（区）重化工业特征明显，煤炭、石油等开采业和金属冶炼、加工业较多，耗能高、污染大，严重限制了黄河流域的高质量发展，绿色低碳转型需求迫切。要尽快对资源型产业进行转型升级，积极推进绿色技术应用，推动能源清洁化生产。同时，推动工业产业的联合发展，推动建立煤炭生产、石油、电力、冶金等行业的现代化产业联合体，建设产业集群，发挥规模效应，减少资源损耗。此外，加大废水、废气、废渣等工业"三废"的无害化处理和回收利用力度，有序推动流域第二产业实现"碳达峰、碳中和"目标，以资源综合利用为抓手，实现流域第二产业绿色低碳高质量转型。

第三产业的高质量发展是推进黄河流域绿色低碳转型的必然举措。以文旅业为代表的第三产业是赋能黄河流域绿色低碳转型、培育新质生产力的关键支柱。黄河上游地区是中华文明的发源地之一，多民族融合特征明显，文化底蕴深厚。中下游地区的文明遗存较多，古都类名城价值突出，国家级文化景点丰富。这为黄河流域发展全域文旅产业集群、促进一二三产业融合发展赋予了得天独厚的资源优势。具体而言，黄河流域要积极开拓旅游产业，激活当地沉睡的生态人文资源，并恰当地与一二产业融合，通过围绕旅游产业的吃穿住行等因素形成生态旅游主导产业，充分发挥黄河流域旅游业的高增加值作用。一是以生态自然为基础，坚持旅游资源的绿色生态开发，不仅能够实现经济的高质量发展，更能实现社会和生态的高质量发展。二是积极推动第三产业与第一、第二产业融合发展，通过三产协调发展，充分发挥第三产业的高附加值作用，拉动第一、第二产业的高质量发展。三是黄河流域上中下游不仅要培育开发以旅游产业为中心的第三产业，更要加强流域上下游之间的合作。通过共建共享黄河文旅"金字招牌"，整合全域旅游资源，实现区域旅游资源的优势互补，推动黄河流域独特的自然风光和历史文化实现价值变现，共同谋发展、促提高，实现全流域绿色低碳高质量发展。

4. 着力推动黄河流域都市圈建设

沿黄都市圈建设是黄河流域更新发展动能、发展新质生产力的重要环节，也是绿色低碳高质量发展的现实需求。黄河流域省（区）要着重提升中心城市竞争力，加强城市群建设，与京津冀、长三角等区域合作发展。以中心城市为战略引领，以边境城市、口岸、港口为开放支点，以"两横（青岛—银川、郑州—西宁）三纵（兰州—银川、呼和浩特—西安、石家庄—郑州）"城镇廊道为骨架支撑，立足重大国家战略，着力构建"东西双向开放、南北均衡协调"的国家开放发展新格局。通过发挥中心城市和城市群的比较优势，形成高质量发展的区域布局。以自黄河上游至下游为顺序，首先应推进兰州—西宁城市群的发展，加强兰州、西宁两地的城际轨道建设，便利人员往来和要素流动，增强人口的集聚力，另外加强产业协作，强化生态环境的共治联保。中游地区应强化西安、郑州国家中心城市的带动作用，加快西安与咸阳的一体化发展，以带动关中平原城市群发展；推进郑州与开封同城化建设，引领中原城市群一体化发展。推进黄河"几字弯"都市群协同发展，"几字弯"附近的银川、呼和浩特、太原、包头等区域性中心城市要强化城市间发展协同，形成都市圈发展新格局。黄河下游地区的山东省要发挥山东半岛城市群的龙头作用，城市圈内部要提升济南、青岛等核心城市的竞争力，强化城市间协作，完善城市间交通体系，发挥青岛、烟台等港口城市的区域优势，推动进出口经济高质量发展。

5. 全面推进黄河流域乡村振兴

全面推进乡村振兴是黄河流域绿色低碳高质量发展的重要组成部分。黄河流域上游地区气候高寒、地形起伏不平，生态环境也较为脆弱，加上处于自然灾害多发地带，乡村发展水平较低，需要在提高资源环境承载力的基础上推进生态型产业发展，走生态农业发展之路，加快农业现代化步伐。同时，以水电路气房网"六张网络"为主攻方向，推进城镇基础设施向乡村逐步延伸，加强城乡联系，提高农村宜居宜业水平。黄河流域中游地区水土流失现象严重，乡村产业"散、小、弱"问题突出。中游地区乡村振兴特别是产业振兴的高质量发展应首先解决土地细碎化问题，因地制宜、有序推进土地整治，将农村地区的闲置土地与撂荒地充分利用起来，为适度规模经营、生态或产业用地整合拓展空间。同时，提升农村环境品质和生活质量，优化城乡布局，实现"以城带乡"，促进城乡高质量发展。黄河流域下游地区农业农村发展水平较高，但是人口外流严重，农村空心化和老龄化问题突出，乡村振兴缺乏内生动力。因此，迫切需要推进农业现代化，培育新型农业经营主体，推进集约化和规模化经营，提高农业发展效益。同时，以农村电商为突出着力点，大力推动乡村一二三产业深度融合发展，培育更多新产业新业态。此外，切实改善黄河流域乡村人居环境，稳步提升乡村生活品质，建设好宜居宜业和美乡村，绘就乡村美、人民富、农业兴的高质量发展蓝图。

6. 加强重点领域科技创新引领

重点领域科技创新是以新质生产力引领黄河流域绿色低碳高质量发展的应有之义。黄河流域经济总量和发展速度普遍低于长江流域经济带和珠江经济带。从产业发展布局来看，黄河流域分布着我国重要的能源煤化工基地，沿线地区产业结构相对单一，产业规模相对较小，科技水平相对落后，缺乏市场竞争优势，难以满足新质生产力的发展需求。因此，黄河流域绿色低碳高质量发展，不仅需要完善的产业体系基础，也需要通过科技创新实现产业结构转型升级，形成以企业为主体、产学研深度融合、政府协同保障的全社会创新体系，逐步培育新质生产力。黄河流域各省（区）要加大科研资金投入，积极推进郑洛新国家自主创新示范区、西安国家自主创新示范区、山东半岛国家自主创新示范区的全面改革试验，形成一批具有国际竞争力的创新资源集聚区。同时，黄河流域各省（区）可借助国家自主创新示范区的政策机遇，整合创新资源，积极发展高新技术产业，辐射并带动周边地区发展，通过创新推动产业结构优化升级和高质量发展。要围绕黄河流域重点发展的电子信息、高端装备制造、新材料等领域，加强企业与当地高校和科研机构的合作交流，共同研发和创新科技项目。主动融入国家创新计划，争取在黄河流域建设一批国家级科学中心、综合性创业中心、国家技术创新中心等创新平台，以发展新质生产力为引领，推动黄河流域绿色低碳高质量发展。

附录:

研究方法

1. 绿色创新水平测算

（1）基于熵值法的客观赋权。在信息论中，熵也称为平均信息量，信息的增加意味着熵的减少，据此通过熵衡量指标信息量的离散程度。同一指标中包含的信息量与其数值离散程度正相关，即指标数值离散程度越大，反映的信息就越多，指标的权重就越大。熵值法作为一种客观赋权方法，权重的确定完全依赖数据自身的离散性，不具有主观色彩，评价过程透明可再现。计算步骤如下。

首先，将各指标同度量化，设 x_{ij}（$i = 1, 2, \cdots, n$; $j = 1, 2, \cdots, m$）代表第 i 个被评价市（州）中第 j 项指标的预处理数据，计算第 i 个市（州）中第 j 项指标比值 P_{ij} 公式如下:

$$P_{ij} = x_{ij} / \sum_{i=1}^{n} x_{ij}, (x_{ij} > 0)$$

其次，利用同度量化的 P_{ij}，计算第 j 项指标的熵值:

$$e_j = -k \sum_{i=1}^{n} P_{ij} I_n(P_{ij})$$

其中: k 为调节系数，与样本数 n 有关，$k = \dfrac{1}{I_n(n)}$; e_j 为信息熵值，$0 \leqslant e_j \leqslant 1$。

然后，计算各个指标的差异性系数 d_j。根据熵值法的基本原理，指标在既定的条件下，x_{ij} 的差异程度越大，该项指标的信息熵值 e_j 越小，对被评价市（州）的比较所起的作用越大，差异性系数 $d_j = 1 - e_j$（$j = 1, 2, \cdots$,

m），最后确定归一化权重系数：

$$w_j = \frac{d_j}{\sum_{i=1}^{n} d_j} (j = 1, 2, \cdots, m)$$

（2）Dagum 基尼系数及分解方法。Dagum 基尼系数及分解方法是一种基于子群样本分布状态进行分解，用于测度地区差距的空间分析方法。作为刻画样本变量空间非均衡性的有效工具，该方法能够精准测度地区差距构成及其原因，正确识别不同分组地区之间的交叉重叠现象，有效解决传统基尼系数和 Theil 指数存在的地区差异无法分解及样本描述问题，并已被广泛应用于多个研究领域。鉴于 Dagum 基尼系数及分解方法的优势与特点，本报告采用该方法测算黄河流域绿色低碳创新发展的地区相对差异程度，并对其进行分解，进而识别出地区绿色低碳创新发展相对差异的贡献与来源。总体基尼系数计算公式如下。

$$G = \frac{\sum_{j=1}^{k} \sum_{h=1}^{k} \sum_{i=1}^{nj} \sum_{r=1}^{nh} |y_{ji} - y_{hr}|}{2 n^2 \bar{y}}$$

其中，$k = 3$（分别表示上、中、下游地区），j 和 h 分别表示 k 个地区中的不同分区且 j、$h = 1$，2，$\cdots$，n 是黄河流域地级市个数，nj、nh 分别为 j、h 地区内的城市数量，y_{ji}、y_{hr} 分别为 j、h 地区 i、r 市的绿色低碳创新水平，$\bar{y}$ 是黄河流域绿色低碳创新水平的平均值。

按照分解方法，总体基尼系数 G 可分解为地区内差距贡献 G_w、地区间差距贡献 G_{nb} 和超变密度贡献 G_t，且满足 $G = G_w + G_{nb} + G_t$。

以下分别是地区内（如上游地区 j）基尼系数 G_{jj} 和地区间（如上游地区 j 与中游地区 h 间）基尼系数 G_{jh} 计算公式。

$$G_{jj} = \frac{\frac{1}{2 \bar{y}_j} \sum_{i=1}^{n_j} |y_{ji} - y_{hr}|}{n_j^2}$$

$$G_{jh} = \frac{\sum_{i=1}^{n_j} \sum_{r=1}^{n_h} |y_{ji} - y_{hr}|}{n_j n_h (\bar{y}_j + \bar{y}_h)}$$

地区内差距贡献 G_w、地区间差距贡献 G_{nb} 和超变密度贡献 G_t 计算公式分别为:

$$G_w = \sum_{j=1}^{k} G_{jj} P_j S_j$$

$$G_{nb} = \sum_{j=2}^{k} \sum_{h=1}^{j-1} G_{jh}(P_j S_h + P_h S_j) D_{jh}$$

$$G_t = \sum_{j=2}^{k} \sum_{h=2}^{j=1} G_{jh}(P_j S_h + P_h S_j)(1 - D_{jh})$$

其中,$P_j = n_j/n$ 为 j 地区省份数与全国省份总数的比值;$S_j = n_j \bar{y}_j / n \bar{y}$;$D_{jh}$ 为 j 地区间的绿色低碳创新相对影响,计算公式如下:

$$D_{jh} = \frac{d_{jh} - P_{jh}}{d_{jh} + P_{jh}}$$

其中,

$$d_{jh} = \int_0^{\infty} d F_j(y) \int_0^y (y - x) dF_h(x)$$

$$P_{jh} = \int_0^{\infty} d F_j(y) \int_x^y (y - x) dF_i(y)$$

(3) Kernel 密度估计。Kernel 密度估计 (Kernel Demsity Estimation) 是一种非参数统计方法,用于估计一组观测值所代表的概率密度函数。其优点是不需要对概率密度进行假设,可以较好地适应不同类型的数据分布。Kernel 密度估计能有效展示绿色低碳创新的整体情况,直观地反映各区域绿色低碳创新综合指数的分布位置、分布形态和极化趋势等信息,这对深入剖析黄河流域绿色低碳创新水平的绝对差异具有重要启示意义。

运用连续的曲线描述随机变量的分布形态,假设随机变量 x 的密度函数为 $f(x)$,其表达式为:

$$f(x) = \frac{1}{N_h} \sum_{i=1}^{N} K\left(\frac{X_i - x}{h}\right)$$

$$K(x) = \frac{1}{\sqrt{2\pi}} exp\left(-\frac{x^2}{2}\right)$$

其中 N 是观测值个数，$K(x)$ 为核密度，X_i 为独立同分布的观测值，x 为均值；h 为带宽（峰宽），h 越小，估计精度越高。K 为核函数，常用的核函数形式有三角核函数、二次核函数等。本报告宽值计算使用"Silverman 大拇指法则"，并且默认使用高斯正态核（Guassian）密度公式进行核密度值计算。

2. 绿色全要素生产率评价方法

（1）DEA 评价。DEA 是一种相对效率评价方法，该方法基于多个决策单元（DMU）的投入产出数据构造生产前沿面，以单个 DMU 到生产前沿面的距离（径向或非径向）为基础构建效率测度指标，在处理多投入多产出的有效性评价方面具有优势。DEA 模型可以转化为一个线性规划求解问题，其表达式为：

$$\begin{cases} \min\left[\theta - \varepsilon\left(\sum_{i=1}^{m} S_i^- + \sum_{r=1}^{s} S_r^+\right)\right] \\ s.t \sum_{j=1}^{n} \lambda_j y_{rj} - S_r^+ = y_{rj_0} \\ \sum_{j=1}^{n} \lambda_j x_{ij} - S_i^- = \theta x_{ij_0} \\ \lambda_j \, S_i^- \, S_r^+ \geqslant 0, j = 1,\cdots,n \end{cases}$$

其中，假设 DEA 模型有多个决策单元，x_{ij} 为决策单元 j 的第 i 个投入量，$x_{ij} \geqslant 0$；y_{rj} 为决策单元 j 的第 r 项输出，$y_{rj} \geqslant 0$；θ 是目标规划值。λ_j 是规划决策变量，ε 为非阿基米德无穷小，S_i^-、S_r^+ 为松弛变量。若 $\theta=1$、$S_i^-=0$、$S_r^+=0$，则决策单元为 DEA 有效；若 $\theta<1$，则决策单元为 DEA 无效；若 $\theta=1$、$S_i^- \neq 0$ 或 $S_r^+ \neq 0$，则决策单元为弱 DEA 有效。

（2）Malmquist 指数。Malmquist 指数法被广泛应用于测算生产率的变化，其表达式为：

$$M(x^{t+1},y^{t+1},x^t,y^t) = \left[\frac{D^t(x^{t+1},y^{t+1})}{D^t(x^t,y^t)} \times \frac{D^{t+1}(x^{t+1},y^{t+1})}{D^{t+1}(x^t,y^t)}\right]^{\frac{1}{2}}$$

$$Effch = \frac{D^t(x^{t+1},y^{t+1})}{D^t(x^t,y^t)}$$

$$Tech = \left[\frac{D^t(x^{t+1}, y^{t+1})}{D^{t+1}(x^{t+1}, y^{t+1})} \times \frac{D^t(x^t, y^t)}{D^{t+1}(x^t, y^t)} \right]^{\frac{1}{2}}$$

$$Tech = Effch \times Tech = Pech \times Sech \times Tech$$

其中，(x^t, y^t) 和 (x^{t+1}, y^{t+1}) 分别表示 t 时期和 $t+1$ 时期的投入产出向量，$D^t(x^t, y^t)$ 和 $D^t(x^{t+1}, y^{t+1})$ 分别表示 t 时期的投入产出在 t 时期技术水平下的效率值和 $t+1$ 时期的投入产出在 $t+1$ 时期技术水平下的效率值。

3. 生态贡献度分析方法

生态贡献度得分，即将评价指标体系数据综合而得到的无量纲得分，便于横向与纵向比较。生态贡献度得分包括污染减排得分、资源节约得分、生态保护得分。每个得分基于对应的指标计算，然后加权得到生态贡献度得分。从具体指标得到三项得分，计算过程包括无量纲化、权重计算、得分计算、莫兰指数测算。

（1）无量纲化：极值法。为了消除不同指标之间量纲不同对结果的影响，一般需要对原始数据进行无量纲化处理，变换后得到的数据记为 X_{ij}^*。这里运用极值法进行无量纲化。

对于正向指标，极值法的公式是：

$$X_{ij}^* = (X_{ij} - \min\{X_{ij}\}) / (\max\{X_{ij}\} - \min\{X_{ij}\})$$

对于逆向指标，极值法的公式是：

$$X_{ij}^* = (\max\{X_{ij}\} - X_{ij}) / (\max\{X_{ij}\} - \min\{X_{ij}\})$$

（2）熵值法确定权重。第一步，计算第 i 个被评价对象第 j 个指标值在所有被评价对象第 j 个指标值总和中的比例。该比例的计算通常基于无量纲化后的指标值，计算公式为：

$$P_{ij} = X_{ij}^* / \sum_{j=1}^{m} X_{ij}^*$$

第二步，计算第 j 个指标的熵值：

$$e_j = -\left(\frac{1}{\ln n}\right) \sum_{i=1}^{n} P_{ij} \ln(P_{ij})$$

该步骤借鉴了信息熵的理论和方法，在信息熵理论中，P_i 表示概率空间中某一取值出现的概率，并基于公式计算信息熵，每个样本点出现的概率越平均，则无序度越大，熵值也越大。熵值法借鉴这一理论和方法，当比例 P_{ij} 差异越小时，根据公式计算得到的熵值越大，表明其信息量越少。计算中设定，当 $P_{ij}=0$ 时，$\ln(P_{ij})=0$。从计算结果来看，$e_j \in [0, 1]$，而且当 P_{ij} 完全相等时，$e_j=1$。

第三步，计算每个指标的权重：

$$w_j = (1 - e_j) \Big/ \sum_{j=1}^{m} (1 - e_j)$$

w_j 满足 $0 \leq w_j \leq 1$、$\sum_{j=1}^{m} w_j = 1$，是熵值法确定的各个指标的权重。

（3）评价得分计算。在运用熵值赋权方法得到各个指标的权重 w_j（$j=1, \cdots, m$；$0 \leq w_j \leq 1$；$\sum_{j=1}^{m} w_j = 1$）后，运用线性加权法进行综合评价，具体公式是：

$$y_i = \sum_{j=1}^{m} w_j X_{ij}^{*}$$

其中，y_i 是第 i 个被评价对象的综合评价值。

（4）Moran 指数分析。

①全局 Moran's I。

$$I = \frac{n}{S_0} \times \frac{\sum_{i=1}^{n} \sum_{j=1}^{n} (y_i - \bar{y})(y_j - \bar{y})}{\sum_{i=1}^{n} (y_i - \bar{y})^2}$$

其中，$S_0 = \sum_{i=1}^{n} \sum_{j=1}^{n} w_{ij}$，$n$ 为空间单元个数，y_i 和 y_j 分别表示第 i 个空间单元和第 j 个空间单元的某一共同属性取值，$\bar{y}$ 为所有空间单元该属性取值的均值，w_{ij} 为空间权重值。外生构建的空间权重矩阵多基于地理邻接关系或空间距离设定权重；除地理关系的考量外，还可以通过经济距离进行权数的设定。本报告基于省（区）之间的地理邻接关系构建空间权重矩阵，并对空间权重矩阵进行标准化。I 的取值范围为 $[-1, 1]$，其含义如下：如果 $I>0$，表示所有地区的属性值在空间上有正相关性，即属性值越大（小）越容易集聚在一起；如果 $I=0$，表示地区随机分布，无空间相关性；如果 $I<0$，表示所有地区的属性值在空间上有负相关性，即属性值越大（小）越不容易集聚在一起。

通过 Moran's I 可以初步判断空间自相关性的存在性和方向性，但其是否可靠还需要进行检验。其对应的检验统计量为：

$$Z = \frac{I - E(I)}{\sqrt{var(I)}}$$

②局部 Moran's I。

$$I_i = \frac{Z_i}{S^2} \times \sum_{j \neq i}^{n} w_{ij} Z_j$$

其中，$Z_i = y_i - \bar{y}$，$Z_j = y_j - \bar{y}$，$S^2 = \frac{1}{n} \sum (y_i - \bar{y})^2$，$w_{ij}$ 为空间权重，其构造方法如前所述。I_i 为第 i 个地区的局部 Moran's I。

局部 Moran's I 的取值与 Z_i 和 $\sum_{j \neq i}^{n} w_{ij} Z_j$ 的取值有关。如果二者均大于 0，则 $I_i > 0$，其含义是，第 i 个属性取值较大，周边地区属性取值也较大；如果二者均小于 0，则 $I_i > 0$，其含义是，第 i 个属性取值较小，周边地区属性取值也较小；如果二者取值符号相反，则 $I_i < 0$，其含义是，第 i 个属性取值与周边地区属性取值呈反方向变化。

4. 耦合协调模型

（1）去量纲化。为了使不同指标之间具有可比性，采用极差标准化方法处理原始数据，公式如下：

$$y_{ij} = \begin{cases} x_{ij}^* = \dfrac{x_{ij} - x_{min}}{x_{max} - x_{min}} & (a) \\ x_{ij}^* = \dfrac{x_{max} - x_{ij}}{x_{max} - x_{min}} & (b) \end{cases}$$

对于正向数据，采用（a）式进行标准化处理，对于逆向数据采用（b）式进行标准化处理。x_{ij} 为第 i 个评价对象的第 j 项指标的原始数值；y_{ij} 是第 i 个评价对象的第 j 项指标标准化之后的数值；x_{max} 和 x_{min} 分别表示指标的最大值和最小值。为了使数据运算有意义，必须消除零值，所以对无量纲化后的数据进行整体平移：$x_{ij} = x_{ij} + \alpha$。为了不破坏原始数据的规律，α 的取值要尽可能小，这里取 $\alpha = 0.00001$。

（2）确定指标权重。计算指标权重的方法主要有主观赋权法和客观赋权法两种。主观赋权法主要依靠人为经验确定权重，包括层次分析法、德尔菲法、功效系数法等；客观赋权法是根据评价对象的现实数据，通过计算得出指标的权重，主要有主成分分析法、熵值法、变异系数法等。本报告选择熵值法计算指标权重，计算步骤如下：

①计算信息熵：$e_i = -\dfrac{1}{\ln n}\sum_{j=1}^{n} y_{ij} \times \ln p_{ij}(0 \leqslant e_i \leqslant 1)$，其中 $P_{ij} = \dfrac{x_{ij}}{\sum_{j=1}^{n} y_{ij}}$

②计算冗余熵：$d_i = 1 - e_i$

③计算指标权重：$W_i = \dfrac{d_i}{\sum_{i=1}^{n} d_i}$

构建综合评价指数，构建结果如下：

$$f(x) = \sum_{i=1}^{n} a_i \times x_i^* ; g(y) = \sum_{i=1}^{n} b_i \times y_i^* ; h(z) = \sum_{i=1}^{n} c_i \times z_i^*$$

$f(x)$、$g(y)$、$h(z)$ 分别代表黄河流域生态、经济、社会三个系统的指标标准化值经过加权得到的发展指数；a_i、b_i、c_i 分别为各子系统中各指标的权重；x_i^*、y_i^*、z_i^* 分别为描述各指标特征的指标值，且均为无量纲化值。

（3）耦合协调度测算。计算子系统的耦合度，公式如下：

$$C = \sqrt[3]{\dfrac{f(x) \times g(y) \times h(z)}{\left[\dfrac{f(x) + g(y) + h(z)}{3}\right]^3}}$$

耦合度 C 的取值范围为 $0 \sim 1$，C 越接近 1 则表明系统间的耦合度越大，C 越接近 0 则表明系统间耦合度越小。

最后，计算耦合协调度。

$$D = \sqrt{T \times C}$$

$$T = \alpha f(x) + \beta g(y) + \gamma h(z)$$

其中，C 为耦合度，D 为耦合协调度，T 为耦合协调水平的综合评价指数，α、β、γ 分别为各子系统的权重。本报告认为，生态、经济、社会三个系统的重要性相同，所以 α、β、γ 均取 1/3。

参考文献

安树伟、李瑞鹏：《黄河流域高质量发展的内涵与推进方略》，《改革》2020 年第 1 期。

陈操操等：《京津冀与长三角城市群碳排放的空间聚集效应比较》，《中国环境科学》2017 年第 11 期。

樊亚平、周晶：《"双碳"目标下中国特色绿色金融理论：历史镜鉴与践行指向》，《经济问题》2022 年第 9 期。

冯杰、张世秋：《基于 DEA 方法的我国省际绿色全要素生产率评估——不同模型选择的差异性探析》，《北京大学学报》（自然科学版）2017 年第 1 期。

葛颜祥等：《黄河流域居民生态补偿意愿及支付水平分析——以山东省为例》，《中国农村经济》2009 年第 10 期。

黄承梁等：《中国共产党百年黄河流域保护和发展的历程、经验与启示》，《中国人口·资源与环境》2022 年第 8 期。

接玉梅、葛颜祥、徐光丽：《黄河下游居民生态补偿认知程度及支付意愿分析——基于对山东省的问卷调查》，《农业经济问题》2011 年第 8 期。

鲁仕宝等：《黄河流域经济带生态环境绩效评估及其提升路径》，《水土保持学报》2023 年第 4 期。

秦华、任保平：《黄河流域城市群高质量发展的目标及其实现路径》，《经济与管理评论》2021 年第 6 期。

邵帅、范美婷、杨莉莉：《经济结构调整、绿色技术进步与中国低碳转型发展——基于总体技术前沿和空间溢出效应视角的经验考察》，《管理世界》2022 年第 2 期。

王元钦：《试论流域生态与社会协调发展的内涵与路径》，《学术探索》2022 年第 6 期。

邬彩霞：《中国低碳经济发展的协同效应研究》，《管理世界》2021 年第 8 期。

余东华：《将黄河三角洲打造成大江大河生态保护治理的重要标杆：战略任务与主要路径》，《理论学刊》2022 年第 6 期。

专题报告 ▷

G.2

黄河流域第一产业绿色低碳
高质量发展报告

薛永基 朱 磊 姚奕然 李希妹*

摘 要： 第一产业是黄河流域绿色低碳高质量发展的核心内容。本报告在梳理总结 2012~2021 年黄河流域上、中、下游地区第一产业总体发展状况的基础上，对流域第一产业绿色发展水平、机械化水平、节水与低碳农业建设水平进行系统分析与总结。研究结果表明，党的十八大以来，黄河流域第一产业绿色低碳高质量发展势头迅猛，成果显著，已进入稳步提升阶段。然而流域间的发展差距日益凸显。据此，本报告提出黄河流域各省（区）应当加强沟通协调，充分发挥自身优势，进一步推动资源要素的流动和优化配置，实现资源的高效利用，实现流域内的协调可持续发展，为黄河流域第一产业绿色低碳高质量发展提供有力支持。

* 薛永基，博士，北京林业大学黄河流域生态保护和高质量发展研究院副院长，经济管理学院教授、博士生导师，研究方向为农林绿色产业与生态治理；朱磊，北京林业大学经济管理学院博士研究生；姚奕然、李希妹，北京林业大学经济管理学院硕士研究生。

关键词： 黄河流域　第一产业　绿色　节水　低碳

一　黄河流域第一产业总体发展态势良好，区域间发展差异显著

党的十八大以来，黄河流域第一产业高质量发展取得了显著成果，与全国平均水平的差距得到了有效控制。流域内农林牧渔业总增加值占全国的份额基本稳定在30%，农林牧渔业总增加值增长水平、人均第一产业产值等显著提升。与此同时，黄河流域农业综合生产能力持续增强，农民收入不断提高，生态建设势头良好。值得关注的是，黄河流域横跨我国东中西三个区域，涉及沿线9省（区）36市（州），黄河流域上、中、下游之间的发展差距明显，并呈现日益扩大的趋势，不利于黄河流域整体的绿色、低碳、高质量发展。

本报告基于沿黄各省（区）各类统计年鉴、统计公报及政府报告等资料，全面剖析2012~2021年黄河流域第一产业绿色低碳高质量发展水平。其中，对个别缺失的数据采用前后两年均值、近三年均值等方面插值补充。

（一）黄河流域上游地区第一产业发展总体概况

从国家统计局公布的产业数据来看，2012~2021年黄河流域上游地区第一产业的绿色、低碳、高质量发展取得重大突破。具体来看，黄河流域上游地区通过加强环境保护、开发绿色能源，以及促进农业产业转型等措施，推动黄河流域第一产业加快绿色、低碳和高质量发展步伐。此外，黄河流域上、中、下游地区第一产业发展差距日益扩大，上游地区内部的沿黄城市发展不均衡等问题也不容忽视。

1. 黄河上游地区第一产业发展概况

2012~2021年，黄河流域上游地区第一产业增加值稳步提升。如图1所

示，黄河上游地区的第一产业增加值总体呈增长态势，但在黄河流域整体的三产格局中地位明显下降。

黄河上游地区第一产业增加值由 2012 年的 1607.1 亿元增长到 2021 年的 2307.74 亿元，增长了 43.60%。具体而言，2012~2021 年，第一产业增加值增速有所波动，但整体保持平稳，波动幅度在正负 15 个百分点之间。从黄河全流域来看，第一产业增加值从 2012 年的 14792 亿元降至 2021 年的 11778 亿元。十年间，全流域的第一产业增加值下降了 20.38%。具体而言，2012~2017 年，全流域的第一产业增加值与增长率相对稳定。直到 2018 年，增长率出现明显回落，之后再次回升，并保持为正。可见，全流域第一产业在十年间可能受到多种因素的影响，包括经济周期、政策调整、自然灾害等，影响发展的稳定性。

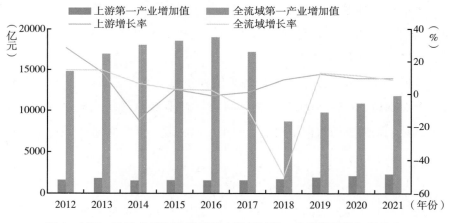

图 1　2012~2021 年黄河全流域及上游区域第一产业增加值与增长率

从产业结构来看，黄河流域上游地区第一产业在三产格局中占比较低。如图 2 所示，黄河上游地区第一产业占比从 2012 年的 6.83% 下降至 2021 年的 5.55%，整体呈现稳定的下降趋势。这主要是因为黄河流域上游地区地势较高、气候寒冷，山地和丘陵地带较多，可用耕地相对较少，土地资源有限，难以满足大规模农业生产的需求。同时，随着经济发展和产业结构调整，黄河流域上游地区逐渐向第二产业和第三产业转型，第一产业所占比重逐渐下降。值得注意的是，第一产业在地区经济和农民生计中占有重要地位。因此，上游地区需要继续关注农业和农村发展，推动农业的现代化与可持续发展，确保第一产业与第二、第三产业协调发展。

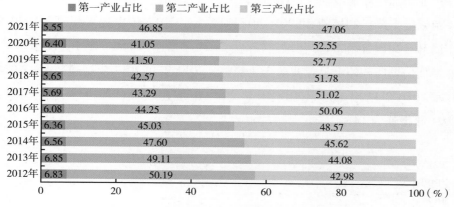

图2 2012~2021年黄河上游区域的三产占比

2. 黄河上游地区典型市（州）之间的第一产业发展对比

黄河上游地区的青海、四川、甘肃、宁夏和内蒙古第一产业发展存在显著差异。本报告以海东市、阿坝藏族羌族自治州（以下简称"阿坝州"）、兰州市、银川市和呼和浩特市为例，对上游地区存在的第一产业发展不平衡问题进行比较分析。如图3所示，2012~2021年黄河流域上游地区5个典型市（州）的第一产业增加值总体均有明显提升。2012~2021年，所有市（州）的第一产业增加值都达到了相对较高的水平，呼和浩特市的增加值最高，其次是银川市和阿坝州。十年间，呼和浩特市第一产业增加值增幅为24%，阿坝州第一产业增加值增幅达到110%；银川市、兰州市的第一产业增加值增幅分别为96%、77%。

从第一产业增加值增速来看，黄河上游地区的第一产业增加值增速整体上呈现波动趋势（见图4）。其中，海东市的第一产业增加值增速从2012年的10%开始波动下降，2021年为5%。阿坝州的第一产业增加值增速整体上呈现波动变化趋势，2012 年为 9%，2013 年和 2017 年出现较大幅度的下降，2019 年和 2020 年增速较高，2021 年为 8%。呼和浩特市的第一产业增加值增速波动较大，2012 年和 2013 年增速较高，2014 年为负，2016 年和 2017 年下降明显，2018~2021 年增速相对稳定，其中 2021 年为 8%。兰州市的第一产业增加值增速波动较为剧烈，2012 年和 2013 年增速较高，2014 年出现一定幅度下降，2015 年和 2016 年相对稳定，2017 年出现大幅下降，2018 年回升，2019 年和 2020 年增速较高，2021 年增速为 11%。银川市的第一产业增加值增速整体上呈现波动变化趋势，2012 年和 2013 年增速较高，2014 年和 2016 年增速下降，2018 年和 2020 年增速较高，2019 年增速为负，2021 年增速为 14%。

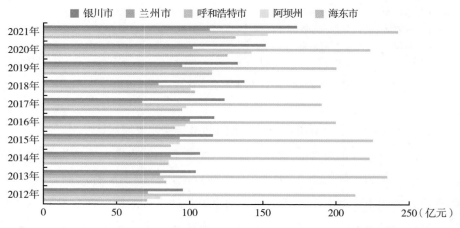

图 3 2012~2021 年黄河流域上游典型市（州）第一产业增加值

从人均第一产业增加值来看，各典型市（州）的人均第一产业增加值的发展趋势基本一致（见图 5）。其中，阿坝州人均第一产业增加值由 2012 年的 1290 元增长至 2021 年的 6985 元，增幅最大，年均增长率也高于其他市（州），海东市和兰州市紧随其后。与此同时，呼和浩特市和银川市的第一产业基础较好，产业内部结构相对成熟，增长相对稳定。总体而言，从数据的增长态势来看，5 个典型市（州）是拉动黄河上游地区乃至全流域第一产业高质量发展的积极力量。

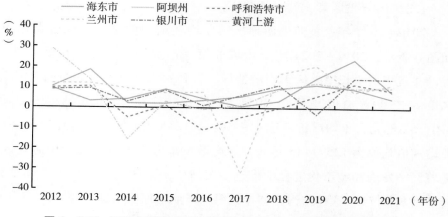

图4　2012～2021年黄河流域上游典型市（州）第一产业增加值增速

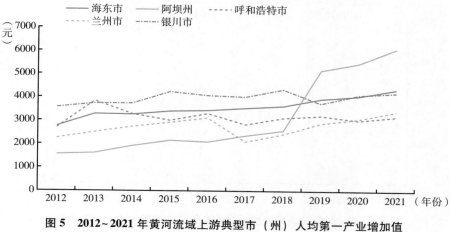

图5　2012～2021年黄河流域上游典型市（州）人均第一产业增加值

（二）黄河流域中游地区第一产业发展总体概况

2012～2021年，黄河流域中游地区第一产业的绿色低碳高质量发展成绩斐然。然而，中游地区沿黄地市同样面临严峻的挑战，即区域发展不均衡的问题。流域内地市之间第一产业发展水平差距过大，限制了社会、经济的全面发展和潜力释放，阻碍了黄河全流域的绿色低碳高质量发展。

1. 黄河中游地区第一产业发展概况

2012~2021 年，黄河中游地区第一产业增加值整体呈现增长趋势。如图 6 所示，2012~2021 年全流域的第一产业增加值增长率波动性更大，并且年均增长率略低于中游地区。具体而言，2012~2021 年中游地区第一产业增加值均值为 3034.68 亿元，并在 2021 年达到最大值 4101.52 亿元，年均增长率达 4.99%。2012~2021 年黄河全流域第一产业增加值均值为 12571.45 亿元，年均增长率为 2.87%，低于中游地区。随着经济发展和城市化进程的推进，黄河中游地区产业结构正在调整和转型（见图 7），这种结构调整导致第一产业增加值增速放缓，对于当地经济的拉动作用也随之削弱。

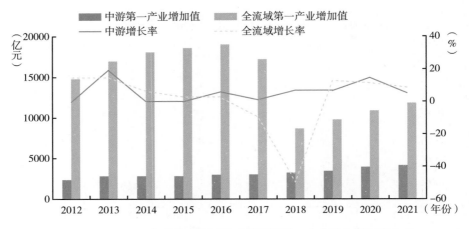

图 6　2012~2021 年黄河全流域及中游区域第一产业增加值与增长率

2. 黄河中游地区典型地市之间的第一产业发展对比

黄河中游地区第一产业增加值在全国占比较高，农牧产业优势突出。黄河流域中游地区涉及陕西、山西和河南三省，本部分以忻州市、吕梁市、延安市、郑州市和洛阳市为例，对比分析中游地区第一产业发展水平。如图 8 所示，2012~2021 年黄河中游 5 个典型地市的第一产业增加值总体均呈现增长趋势。从均值来看，洛阳市的第一产业增加值最高，忻州市和吕梁市的第

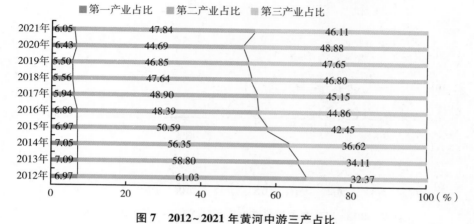

图7　2012~2021年黄河中游三产占比

一产业增加值相对较低，增长速度也相对较慢。

2012~2021年延安市的第一产业增加值年均增长率最高，达到了12.23%；吕梁市以7.35%位居第二；洛阳市和忻州市的年均增长率分别为3.34%和4.95%，相对较低，而郑州市年均增长率仅为2.25%（见图9）。

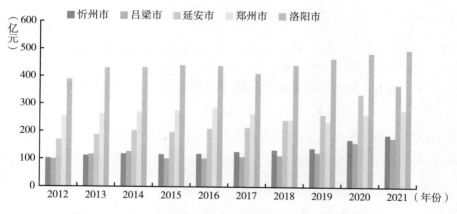

图8　2012~2021年黄河流域中游典型地市第一产业增加值

2012~2021年，黄河流域中游典型地市人均第一产业增加值均有所增长。如图10所示，2012~2021年，延安市人均第一产业增加值从7208.34

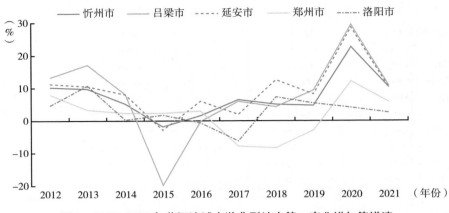

图9　2012~2021年黄河流域中游典型地市第一产业增加值增速

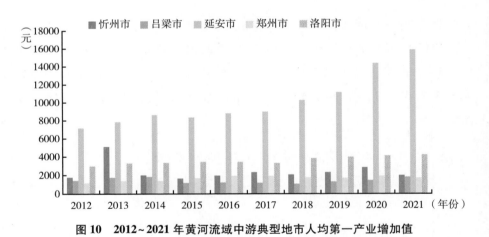

图10　2012~2021年黄河流域中游典型地市人均第一产业增加值

元增加到15883.69元，具有较大的发展潜力。郑州市和洛阳市的人均第一产业增加值增长幅度相对较小，发展较为稳定。而吕梁市和忻州市的人均第一产业增加值相对较低，增长速度较慢，可能在第一产业发展方面面临一些挑战。

（三）黄河流域下游地区第一产业发展总体概况

黄河流域下游地区的第一产业发展对全国经济稳定发展具有积极的推动

作用。2012~2021年，黄河下游地区地市在农业结构调整方面取得了一定成效，但仍然面临一些挑战和问题，如区域间的协调发展等。

1. 黄河下游地区第一产业发展概况

黄河流域下游河段流经河南省与山东省部分地市，沿途水土资源比较充足，第一产业发展较好。如图11所示，2012~2021年，下游第一产业增加值整体呈现下降趋势，从10836.69亿元降至5368.53亿元。从增长率来看，2012~2021年，下游第一产业增加值增速波动明显，其中2018年大幅下探。此外，2012~2016年，下游与全流域第一产业增加值呈现相似的变化趋势，都相对稳定且保持较低的增长水平。而2017~2018年，下游和全流域第一产业增加值均出现下降。如图12所示，2012~2021年下游地区社会经济不断发展，随之而来的是产业结构的调整和转型，这种调整也导致了第一产业在整个经济结构中的占比下降。

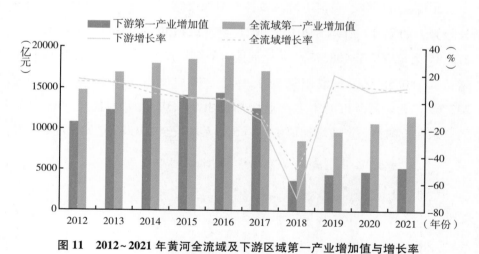

图11 2012~2021年黄河全流域及下游区域第一产业增加值与增长率

2. 黄河下游地区典型地市之间的第一产业发展对比

农业生产对生态环境的影响较为直接和显著。河南和山东都是我国重要的农业产区，都在推进黄河流域绿色低碳高质量发展方面承担重要责任。因此，本部分以濮阳市、菏泽市、淄博市、东营市、济南市为例，对比分析下

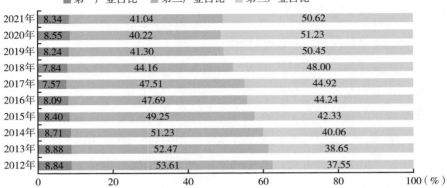

图 12　2012~2021 年黄河下游区域三产占比

游地区第一产业发展水平。

2012~2021 年，黄河下游区域各典型地市第一产业增加值呈现波动增长趋势。如图 13 所示，2012~2021 年，济南市的第一产业增加值由272.85 亿元增长至 408.77 亿元；淄博市的第一产业增加值由 123.75 亿元增长至 180.58 亿元；濮阳市的第一产业增加值由 131.95 亿元增长至232.65 亿元；菏泽市的第一产业增加值由 241.01 亿元增长至 390.92 亿元；东营市的第一产业增加值由 97.35 亿元增长至 181.88 亿元。同时，从

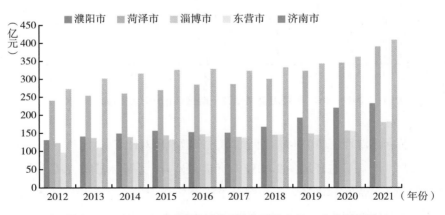

图 13　2012~2021 年黄河流域下游典型地市第一产业增加值

图 14 可以看出，2012~2022 年，黄河下游 5 个典型地市中除濮阳外，第一产业增加值增速尽管有所波动，但整体上呈现增长趋势。其中，济南市年均增长率较高。

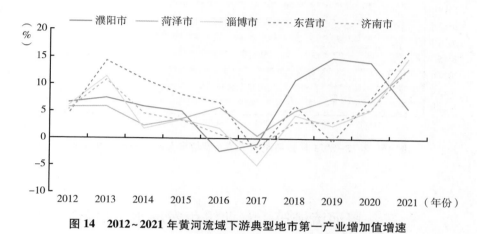

图 14　2012~2021 年黄河流域下游典型地市第一产业增加值增速

如图 15 所示，2012 年人均第一产业增加值最高的地市是济南市，为 4558.66 元，最低的地市是菏泽市，为 2888.38 元。而 2021 年人均第一产业增加值最高的地市是濮阳市，为 6230.16 元，最低的地市依旧是菏泽市，为 4090.85 元。从人均第一产业增加值增长率来看，2012~2021 年，濮阳市的人均第一产业增加值增长率为 56.97%、菏泽市的人均第一产业增加值增长率为 41.63%、淄博市的人均第一产业增加值增长率 48.45%、东营市的人均第一产业增加值增长率为 35.46%、济南市的人均第一产业增加值增长率 34.85%。

总体而言，2012~2021 年，濮阳市人均第一产业增加值增长率最高，说明其农业或相关产业发展迅速；而济南市的人均第一产业增加值增长率最低，可能与济南市的经济结构和产业转型有关。近年来，济南市在产业转型方面积极推进，更多地将资源投入第二产业和第三产业，以推动城市的整体经济发展和创新能力提升。

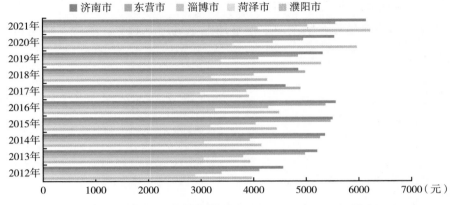

图15　2012~2021年黄河流域下游典型地市人均第一产业增加值

二　黄河流域第一产业绿色发展水平显著提升，区域分异日益明显

农业绿色发展是指在农业生产、农村经济和农民生活中，以保护生态环境、促进可持续发展为目标的发展方式。党的十八大以来，黄河流域第一产业绿色发展成效显著，同时呈现明显的区域差异。一方面，黄河干流和主要支流的沿岸地区农业生产规模相对较大，农业现代化程度较高，农业绿色发展水平也较高。相比之下，黄河流域沿线的一些偏远地区由于交通和经济条件的限制，农业绿色发展水平相对较低，需要通过综合的政策和措施，实现第一产业绿色发展水平的均衡提升。

（一）黄河全流域第一产业绿色发展概况

农业绿色发展包括生态农业、无公害农产品、农田生态系统保护、农业资源高效利用和农业生态环境保护。农业生产环节通常以农业化肥施用量、农药施用量等指标，评估农业活动对环境的污染程度。通过对这些指标的评估和监测，可以对农业绿色发展的情况进行评估和指导，推动农业向绿色、

可持续的方向发展。如图 16 所示，2012～2021 年黄河全流域化肥施用量
（折纯量）从 5713751.61 吨减少到 5083352.00 吨，整体呈现下降趋势，表
明整个流域的化肥施用量在逐渐减少。其中，下游地区的化肥施用量最高，
上游地区的化肥施用量最低。

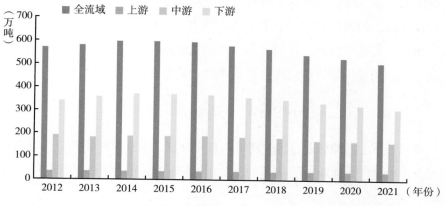

图 16　2012～2021 年黄河全流域及上、中、下游化肥施用量（折纯量）

化肥和农药的过度使用不利于生态系统的可持续发展。如图 17 所示，
2012～2021 年黄河全流域农药施用量从 130018.75 吨减少到 96491.03 吨，

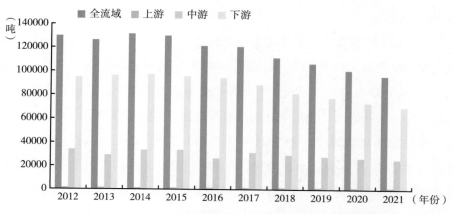

图 17　2012～2021 年黄河全流域及上、中、下游农药施用量

整体呈现下降趋势。一方面，从施用量来看，下游地区的农药施用量占比最高，上游地区占比最低。另一方面，从施用量的增速来看，上游、中游和下游地区的农药施用量在大部分年份为负增长，整体上保持减少的趋势。

总体而言，黄河流域不同区域之间化肥、农药施用量存在一定的差异，但整体上呈现下降的趋势。这反映出黄河流域对绿色发展和可持续农业的重视程度提高，农民和政府在化肥、农药使用上更加注重环境保护和可持续性。然而，仍然需要进一步的努力，特别是中游和下游地区需要进一步降低化肥、农药的施用量，形成绿色可持续的农业生产模式。

（二）黄河流域上游地区第一产业绿色发展概况

黄河流域上游地区通过科学施肥、农药控制、农业面源污染防控等措施，在农业绿色生产方面取得了显著成效。中国农作物化肥施用量达506.11千克/公顷，农药施用量为10.3千克/公顷，高于世界发达国家水平。如图18所示，2012~2021年黄河上游地区农作物化肥施用量从357.98千克/公顷上升到364.19千克/公顷，整体上略有上涨但仍低于国内的整体水平。同时，2012~2021年，黄河上游地区农作物农药施用量从5.39千克/公顷减少到3.23千克/公顷，总体呈现下降趋势。黄河上游地区第一产业正朝着更加绿色、可持续的方向发展。

在农业生产过程中，减少化肥和农药的施用量能够有效促进第一产业绿色发展水平提高。如图19所示，2012~2021年黄河上游农业面源污染程度从181.68上升到183.71，农业面源污染程度略有增加。这意味着在农业生产过程中，一些农药、化肥等施用量有所增加，导致农业面源污染程度的轻微上升。2013年、2017年和2021年，黄河上游农业面源污染程度较高，而2019年和2020年，农业面源污染程度相对较低。总体而言，十年间尽管农业面源污染程度的波动相对较小，但仍需关注农业活动对环境的潜在影响，并采取适当的措施减少农业面源污染，以实现农业可持续发展和环境保护的目标。

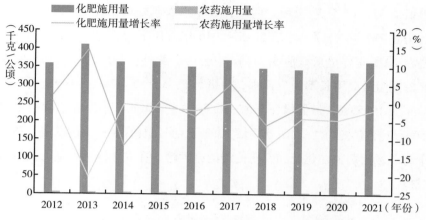

图18　2012~2021年黄河上游地区农作物农药、化肥施用量及增长率

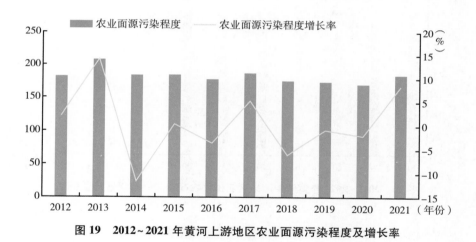

图19　2012~2021年黄河上游地区农业面源污染程度及增长率

（三）黄河流域中游地区第一产业绿色发展概况

党的十八大以来，黄河流域中游地区在农业科技创新、资源可持续利用方面不断发力，极大地促进了农业绿色发展。如图20所示，2012~2021年黄河中游地区农作物化肥、农药施用量有一定的波动。具体而言，2012~2014年，农作物化肥施用量总体增加，达到最高值355.13千克/公顷。然后2015~2019年略有下降，之后保持在相对稳定的水平，最终在2021年降至最低值 327.15 千克/公顷。同时，农作物农药施用量在 2014 年达到最高值，为 6.7 千克/公顷。然后 2015~2016 年有所下降，之后再次波动上升，最终在 2021 年降至最低值 5.31 千克/公顷。此外，2012~2021 年，农作物化肥施用量最高增长率为 7.68%，最低增长率为-5.47%；农药施用量最高增长率为 19.53%，最低增长率为-16.56%，整体低于中国农作物化肥施用量 506.11 千克/公顷、农药施用量 10.3 千克/公顷的水平。这说明，黄河流域中游地区密切关注化肥和农药使用的合理性，在农业绿色发展方面取得良好成效。

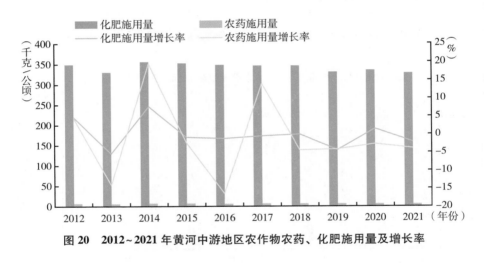

图 20　2012~2021 年黄河中游地区农作物农药、化肥施用量及增长率

农业面源污染防治是保护农田和水环境的重要措施之一。如图 21 所示，2012~2021 年黄河中游地区农业面源污染程度有一定的波动。2012~2014 年，农业面源污染程度整体增长，最高值达到 180.92。然后 2015~2021 年整体有所下降，最终在 2021 年降至最低值 166.23。从变化范围来看，农业面源污染程度的最大差异值为 14.69，而增长率的最大差异值为 13.51 个百分点。这表明不同年份农业面源污染程度变化幅度相对较大。总的来说，农业面源污染程度整体呈现波动下降趋势，这反映了黄河中游第一产业在绿色发展方面取得的成果。在农业生产规模不断扩大的情况下，持续监测和评估农业面源污染程度是十分必要的。

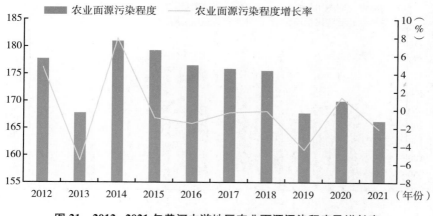

图 21 2012~2021 年黄河中游地区农业面源污染程度及增长率

（四）黄河流域下游地区第一产业绿色发展概况

黄河流域下游地区是我国重要农产品产区，对国家粮食安全有重要影响。同时，黄河流域下游地区农业面源污染较为严重，生态环境保护压力大，农业现代化和可持续发展面临挑战的现状不容忽视。2012~2021 年，黄河下游地区农作物化肥施用量总体减少，其中 2017 年首次出现负增长（见图 22）。从农作物农药施用量来看，2012~2017 年农药施用量的增长较为平稳，增长率波动范围为−0.95%~35.53%。从 2018 年开始，农药施用量显著下降，之后一直保持负增长的态势。总体而言，黄河下游地区农作物化肥和农药施用量整体呈现下降趋势，反映了黄河下游地区农业生产正朝着绿色发展大步迈进。

2012~2021 年，黄河下游地区农业面源污染程度整体呈现下降趋势。如图 23 所示，2012~2016 年，黄河下游地区农业面源污染程度逐年增长。从 2017 年开始，农业面源污染程度出现了负增长。尤其需要注意的是，2018 年的农业面源污染程度为 194.99，较 2017 年的 221.97 下降了 26.98。这是一个显著的降低，并且与之前的趋势相比，降幅达到 10% 以上。这表明黄河下游地区在农业面源污染治理方面取得了突出的成效，同时标志着农业绿色发展取得了积极的进展。

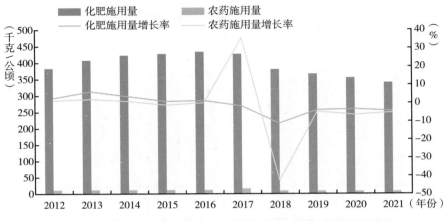

图22 2012~2021年黄河下游地区农作物农药、化肥施用量及增长率

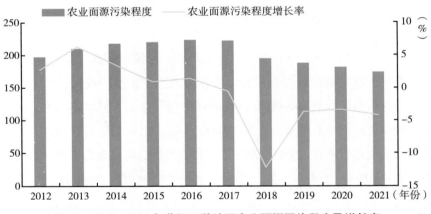

图23 2012~2021年黄河下游地区农业面源污染程度及增长率

三 黄河流域农业机械化水平稳中有升，
节水农业建设成效显著

从国家统计局公布的相关数据看，2012~2021年黄河流域农业机械化水平稳步提升，节水农业建设取得显著成效。农用机械总动力与农业生产效率、农业现代化程度密切相关，对农业生产起着重要的支撑作用。同时，节水农业的建设可以最大限度满足农业用水需求，避免了过度使用水资源的问

题，也为提高农业生产效率、保障粮食安全和实现农业可持续发展奠定了坚实的基础。

（一）黄河全流域农业生产用水与农用机械总动力概况

黄河流域是我国的粮食主产区之一，农业用水消耗较大。如图 24 所示，2012~2021 年黄河流域上、中、下游第一产业用水量和全流域用水量均存在一定的波动。其中，上游地区第一产业用水量相对较为稳定，年均用水量为1079643.02 万立方米。中游地区第一产业用水量波动较大，年均用水量为572760.50 万立方米，最高值出现在 2016 年。下游地区第一产业年均用水量为 1326978.02 万立方米，最高值出现在 2013 年。全流域第一产业用水量的平均值为 2979381.54 万立方米，波动较小，最高值出现在 2020 年。2012~2021 年全流域第一产业用水量整体呈现较小幅度的增长，年均增长率为−0.70%。其中，下游和中游的第一产业用水量整体呈现下降趋势，而上游第一产业用水量略微增加。农业生产用水量的下降意味着对水资源的利用更加高效，有助于降低农业生产成本、减少环境污染，推动绿色农业发展，并增强农业适应气候变化的能力。

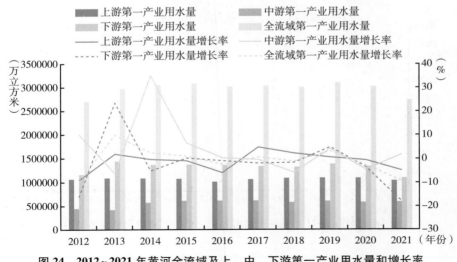

图 24　2012~2021 年黄河全流域及上、中、下游第一产业用水量和增长率

农业机械的引入和应用，可以提高农业生产的科学性、自动化程度和技术含量。如图 25 所示，2012~2021 年黄河流域上、中、下游农用机械总动力以及全流域农用机械总动力存在波动变化趋势。2012~2021 年上游农用机械总动力平均值为 2299.88 万千瓦，其中总动力最大的年份是 2021 年；中游农用机械总动力波动较大，年平均值为 3657.64 万千瓦，最高值出现在 2015 年；下游农用机械总动力在个别年份出现较大的波动，年平均值为 8335.01 万千瓦。2012~2021 年，全流域农用机械总动力的平均值为 14292.52 万千瓦，农用机械总动力存在波动，最高值出现在 2014 年。

2012~2021 年，黄河流域不同地区和不同年份的农用机械总动力存在较大差异，除上游地区外，中游和下游地区的农用机械总动力整体呈现下降态势（见图 26）。同时，黄河流域整体的农用机械总动力总体也呈现下降趋势。这表明黄河流域农业生产机械化水平的提高以及农业技术的进步使得对农用机械总动力的需求减少。此外，这一趋势也可能反映出农业生产结构的调整，如减少传统的机械依赖型生产方式，更多地转向现代化、节能型和高效型农业，推动农业的可持续发展和资源的合理利用。

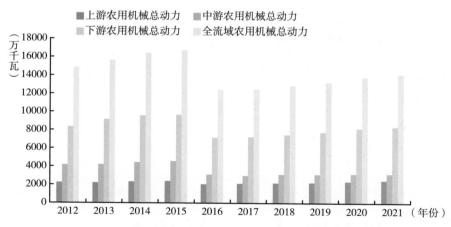

图 25　2012~2021 年黄河全流域及上、中、下游农用机械总动力

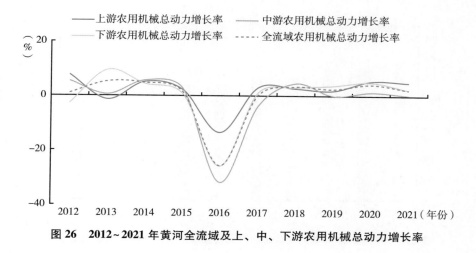

图 26 2012~2021 年黄河全流域及上、中、下游农用机械总动力增长率

（二）黄河上游地区农业生产用水与农用机械总动力概况

绿色农业提倡生态友好的灌溉和水资源管理措施。降低农业用水量，可以促进绿色农业的发展，保护农田生态系统，提高农产品的安全性和可持续性。如图 27 所示，2012~2021 年黄河上游地区万元农业增加值用水量总体呈下降趋势，平均值为 1186.34 立方米，最小值出现在 2021年，为 807.53 立方米，最大值出现在 2012 年，为 1398.02 立方米。这表明上游地区在农业生产中通过改进灌溉技术和水资源管理措施来提高水资源利用效率，从而使水资源的使用量逐年减少。

从有效灌溉水平来看，2012~2021 年，上游地区有效灌溉水平整体保持相对稳定的增长趋势。2012~2021 年上游地区有效灌溉水平平均值为0.489，最小值出现在 2013 年，为 0.41，最大值出现在 2021 年，为 0.68，整体保持相对稳定的增长趋势。有效灌溉水平的稳定提高有助于提高农作物的生长质量和农业增加值。总体来看，近年来黄河流域上游地区在减少农业用水量、提升农作物有效灌溉水平方面取得了斐然的成绩，有效推动了农业绿色发展。

从农用机械总动力来看，2012~2021 年，上游农用机械总动力平均值为

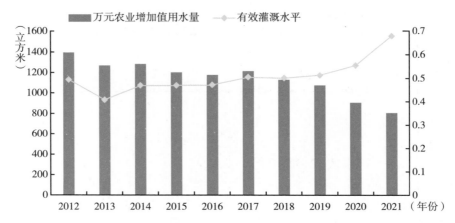

图 27　2012~2021 年黄河上游地区万元农业增加值用水量及有效灌溉水平

2299.88 万千瓦，最小值出现在 2016 年，为 2100.35 万千瓦，最大值出现在 2021 年，为 2516.42 万千瓦，整体呈现上升的趋势。从单位农作物播种面积农用机械总动力看，2012~2021 年，黄河上游地区单位农作物播种面积农用机械总动力均值为 6.60 万千瓦/公顷，最小值出现在 2021 年，为 6.26 万千瓦/公顷，最大值出现在 2014 年，为 6.92 万千瓦/公顷，整体呈下降趋势（见图 28）。总体而言，黄河上游地区农业现代化的推进和农业机械化水平

**图 28　2012~2021 年黄河上游地区农用机械总动力及单位农作物
播种面积农用机械总动力**

的提高，一方面增加了对农用机械的需求，另一方面随着生产效率的提升，单位农作物播种面积所需的农用机械总动力下降，有效降低了农业生产能耗，促进了农业绿色发展。

（三）黄河中游地区农业生产用水与农用机械总动力概况

黄河中游地区在农业生产中对水资源的合理利用和管理，为实现农业可持续发展和生态环境保护做出了积极贡献。如图 29 所示，2012~2021 年，黄河中游地区万元农业增加值用水量均值为 337.19 立方米，最小值出现在 2020年，为 260.69 立方米，最大值出现在 2017 年，为 366.78 立方米。十年间，黄河中游地区平均有效灌溉水平为 0.34，表示单位农业增加值使用的灌溉水量占总用水量的平均比例为 34%。有效灌溉水平最小值出现在 2013 年，为 0.31，最大值出现在 2012 年，为 0.44。综合而言，2012~2021 年黄河中游地区的万元农业增加值用水量有一定的波动，但整体上呈现下降趋势。有效灌溉水平也有一定的波动，平均值保持在 0.34 左右。这反映了中游地区在农业生产中对水资源的合理利用和管理，以及在推进农业绿色转型方面的努力。

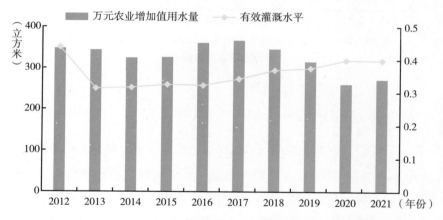

图 29　2012~2021 年黄河中游地区万元农业增加值用水量及有效灌溉水平

如图 30 所示，2012~2021 年，黄河中游地区农用机械总动力呈现波动下降趋势，最低值出现在 2017 年（3035.28 万千瓦），最高值出现在 2015

年（4619.02万千瓦）。同时，单位农作物播种面积农用机械总动力也呈现波动下降趋势，最低值出现在2016年（5.64万千瓦/公顷），最高值出现在2014年和2015年（8.52万千瓦/公顷）。黄河中游地区在农业发展中对机械化有一定程度的依赖，但增长受到一些限制，可能的限制因素包括资源投入的限制、技术进步的速度慢。需要注意的是，农用机械总动力的增长可能会对能源消耗和环境产生影响。为了实现农业可持续发展，中游地区可以考虑采取节能减排措施，提高机械化效率和可持续性。

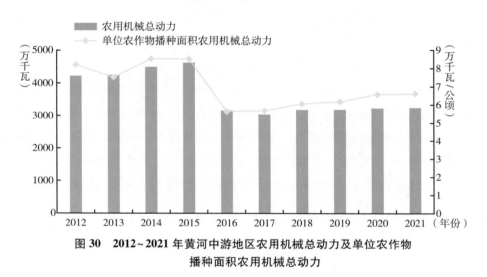

图30　2012~2021年黄河中游地区农用机械总动力及单位农作物
播种面积农用机械总动力

（四）黄河下游地区农业生产用水与农用机械总动力概况

黄河下游地区的农业生产用水情况对于农业绿色发展有着重要影响。如图31所示，2012~2021年，下游地区的万元农业增加值用水量总体呈现下降趋势，而有效灌溉水平在个别年份有所波动但总体稳定。具体而言，下游地区万元农业增加值用水量在2013年达到最大值（487.74立方米），在2021年达到最小值（279.63立方米），整体上呈现波动下降趋势。与此同时，下游有效灌溉水平最低值出现在2012年（0.40），最高值出现在2013年（0.94）。这可能反映了下游地区在农业生产中对水资源更加有效的利用和管理，减少了农业生产对水资源的需求，同时提高了农业的效益和可持续性，并为农业现代化和绿色发展做出贡献。

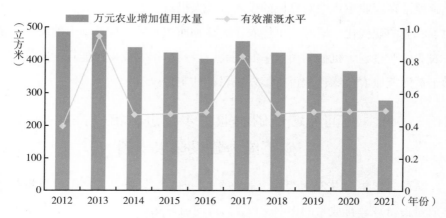

图 31　2012~2021 年黄河下游地区万元农业增加值用水量及有效灌溉水平

农用机械总动力是衡量农业高质量发展水平的重要指标之一。如图 32 所示，2012~2021 年，黄河下游地区的农用机械总动力总体呈现波动下降趋势，单位农作物播种面积农用机械总动力也有所下降。下游地区单位农作物

图 32　2012~2021 年黄河下游地区农用机械总动力及单位农作物播种
面积农用机械总动力

播种面积农用机械总动力最低值出现在 2019 年（8.04 万千瓦/公顷），最高值出现在 2015 年（10.76 万千瓦/公顷）。从数据反映出的趋势来看，黄河下游地区在农业生产中对机械的投入，大大提高了农业生产效率和质量，推动了农业的现代化。同时，单位农作物播种面积农用机械总动力的减少反映了农业生产过程中机械利用效率的提高，以及单位农业生产能耗的降低，有助于黄河流域农业绿色和可持续发展目标的实现。

四 黄河流域低碳农业稳步推进，第一产业碳汇能力建设成果丰硕

从联合国粮食及农业组织（FAO）公布的数据来看，农业的温室气体排放量占全球总排放量的 10%~12%。黄河流域第一产业占比较大，农业控碳工作面临较大的压力。通过对黄河流域农业碳排放情况的研究，能够为黄河流域节能减排工作提出合理化建议，推进黄河流域绿色低碳高质量发展。从国内外学者的研究来看，农业碳排放的计算通常采用联合国政府间气候变化专门委员会（IPCC）的碳排放估计模型[①]，即：

$$C = \sum C_i = \sum E_i \times \delta_i \tag{1}$$

式（1）中，C 为农业生产碳排放总量，C_i 为各类农业碳源碳排放量；E 为各碳源投入量，E_i 为各碳源的碳排放系数，其中各碳源的碳排放系数取值见表 1。

表 1 农业碳源碳排放系数及参考来源

碳源	碳排放系数	参考来源
化肥	$0.8956 \mathrm{kg} \cdot \mathrm{kg}^{-1}$	美国橡树岭国家实验室
农药	$4.9341 \mathrm{kg} \cdot \mathrm{kg}^{-1}$	美国橡树岭国家实验室
农用机械	$0.5927 \mathrm{kg} \cdot \mathrm{kg}^{-1}$	IPCC

---

① 田云、尹忞昊：《中国农业碳排放再测算：基本现状、动态演进及空间溢出效应》，《中国农村经济》2022 年第 3 期。

（一）黄河流域农业机械碳排放概况

农业机械利用水平的提升，对于减少农业生产的温室气体排放以及实现农业可持续发展至关重要。如图 33 所示，2012～2021 年全流域农用机械碳排放有所下降，从 13335.71 吨降至 12673.20 吨。黄河中游和下游的农用机械碳排放呈现相似的变化趋势，而上游呈现小幅度的增长。其中，下游的农用机械碳排放一直保持在较高水平，明显高于上游和中游。从农用机械碳排放均值来看，下游的农用机械碳排放均值最高（7555.858 吨），中游次之（3421.596 吨），上游最低（2059.421 吨）。

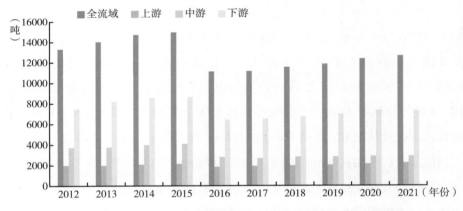

图 33   2012～2021 年黄河全流域及上、中、下游农用机械碳排放

如图 34 所示，2012～2021 年全流域农用机械碳排放增长率平均值为 3.03%，增速总体放缓，说明全流域的农用机械碳排放得到了有效控制。此外，黄河流域上、中、下游的农用机械碳排放增长率平均值分别为 3.34%、3.5% 和 3.08%。十年间，黄河流域上游、中游和下游的农用机械碳排放增长率总体也有所下降。这可能是因为各地区推动绿色农机的使用和农业生产的创新，从而降低了农用机械碳排放的增长。

（二）黄河流域农药碳排放概况

随着黄河流域生态文明建设的不断推进，流域内各地区的农药碳排放得

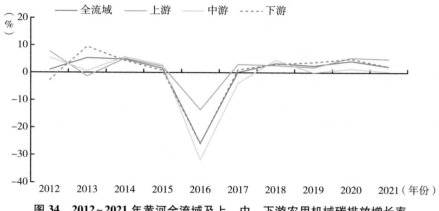

图34 2012～2021年黄河全流域及上、中、下游农用机械碳排放增长率

到了一定程度的控制。2012～2021年,全流域以及上、中、下游的农药碳排放总体上呈现减少趋势(见图35)。具体而言,全流域农药碳排放从2141.41吨下降到1589.2吨。分上、中、下游来看,上游农药碳排放从10.74吨下降到8.22吨,中游农药碳排放从563.74吨下降到426.31吨,下游农药碳排放从1567.52吨下降到1154.68吨。从上、中、下游农药碳排放平均值来看,上游的平均值为8.67吨,中游为496.54吨,下游为1507.52吨,区域间农药碳排放差异巨大,下游的农药碳排放明显高于上游和中游,表明下游地区的农业规模和农药施用量较大。

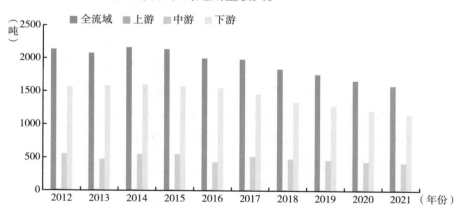

图35 2012～2021年黄河全流域及上、中、下游农药碳排放

黄河流域各地区由于农业发展水平、农药使用管理措施和环境保护意识等因素的差异，农药碳排放增长率存在差异。如图 36 所示，2012~2021 年，全流域农药碳排放增长率总体呈现下降趋势。具体而言，2012~2021 年全流域范围内，农药碳排放增长率出现了波动，但总体上呈下降趋势。增长率最高值出现在 2014 年，为 4.14%，而最低值出现在 2018 年，为-7.66%。上游地区农药碳排放增长率相对不稳定，增长率最高值出现在 2019 年，为 9.44%，而最低值出现在 2018 年，为-11.27%。中游地区农药碳排放增长率波动较大，增长率最高值出现在 2017 年，为 18.57%，而最低值出现在 2016 年，为-21.16%。下游地区农药碳排放增长率也有波动，但整体趋势相对稳定，增长率最高值出现在 2013 年，为 1.51%，而最低值出现在 2018 年，为-8.16%。

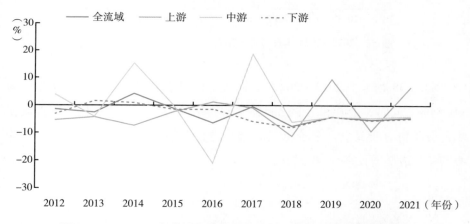

图 36　2012~2021 年黄河全流域及上、中、下游农药碳排放增长率

（三）黄河流域化肥碳排放概况

化肥的施用会导致农业产生直接或间接的碳排放。如图 37 所示，2012~2021 年，黄河全流域化肥碳排放整体呈现减少趋势，从 28192221.8 吨下降到 25081767.1 吨。其中，上游地区的化肥碳排放相对稳定，波动较小。中游地

区的化肥碳排放在 2012 年达到最高点，之后总体下降。而下游地区的化肥碳排放在 2014 年达到最高点后逐渐下降，整体呈现减少的趋势。从化肥碳排放平均值来看，2012～2021 年上游、中游和下游化肥碳排放平均值分别为1807749.603 吨、9084113.54 吨和 17259868.1 吨，区域间差异较大。

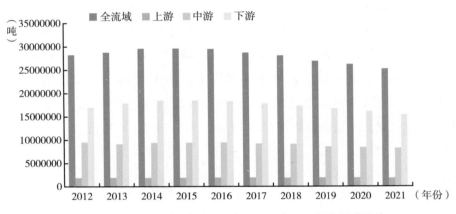

图 37　2012～2021 年黄河全流域及上、中、下游化肥碳排放

如图 38 所示，2012～2021 年黄河全流域化肥碳排放年均增长率为-0.84%。同时，上游和下游化肥碳排放年均增长率也为负，化肥碳排放在大部分年份有所减少。中游化肥碳排放增长率的波动较大，最高增长率为4.77%，最低增长率为-6.52%。

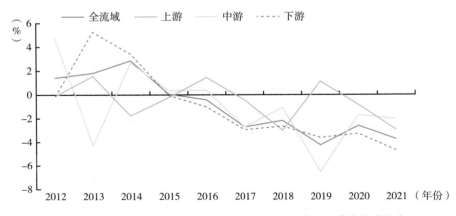

图 38　2012～2021 年黄河全流域及上、中、下游化肥碳排放增长率

（四）黄河流域农作物播种面积碳排放概况

农作物播种面积碳排放的增长率直接反映了农业活动对碳排放的影响。如图 39 所示，2012~2021 年黄河流域农作物播种面积碳排放的变化并不明显，各区域的变化幅度也相对较小。2012~2021 年黄河全流域农作物播种面积碳排放平均值为 4772288.466 吨，农作物播种面积碳排放最高值出现在2018 年，为 4891155.82 吨，最低值出现在 2014 年，为 4698164.16 吨。上游地区农作物播种面积碳排放相对稳定，最高值出现在 2016 年，为968547.68 吨，最低值出现在 2012 年，为 903329.89 吨。中游地区农作物播种面积碳排放有一定的波动，最高值出现在 2015 年，为 1501729.39 吨，最低值出现在 2020 年，为 1385973.14 吨。下游地区农作物播种面积碳排放最高值出现在 2018 年，为 2484032.12 吨，最低值出现在 2016 年，为 2280775.85吨，没有明显的趋势性变化。

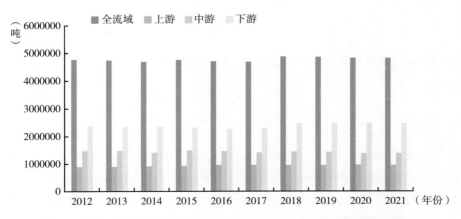

图 39　2012~2021 年黄河全流域及上、中、下游农作物播种面积碳排放

降低农作物播种面积碳排放是实现绿色生产的关键步骤之一。如图40 所示，2012~2021 年黄河全流域的农作物播种面积碳排放平均增长率为 -0.48%，这表明全流域农作物播种面积碳排放呈现下降趋势。2012~2021 年上游地区的农作物播种面积碳排放平均增长率为 0.56%，表明上游地区的农作物播种面积碳排放相对稳定，没有十分明显的增长趋势。中游和下游地区的农作物播种面积碳排放平均增长率分别为－0.77%和－0.66%，表明中游和下游地区的农作物播种面积碳排放有轻微的下降趋势。这种趋势也说明，近年来黄河流域各地区尤为重视农业的绿色发展，并通过多种有效措施减少农业碳排放，从而实现经济、社会和环境的可持续发展。

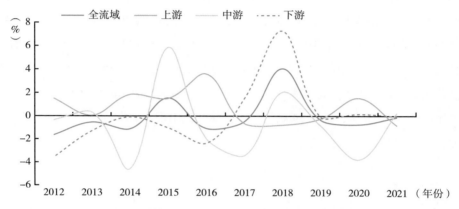

图40　2012~2021年黄河全流域及上、中、下游农作物播种面积碳排放增长率

（五）黄河流域第一产业碳排放概况

如表2所示，2012~2015年黄河流域农用机械碳排放有所增长，从1.33万吨增长到1.50万吨，这可能是由于农业生产对机械动力的需求有所增加。但随着农业管理水平提高和技术改进，到2021年农用机械碳排放又有所下降。2012~2021年，黄河流域农药碳排放整体呈下降趋势，从0.21万吨减少到0.16万吨。2012~2015年黄河流域化肥碳排放略有增长，但2012~2021年整体显现下降趋势，这反映了黄河流域对化肥使用的管控。例如，更有效的肥料管理实践以及对化肥使用的限制。此外，2012~2021年农作物播种面积碳排放小幅度增长。总体而言，2012~2015年农业碳排放略有增长，然后2016~2021年有所下降，总体呈现减少趋势。同时，农药和化肥碳排放的下降，也反映了黄河流域重视农业生产对环境的影响以及对可持续农业实践的采纳，在推动绿色农业发展、减少农业碳排放、实现社会经济可持续发展方面不断发力。

表2　2012~2021年黄河流域各项碳源碳排放总量

单位：万吨

碳源	2012年	2013年	2014年	2015年	2016年	2017年	2018年	2019年	2020年	2021年
农用机械碳排放	1.33	1.41	1.48	1.50	1.12	1.12	1.16	1.19	1.24	1.27
农药碳排放	0.21	0.21	0.22	0.21	0.20	0.20	0.18	0.18	0.17	0.16
化肥碳排放	2819.22	2869.71	2950.81	2952.07	2938.94	2858.42	2795.69	2676.54	2606.11	2508.18
农作物播种面积碳排放	477.50	475.04	469.82	477.19	472.18	470.05	489.12	487.53	484.05	483.56
农业碳排放总量	3298.27	3346.36	3422.32	3430.98	3412.43	3329.79	3286.14	3165.43	3091.57	2993.16

在推进黄河流域生态文明建设背景下，黄河流域各地区在减少碳排放方面取得了显著的成效。首先，2012~2015年，农用机械碳排放的增长率从0.76%增长到1.35%，然后2015~2016年增长率出现了明显的下降，降至-25.33%，之后的几年保持在较低的水平。其次，2012~2021年农药碳排放的增长率整体呈下降趋势。2012年增长率为-4.55%，2021年进一步降至-5.88%，这可能是由于农业生产中对农药使用的管控力度加大，农药施用量减少，从而减少碳排放。再次，2012~2021年化肥碳排放增长率呈现波动变化趋势。增长率最高值出现在2014年，为2.83%，而最低值出现在2019年，为-4.26%，2021年增长率为-3.76%。这可能是因为黄河流域农业生产活动采取了更加节约和环保的施肥措施，从而减少了化肥的施用和碳排放。最后，2012~2021年农作物播种面积碳排放增长率整体上保持相对稳定的水平。增长率最高值出现在2018年，为4.06%，而最低值出现在2012年，为-1.64%，2021年增长率则为-0.1%。这可能是由于农作物种植结构的调整，以及农民更加注重绿色低碳的种植方式减少了碳排放。

　　总体而言，2012~2021 年黄河流域农业碳排放总量增长率有所波动，整体呈下降趋势。2012 年增长率为 0.94%，2014 年达到最高值 2.27%，之后下降至 2021 年的-3.18%，这进一步说明黄河流域在农业减排方面取得了显著的成效（见图 41）。

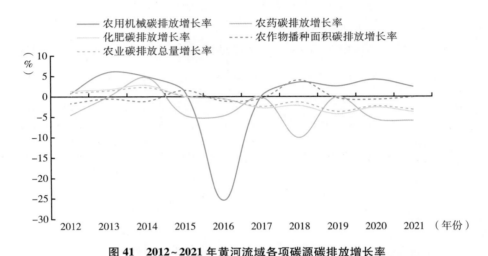

图 41　2012~2021 年黄河流域各项碳源碳排放增长率

五　结论与启示

　　在党和政府的引导下，黄河流域第一产业逐步实现了绿色低碳高质量发展，为保护生态环境、提高经济效益做出了积极贡献。从发展历程来看，黄河流域第一产业绿色、低碳、高质量发展经历了意识觉醒、转型升级与稳步提升的过程。首先，在意识觉醒阶段，政府加强了环境保护和资源管理，推动了绿色、低碳产业的发展。其次，在转型升级阶段，政府鼓励企业进行技术创新和转型升级，推动第一产业结构的优化和升级。最后，在稳步提升阶段，政府建立了更加健全的第一产业绿色、低碳产业标准和评价体系，企业也逐渐形成了绿色、低碳发展的内在动力，绿色、低碳发展水平得到了有效提升。

黄河流域第一产业绿色低碳高质量发展稳步推进。农业是全球温室气体排放的重要来源之一。近年来，黄河流域以推动区域高质量发展为目标，通过改变农业生产方式，构建了流域内绿色可持续的农业生产体系，这对于减少农业碳排放和实现绿色可持续发展具有重要意义。总体上看，黄河流域中下游地区第一产业对经济发展贡献较大，中上游区域发展相对滞后，区域第一产业与生态环境发展不平衡问题比较明显。未来，黄河流域应继续加强农业机械化技术的研发和推广，进一步完善节水农业的管理体系，促进农业的绿色、低碳、可持续发展，实现农民持续增收。

参考文献

张永旺等：《黄河流域九省区特色农业高质量发展评价及路径选择》，《经济问题探索》2023 年第 9 期。

赵英等：《黄河流域农业水资源高效利用与优化配置研究》，《中国工程科学》2023 年第 4 期。

吴欣等：《黄河流域耕地利用效率评估及其提升路径研究》，《农业现代化研究》2022 年第 4 期。

洪银兴、杨玉珍：《现代化新征程中农业发展范式的创新——兼论中国发展经济学的创新研究》，《管理世界》2023 年第 5 期。

李周：《中国农业绿色发展：创新与演化》，《中国农村经济》2023 年第 2 期。

胡向东、石自忠、袁龙江：《加快建设农业强国的内涵与路径分析》，《农业经济问题》2023 年第 6 期。

陆大道、孙东琪：《黄河流域的综合治理与可持续发展》，《地理学报》2019 年第 12 期。

G.3
黄河流域第二产业绿色低碳
高质量发展报告

王会　杨光　刘婷　梁晓萌*

摘　要：　第二产业是黄河流域绿色低碳高质量发展的重中之重。本报告基于沿黄各省（区）各类统计年鉴、统计公报及政府报告等资料全面分析评价 2011~2021 年黄河流域第二产业总体发展水平、绿色发展水平、低碳发展水平以及高质量发展水平，对个别缺失的数据采用线性插值法补充。结果表明，2011~2021 年黄河流域第二产业总体呈现增长趋势，但区域间，特别是上游和中下游地区之间发展差距较大；流域第二产业绿色发展水平有所提高，水资源利用效率大幅提升，水污染、空气污染程度得到明显改善，但固体废弃物污染防治仍有待加强；流域第二产业节能减排取得显著成效，但与全国水平相比仍有较大提升空间；流域第二产业高质量发展水平呈现波动上升趋势，下游地区的山东省遥遥领先。据此，本报告从坚持可持续发展理念、促进产业结构调整、加强政策支持和引导、提高企业社会责任意识等方面提出黄河流域第二产业绿色低碳高质量发展的对策建议。

关键词：　黄河流域　第二产业　绿色低碳高质量发展

一　黄河流域第二产业发展活力稳步
提升，上下游差距仍然较大

　　2011~2021 年黄河流域第二产业整体呈增长趋势，第二产业增加值

---

* 王会，博士，北京林业大学经济管理学院副教授，研究方向为林业经济理论与政策；杨光，北京林业大学经济管理学院博士研究生；刘婷、梁晓萌，北京林业大学经济管理学院硕士研究生。

稳步提升，但增长率明显波动，特别是 2019～2020 年，增长率急剧下降。同时，黄河流域上游和中下游地区的第二产业发展差距较大，黄河流域第二产业虽然整体呈稳定增长态势，但地区间的发展不平衡格局仍然明显。

（一）黄河流域第二产业的总体发展态势

2011～2021 年，黄河流域第二产业增加值整体呈现明显的增长趋势。如图 1 所示，从流域整体来看，第二产业增加值由 2012 年的 31036 亿元上升到 2021 年 45803 亿元，增长率为 47.58%，发展成效显著。这反映出黄河流域第二产业的活力和发展潜力。

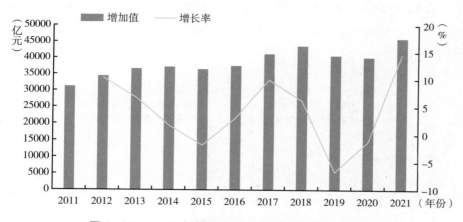

图1　2011～2021 年黄河流域第二产业增加值与增长率

2012～2021 年，黄河流域第二产业增加值增长率经历了一些波动，总体上增长率出现了两次"下降—上升"的变化。第一次"下降—上升"出现在 2012～2017 年，增长率由 2012 年的 10.22% 下降到 2015 年的 -1.96%，又上升到 2017 年的 9.87%，这可能与当时政府开始实施更严格的环境保护政策有关。为了应对环境污染问题，政府加大了对环保产业的扶持力度，推动了一些高污染、高能耗产业的转型升级，但随后第二产业进行了新一轮快速发展。第二次"下降—上升"出现在 2017～2021 年，增长率由 2017 年的 9.87% 下降到 2019 年的 -6.81%，且 2020 年增长率仍为负值，2021 年增长率才转正。首先，随着中国经济的整体转型和产业结构调整，制造业等传统第二产业的发展速度逐渐放缓。此外，黄河流域的一些城市和地区面临环境污染和资源约束等问题，这使得第二产业的增长面临更大的挑战。并且我国经历了疫情的影响，这也可能阻碍第二产业的发展，但经过快速调整结构，2021 年我国第二产业强势复苏。总的来说，黄河流域第二产业显示出强劲的增长势头，具有巨大的发展潜力。

如图 2 所示，黄河流域的上游、中游和下游地区在第二产业增加值方面存在明显差异，尤其是上游地区与中下游地区之间，其中下游地区第二产业增加值最高，中游地区次之，上游地区相对较低。下游地区和中游地区的第二产业增加值远高于上游地区。而且中下游之间也有明显的差距，但从2018 年开始这种差距逐渐缩小。2021 年，中游地区的第二产业增加值已经接近下游地区。

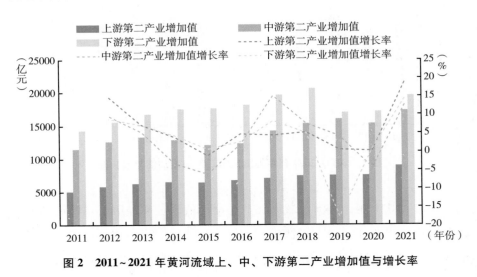

图 2　2011~2021 年黄河流域上、中、下游第二产业增加值与增长率

从增长情况来看，2011~2021 年，黄河流域上游、中游和下游地区的第二产业增加值均呈现增长趋势。然而，各地区增长的幅度和速度存在显著的差异。具体而言，2011 年黄河上游第二产业增加值为 5122 亿元，到 2021

年增加到 8982 亿元，年均增长率达到 5.78%；中游第二产业增加值从 2011
年的 11554 亿元增长到 2021 年的 17252 亿元，年均增长率达到 4.09%；下
游第二产业增加值虽然基数较大，但增长速度相对较慢，增加值从 2011 年
的 14361 亿元增长到 2021 年的 19569 亿元，年均增长率仅为 3.14%。

如图 3 所示，2011~2021 年，黄河流域上、中、下游第二产业增加值占
黄河流域整体的比例较为稳定。具体而言，上游地区的第二产业增加值占比
从 2011 年的 16.50%上升到 2021 年的 19.61%，中游地区的第二产业增加值
占比从 2011 年的 37.23%上升到 2021 年的 37.67%，下游地区的第二产业增
加值占比从 2011 年的 46.27%下降到 2021 年的 42.72%。

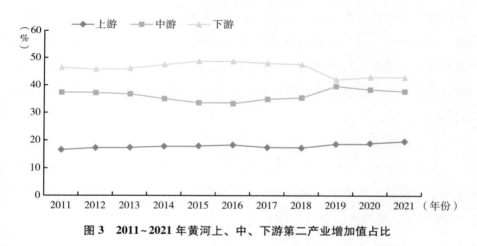

图 3　2011~2021 年黄河上、中、下游第二产业增加值占比

尽管上游地区第二产业增加值占比最小但整体呈上升趋势，具有较为明
显的后发优势。中游地区第二产业增加值占比总体经历了先下降后上升又下
降的过程，2016 年，黄河中游地区的第二产业增加值仅占黄河流域的
33.19%，而 2019 年占比为 39.51%，2021 年占比下降到 37.67%。尽管下
游地区第二产业增加值占黄河流域的比例总体有所下降，但与上游、中游地
区相比，下游占比仍然较大。这可能是因为下游地区是黄河流域的经济发达
区域，有较多的制造业和服务业。

2011~2021 年，尽管黄河流域上、中、下游第二产业增加值占比经历了

一定变动，但结构相对稳定。具体来看，上游地区的占比均值为18%，中游为36%，而下游则为46%，这表明黄河流域的产业结构具有明显的地域特点。

（二）黄河流域上游地区第二产业发展概况

2011~2021年黄河流域上游地区的第二产业增加值增长了75.36%，年均增长率为5.78%。其中，增速在某些年份出现波动，可能与经济环境、政策调整、市场需求等因素有关。同时，上游地区不同市（州）之间存在显著的发展差异，例如兰州市、银川市和呼和浩特市发展水平较高，而海东市和阿坝藏族羌族自治州（以下简称"阿坝州"）发展相对较慢。在典型市（州）对比中，兰州市的第二产业增加值相对最高，银川市和呼和浩特市发展水平相当，而阿坝州和海东市的第二产业增加值较低。整体而言，上游地区的第二产业增加值有所提升，但仍需关注各地区之间的发展不平衡问题。

1. 上游地区整体

如图4所示，2011~2021年，黄河流域上游地区的第二产业增加值总体呈现增长趋势，从2011年的5122亿元增长到2021年的8982亿元，增长率为75.36%，年均增长率为5.78%。

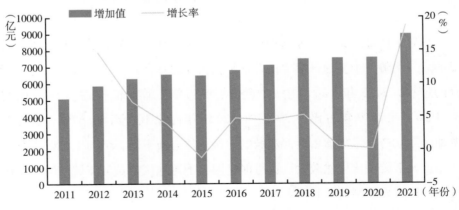

图4　2011~2021年黄河流域上游地区第二产业增加值与增长率

尽管黄河流域上游地区的第二产业增加值呈现增长趋势，但增长速度（增长率）整体呈现先下降后上升的趋势，2012~2015 年，增长率明显下滑，2015 年甚至为负数。2016~2020 年经过 5 年的低位徘徊，2021 年的增长速度达到了 18.85%。这可能与上游地区的经济环境、政策调整、市场需求等因素相关。需要注意的是，尽管某些年份的增长率波动较大，但整体趋势仍为增长。

2. 上游典型市（州）对比

黄河流域上游地区跨越青海、四川、甘肃、宁夏、内蒙古 5 个省（区），涉及海东市、阿坝州、兰州市、白银市、中卫市、吴忠市、银川市、石嘴山市、乌海市、鄂尔多斯市、巴彦淖尔市、包头市、呼和浩特市等 13 个市（州），彼此间存在显著的发展差异。以海东市、阿坝州、兰州市、银川市和呼和浩特市等 5 个典型市（州）为例，对比分析上游地区存在的第二产业发展不平衡问题。

如图 5 和图 6 所示，横向来看，2011~2021 年，黄河流域上游地区 5 个典型市（州）存在显著的发展差距。其中，兰州市、银川市和呼和浩特市发展水平明显高于海东市和阿坝州，兰州市的第二产业增加值相对最高，2021 年达到 1114 亿元。2021 年银川市和呼和浩特市第二产业增加值分别为 1028 亿元和 1053 亿元，三市发展水平相当。2021 年海东市和阿坝州第二产业增加值分别为 218 亿元和 108 亿元。2021 年兰州市第二产业增加值分别为阿坝州和海东市的 5 倍和 10 倍。

纵向来看，2011~2021 年，黄河流域上游地区 5 个典型市（州）的第二产业增加值均有明显提高，特别是海东市增长较为明显。2011~2021 年，海东市第二产业增加值增幅达到 124.74%，年均增长率高于上游总体水平。具体来看，海东市第二产业增加值从 2011 年的 97 亿元增长到 2021 年的 218 亿元。但同样发展水平较低的阿坝州第二产业增加值从 2011 年的 63 亿元增长到 2021 年的 108 亿元，增长率只有 71.43%。兰州市第二产业增加值从 2011 年的 656 亿元增至 2021 年的 1114 亿元，增长率为 69.82%。此外，2011~2021 年银川市、呼和浩特市第二产业增加值增长率分别为 95.81% 和 130.42%，2021 年两

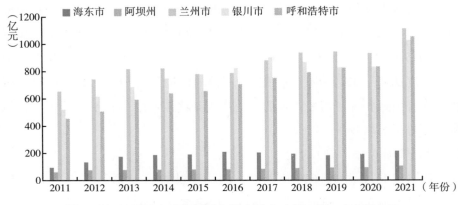

图 5 2011~2021 年黄河流域上游典型市（州）第二产业增加值

市均突破了 1000 亿元的大关。因此，仅从增长态势来看，5 个典型市（州）是拉动上游地区乃至全流域第二产业高质量发展的积极力量。

从增长率来看，如图 6 所示，无论是上游地区的 5 个典型市（州），还是黄河流域上游以及黄河流域整体都呈现正向发展的趋势。但在 2014~2020年，黄河流域整体及黄河流域上游第二产业增加值增速缓慢甚至在某些年份为负值。可能原因是自 2015 年开始，我国政府提出了供给侧结构性改革，旨在调整经济结构，促进经济发展。然而，供给侧结构性改革尚未完全到

图 6 2012~2021 年黄河流域上游典型市（州）第二产业增加值增长率

位，一些深层次问题尚未得到根本解决，这在一定程度上影响了第二产业的发展。并且随着经济的快速发展，资源和环境问题日益突出。为了保护环境和资源，我国政府采取了一系列措施限制高污染、高能耗企业的发展，这也在一定程度上影响了第二产业的发展。值得注意的是，黄河流域上游第二产业增加值增长率明显高于黄河流域整体，说明黄河流域上游第二产业发展速度相对于黄河流域整体更快。

（三）黄河流域中游地区第二产业发展概况

2011~2021年，黄河流域中游地区的第二产业增加值总体呈现增长趋势。其中，忻州市、吕梁市、延安市的第二产业增加值增长忽快忽慢，受外界影响较大，而郑州市和洛阳市则发展相对平稳。从2011~2021年黄河流域中游地区5个典型地市的发展情况来看，郑州市的第二产业增加值最高，远高于其他4个地市。吕梁市和延安市的发展水平相当，2021年第二产业增加值分别为1351亿元和1230亿元。

1. 中游地区整体

如图7所示，2011~2021年，黄河流域中游地区的第二产业增加值总体呈现增长趋势，从2011年的11554亿元增长到了2021年的17252亿元，增长率为49.32%。

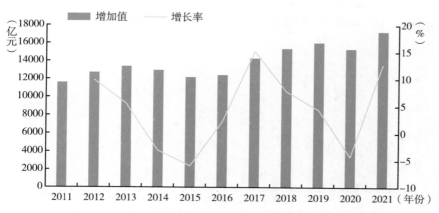

图7　2011~2021年黄河流域中游地区第二产业增加值与增长率

尽管黄河流域中游地区的第二产业增加值总体呈现增长趋势，但增速（增长率）呈现"W"形变化趋势，2012～2015年增长率出现了明显下滑，2014年、2015年为负数。2016年、2017年增长率分别为2.04%、15.08%，2018～2020年增长率又开始下滑，2020年增长率为-4.34%，2021年增长率实现反弹达到了12.63%。尽管这些波动可能对某些年份的增加值产生影响，但整体仍呈现增长态势。

2. 中游典型地市对比

黄河流域中游地区涉及山西、陕西、河南3个省，涉及忻州市、吕梁市、临汾市、运城市、榆林市、延安市、渭南市、郑州市、洛阳市、焦作市、三门峡市等11个地市，彼此间存在显著的发展差异。以山西省的忻州市、吕梁市，陕西省的延安市和河南省的郑州市、洛阳市等5个典型地市为例，对比分析中游地区第二产业发展水平。

如图8所示，横向来看，2011～2021年黄河流域中游地区5个典型地市存在显著的发展差距。其中，郑州市的第二产业增加值最高，且远远高于另外4个地市，2021年达到5040亿元。洛阳市处于第二梯队，2021年第二产业增加值为2379亿元，吕梁市和延安市发展水平相当，2021年第二产业增加值分别为1351亿元和1230亿元。2021年忻州市第二产业增加值为679亿元，仅为郑州市的约13%。

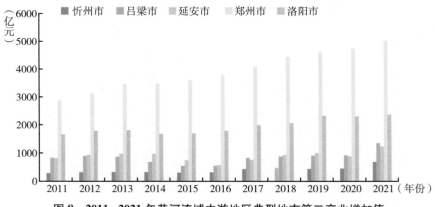

图8　2011～2021年黄河流域中游地区典型地市第二产业增加值

　　纵向来看，2011~2021 年黄河流域中游地区 5 个典型地市的第二产业增加值均有一定提升，特别是增加值最低的忻州市。2011~2021 年，忻州市第二产业增加值增幅达到 137.41%，高于其余地市。具体来看，忻州市第二产业增加值从 2011 年的 286 亿元增长到 2021 年的 679 亿元；吕梁市第二产业增加值从 2011 年的 833 亿元增长到 2021 年的 1351 亿元，增长率达到 62.18%；延安市第二产业增加值从 2011 年的 815 亿元增至 2021 年的 1230 亿元，增长率达到 50.92%；郑州市第二产业增加值从 2011 年的 2874 亿元增至 2021 年的 5040 亿元，增长率达到 75.37%；洛阳市第二产业增加值从 2011 年的 1657 亿元增至 2021 年的 2379 亿元，增长率达到 43.57%。

　　如图 9 所示，从增长率来看，忻州市、吕梁市、延安市均表现出受外界影响较大、发展忽快忽慢，增长率呈现"W"形变化趋势，增长率最高点超过 50%，最低点低于-20%，原因可能是随着经济的快速发展，资源和环境问题日益突出。为了保护环境和资源，我国政府采取了一系列严格措施来限制高污染、高能耗企业的发展。郑州市和洛阳市发展相对比较平稳。2012~2016 年黄河流域中游地区第二产业增加值增长率落后于黄河流域整体，2017~2019 年实现了反超，但 2020 年又落后于黄河流域整体。

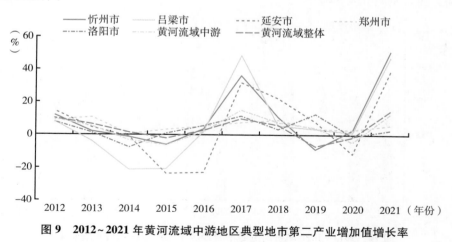

图 9　2012~2021 年黄河流域中游地区典型地市第二产业增加值增长率

（四）黄河流域下游地区第二产业发展概况

2011~2021 年，下游地区的第二产业增加值总体呈现增长趋势，但增长速度较慢且为上中下游地区中最低。同时，下游地区典型地市也存在显著的发展差距。2021 年，济南市第二产业增加值为 3963 亿元，濮阳市仅为 663 亿元。在增长率方面，济南市和菏泽市的第二产业增加值增长率较高，而其他地市的增长率则较低。

1. 下游地区整体

2011~2021 年，黄河流域下游地区的第二产业增加值总体呈现增长趋势，从 14361 亿元增长到 19569 亿元，增长率为 36.26%（见图 10）。虽然下游地区的第二产业增加值总体上得到了提升，但提升速度为上中下游中最低。

尽管黄河流域下游地区的第二产业增加值总体呈现增长趋势，但第二产业增加值的增长速度（增长率）不高，年均增长率为 3.14%，并且在 2019 年出现了大幅下降，降至-17.75%，2019 年是 2011~2021 年下游地区第二产业增加值唯一出现负增长的年份。2020 年和 2021 年增长率大幅上升，分别达到 0.8% 和 14.54%。

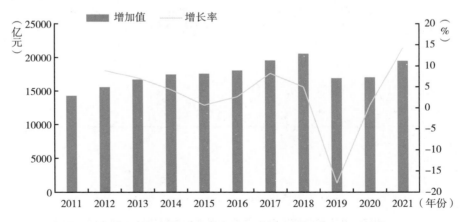

图 10　2011~2021 年黄河流域下游地区第二产业增加值与增长率

2. 下游典型地市对比

黄河流域下游地区涉及河南省的开封市、新乡市和濮阳市,山东省的泰安市、聊城市、德州市、济南市、淄博市、滨州市、东营市、菏泽市、济宁市等12个地市。以濮阳市、济南市、淄博市、东营市和菏泽市5个典型地市为例,对比分析下游地区第二产业发展水平。

如图11和图12所示,横向来看,2011~2021年黄河流域上游地区5个典型地市发展差距显著。2011年,济南市、淄博市和东营市的第二产业增加值较高,且远高于濮阳市和菏泽市,其中淄博市最高,为1975亿元。但到了2021年,济南已远远超过淄博和东营。菏泽市也实现了追赶,第二产业增加值接近淄博市和东营市。2021年,濮阳市第二产业增加值为663亿元,济南市为3963亿元,淄博市为2073亿元,东营市为1988亿元,菏泽市为1653亿元。2011年菏泽市与东营市的差距为1066亿元,2021年差距仅为335亿元,近年来菏泽第二产业得到了迅速发展。

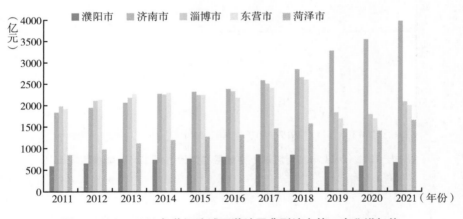

图11 2011~2021年黄河流域下游地区典型地市第二产业增加值

纵向来看,2011~2021年济南市和菏泽市第二产业增加值增长较为明显。2011~2021年,两市第二产业增加值增长率分别达到116.68%和94.7%,高于平均值。其余3个地市增长不明显。具体来看,濮阳市第二产业增加值从2011年的583亿元增长到2021年的663亿元,增长率为 13.72%，济南市从 2011 年的 1829 亿元增长到 2021 年的 3963 亿元，淄博市从 2011 年的 1975 亿元增长到 2021 年的 2073 亿元，增长率为 4.96%，东营市从 2011 年的 1915 亿元增长到 2021 年的 1988 亿元，增长率仅为 3.81%。

从增长率来看，济南市整体发展较为稳定，年均增长率在 8% 左右，而下游其余典型地市、下游整体以及黄河流域整体的第二产业增加值增长率均在 2019 年出现了大幅下滑，2019 年濮阳市增长率为 -31.83%、淄博市为 -31.14%、东营市为 -35.15%。与黄河流域中游地区相反，黄河流域下游地区第二产业增加值增长率曾领先于黄河流域整体，但在 2016 年被反超。

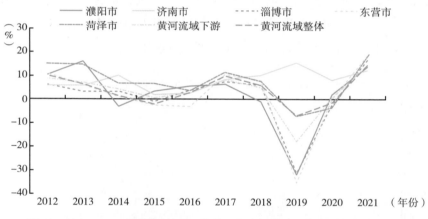

图 12　2012~2021 年黄河流域下游地区典型地市第二产业增加值增长率

二　黄河流域第二产业节水降污成效显著，绿色转型稳步推进

2011~2021 年黄河流域第二产业绿色发展取得了一定进展，但仍存在一些突出问题。在水资源利用效率方面，黄河流域工业用水量及万元二产增加值耗水量均呈现大幅下降趋势，用水效率大幅提高。在水污染排放强度方

面，黄河流域各地区的工业废水排放量均呈现下降趋势，但下游地区的工业废水排放量占比仍较高。在空气污染物排放强度方面，黄河流域各地区的二氧化硫、氮氧化物和烟粉尘排放量均呈现下降趋势，其中二氧化硫和氮氧化物的排放量下降幅度较大。但固体废弃物产生量表现出明显的增长趋势，同时亿元二产增加值固体废弃物产生量的变化也表现出类似的趋势，固体废物综合利用率降低。

2011~2021年，黄河流域第二产业的绿色发展水平有所提高，但仍需要加强水资源管理和保护工作，还需要采取措施实现稳定发展。为了实现黄河流域的可持续发展，需要加强产业结构调整和转型升级，推广绿色制造技术和管理模式，提高资源利用效率，减少环境污染和生态破坏。同时，需要加强政策引导和支持，鼓励企业采用环保技术和设备，推动绿色产业的发展。

（一）黄河流域第二产业水资源利用效率

黄河流域的工业用水量增长趋势和万元二产增加值耗水量降低趋势与全国一致，且黄河流域整体和各地区的万元二产增加值耗水量均呈现下降趋势。2011~2021年，万元二产增加值耗水量降幅最大的是中游地区，降幅最小的是下游地区。尽管如此，上游地区仍是万元二产增加值耗水量最多的地区。

1. 工业用水量及增长率

如图13所示，从整体趋势来看，黄河流域工业用水量呈现明显的下降趋势，从2011年的865194万立方米降低到2021年的578506万立方米，降幅达到33.14%。但黄河流域的工业用水量并没有一直保持下降态势，而是有涨有跌，呈现波动性的变化趋势。

如图14所示，2011~2021年黄河流域上游、中游和下游的工业用水量总体均有所降低。其中，上游和中游降幅较大，上游地区从2011年的约25亿立方米降到2021年的约13亿立方米，降幅达到了47.28%。中游地区从2011年的约34亿立方米降到2021年的约19亿立方米，降幅达到44.67%。下游地区的工业用水量降幅不大，从2011年的约27亿立方米降到2021年的约26亿立方米，降低了5.98%。2011年，中游是黄河流域工业用水量最

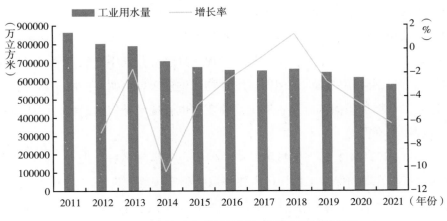

图13　2011~2021年黄河流域工业用水量及增长率

多的地区，其次为下游地区，上游地区最少。但随着经济的发展，2015年下游地区工业用水量超过中游地区。如图15所示，2011年上游地区工业用水量占黄河流域的比例为28.95%，中游地区占比为39.28%，下游地区占比为31.77%。2021年上游地区占比为22.83%，中游地区占比为32.51%，下游地区占比为44.67%。黄河流域上游和中游地区的工业用水量占比呈下降趋势，黄河流域整体的工业用水量也呈现下降趋势，黄河流域水资源管理和保护工作不断加强。

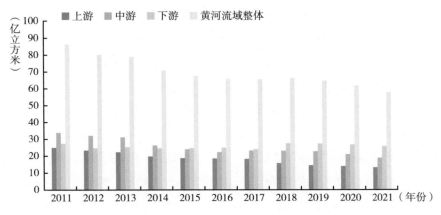

图14　2011~2021年黄河流域上、中、下游工业用水量

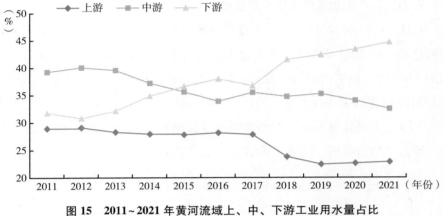

图 15 2011~2021 年黄河流域上、中、下游工业用水量占比

如图 16 所示，2012~2021 年黄河上游地区工业用水量增长率均为负值，工业用水量处于持续下降趋势；黄河中游地区除 2017 年外，工业用水量增长率均为负值；黄河下游地区工业用水量增长率在 0 上下波动，2018 年增长率最高达到了 14.53%，其他年份工业用水量即使下降幅度也较小。2012~2021 年上游地区工业用水量增长率基本低于黄河流域整体和全国水平，且全部为负值。2016 年以前中游地区增长率较低，但 2017~2019 年略高于黄河流域整体或全国水平，2017 年中游工业用水量增长率为 4.08%，工业用水量不降反增。下游地区工业用水量增长率在大多数年份高于黄河流域整体和全国水平。

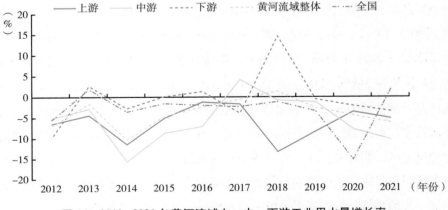

图 16 2012~2021 年黄河流域上、中、下游工业用水量增长率

2. 万元二产增加值耗水量及增长率

如图 17 所示，2011~2021 年黄河流域万元二产增加值耗水量呈现大幅降低趋势，从 2011 年的 27.88 立方米降低到 2021 年的 12.63 立方米，降幅达到 54.70%。但黄河流域的万元二产增加值耗水量并没有一直保持降低态势，2019 年出现了小幅上涨。2019 年黄河流域万元二产增加值耗水量上升了 4.45%。黄河流域万元二产增加值耗水量增长率波动较大，但除 2019 年外，增长率均为负值，体现了黄河流域用水效率的提升。

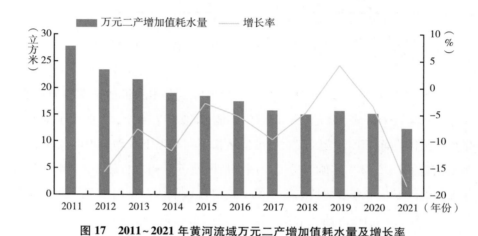

图 17　2011~2021 年黄河流域万元二产增加值耗水量及增长率

如图 18 所示，2011~2021 年上游、中游和下游的万元二产增加值耗水量均有所降低。其中，上游和中游降幅较大，上游从 2011 年的 48.90 立方米降低到 2021 年的 14.70 立方米，降幅达到了 69.94%；中游从 2011 年的 29.42 立方米降低到 2021 年的 10.90 立方米，降幅达到了 62.95%；下游从 2011 年的 19.14 立方米降低到 2021 年的 13.20 立方米，降低了 31.03%。2011 年，上游地区是黄河流域万元二产增加值耗水量最多的地区，其次为中游地区，下游地区最少。但随着经济的发展，下游地区万元二产增加值耗水量于 2019 年超过中游地区。2021 年，上、中、下游地区的万元二产增加值耗水量较为接近，但上游仍然最多。黄河流域整体以及分地区的万元二产增加值耗水量均呈现明显下降的趋势，且均低于全国平均水平，绿色发展水平较高。

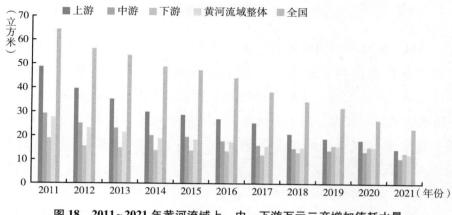

图 18　2011~2021 年黄河流域上、中、下游万元二产增加值耗水量

如图 19 所示，2012~2021 年黄河上游和中游地区万元二产增加值耗水量均处于下降趋势，增长率均小于 0。但下游地区增长率起伏较大，2019 年增长率达到了 20.84%。2012~2021 年，上游地区万元二产增加值耗水量增长率在多数年份低于黄河流域整体和全国水平。2012~2021年，除个别年份，下游地区万元二产增加值耗水量增长率高于黄河流域整体和全国水平。

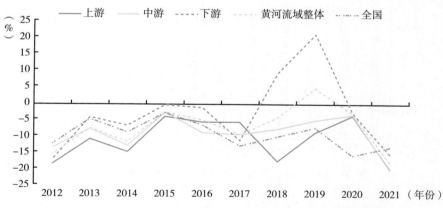

图 19　2012~2021 年黄河流域上、中、下游万元二产增加值耗水量增长率

（二）黄河流域第二产业水污染排放强度

2011~2021 年黄河流域的工业废水排放量整体呈现下降趋势，但在个别年份存在波动，并且下游和中上游地区之间的差距逐渐扩大。2011~2021 年，上游、中游和下游的工业废水排放量均有所降低，其中上游和中游降幅较大，而下游地区的工业废水排放量降幅较小。黄河流域工业废水排放量最多的是下游地区，其次为中游地区，上游地区最少。

1. 工业废水排放量及增长率

如图 20 所示，从整体趋势来看，黄河流域工业废水排放量呈现明显的下降趋势，从 2011 年的 257512 万吨降低到 2021 年的 159394 万吨，降幅达到 38.10%。但黄河流域的工业废水排放量并没有一直保持降低态势，而是呈现先降低后上升的趋势。黄河流域的工业废水排放量在 2019 年达到最低值 153261 万吨，2020~2021 年略有回升。2016 年工业废水排放量降幅最大，达到 17.83%。

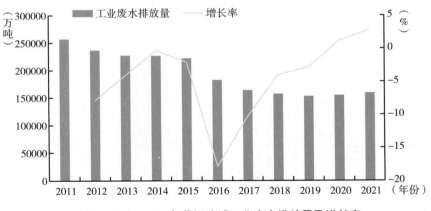

图 20　2011~2021 年黄河流域工业废水排放量及增长率

如图 21 所示，2011~2021 年上游、中游和下游的工业废水排放量均有所下降。其中，上游和中游降幅较大，上游从 2011 年的 48165 万吨降低到

2021 年的 22382 万吨，降幅达到了 53.53%。中游从 2011 年的 73643 万吨降低到 2021 年的 41372 万吨，降幅达到了 43.82%。下游从 2011 年的 135704 万吨降低到 2021 年的 95640 万吨，降低了 29.52%。2011~2021 年，下游是黄河流域工业废水排放量最多的地区，其次为中游地区，上游地区最少。同时，下游和中上游地区之间的差距逐渐扩大。具体来看，2011 年上游地区工业废水排放量占黄河流域比例为 18.70%，中游地区占比为 28.60%，下游地区占比为 52.70%。2021 年上游地区占比为 14.04%，中游地区占比为 25.96%，下游地区占比为 60.00%（见图 22）。下游地区的工业废水排放量占比总体升高，但黄河流域整体及上中下游地区的工业废水排放量总体呈现下降的趋势。

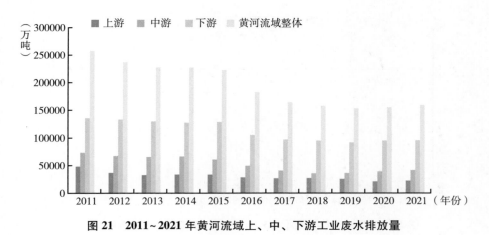

图 21　2011~2021 年黄河流域上、中、下游工业废水排放量

如图 23 所示，2012~2021 年的绝大部分年份，上游、中游和下游地区工业废水排放量处于下降趋势，且增长率表现出较为类似的变化轨迹，其中 2014 年增长率均趋近 0，2016 年增长率均大幅下滑，上游地区增长率为 -15.20%，中游地区增长率为 -18.77%，下游地区增长率为 -18.06%。但增长率随后上升，2021 年上游地区增长率为 6.92%，中游和下游地区分别为 6.33% 和 0.48%。2012~2021 年黄河上中下游工业废水排放量总体呈现降低趋势，但每年的增速变化较大，与黄河流域整体增速波动趋势存在相似性。

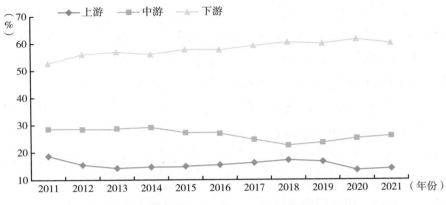

图22　2011~2021年黄河流域上、中、下游工业废水排放量占比

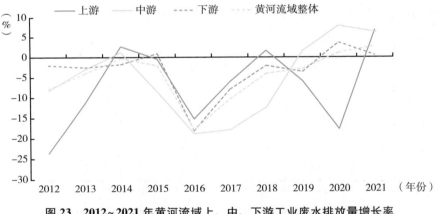

图23　2012~2021年黄河流域上、中、下游工业废水排放量增长率

2.万元二产增加值工业废水排放量及增长率

如图24所示，2011~2021年黄河流域的万元二产增加值工业废水排放量大幅降低，从2011年的8.30吨降低到2021年的3.48吨，降幅达到58.07%。但黄河流域的万元二产增加值工业废水排放量并没有一直保持降低态势，2019年和2020年出现了小幅上涨。2019年上升了4.31%。2020年上升了2.52%，其余年份增长率均为负值。

如图25所示，2011~2021年上游、中游和下游的万元二产增加值工业

图 24　2011~2021 年黄河流域万元二产增加值工业废水排放量及增长率

废水排放量总体均有所降低。其中，上游和中游降幅较大，上游从 2011 年的 9.40 吨降低到 2021 年的 2.49 吨，降幅达到了 73.51%。中游从 2011 年的 6.37 吨降低到 2021 年的 2.40 吨，降幅达到了 62.32%。下游从 2011 年的 9.45 吨降低到 2021 年的 4.89 吨，降低了 48.25%。2011 年，上游和下游地区万元二产增加值工业废水排放量相当，但到了 2021 年，下游地区万元二产增加值工业废水排放量接近上游地区的 2 倍。

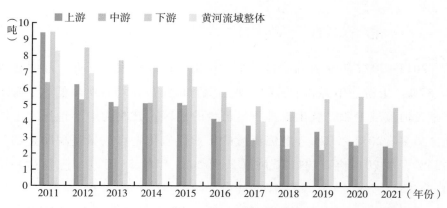

图 25　2011~2021 年黄河流域上、中、下游万元二产增加值工业废水排放量

如图 26 所示，从增长率来看，2012~2021 年绝大多数年份上游、中游和下游地区万元二产增加值工业废水排放量处于下降趋势，2016~2017 年上中下游增长率均达到最低值，上游地区增长率为 -19.12%（2016 年），中游地区增长率为 -28.60%（2017 年），下游地区增长率为 -20.25%（2016年）。2019~2020 年黄河流域中下游地区以及整体万元二产增加值工业废水排放量呈现上升趋势。

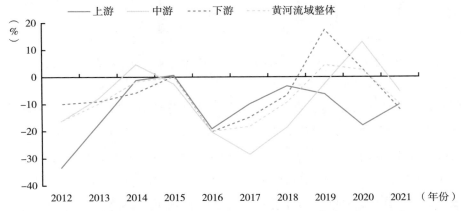

图 26　2012~2021 年黄河流域上、中、下游万元二产增加值工业废水排放量增长率

（三）黄河流域第二产业空气污染物排放强度

2011~2021 年黄河流域的工业二氧化硫排放量大幅降低，降幅达到90.57%。上游、中游和下游的工业二氧化硫排放量均有所降低，下游地区是黄河流域工业二氧化硫排放量最少的地区，其次为中游地区，上游地区最多。2011~2021 年黄河流域的工业氮氧化物排放量呈现明显的下降趋势，从 2011 年的 311 万吨降低到 2021 年的 58 万吨，降幅达到了81.35%。

此外，2011~2021 年黄河流域的亿元二产增加值工业氮氧化物排放量和亿元二产增加值工业二氧化硫排放量也呈现明显的下降趋势。亿元二产增加值工业氮氧化物排放量从 2011 年的 100 万吨降低到 2021 年的 13 万吨，降幅达到了 87.00%。亿元二产增加值工业二氧化硫排放量从 2011 年的 122 吨降低到 2021 年的 8 吨，降幅达到了 93.44%。

1. 黄河流域工业二氧化硫排放量及增长率

如图 27 所示，2011~2021 年黄河流域的工业二氧化硫排放量大幅降低，从 2011 年的 379 万吨降低到 2021 年的 36 万吨，降幅达到 90.50%。2011~2021 年，黄河流域工业二氧化硫排放量逐年降低，2016 年降幅达到 47.58%。2012~2021 年，黄河流域工业二氧化硫排放量增长率整体呈现"V"形变化趋势，并且增长率均为负值。

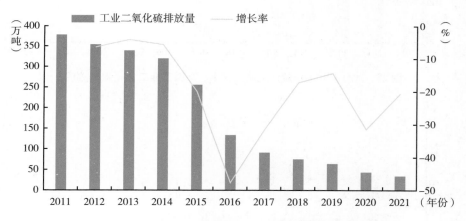

图 27 2011~2021 年黄河流域工业二氧化硫排放量及增长率

如图 28 所示，2011~2021 年黄河上游、中游和下游的工业二氧化硫排放量均有所降低。上游从 2011 年的 128 万吨降到 2021 年的 16 万吨，降幅达到 87.50%。中游从 2011 年的 143 万吨降到 2021 年的 11 万吨，降幅达到 92.31%。下游从 2011 年的 108 万吨降到 2021 年的 8 万吨，降幅达到 92.59%。2011~2021 年，下游地区是黄河流域工业二氧化硫排放量最少的地区，其次为中游地区，上游地区最多。具体来看，2011 年上游地区工业二氧化硫排放量占黄河流域比例为 33.61%，中游地区占比为 37.82%，下游地区占比为 28.57%。2021 年上游地区占比为 45.88%，中游地区占比为 31.73%，下游地区占比为 22.39%（见图 29）。2011~2021 年，上游地区的

工业二氧化硫排放量占比总体升高，但黄河流域整体及上中下游地区的工业
二氧化硫排放量总体均呈现下降趋势。

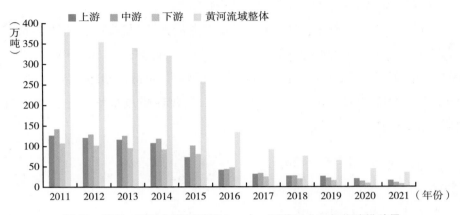

图28　2011~2021年黄河流域上、中、下游工业二氧化硫排放量

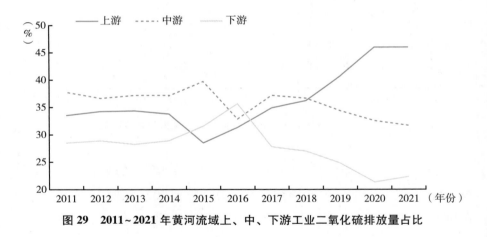

图29　2011~2021年黄河流域上、中、下游工业二氧化硫排放量占比

　　如图30所示，2012~2021年黄河流域上中下游的工业二氧化硫排放量
均大幅降低，增长率总体呈现"V"形波动变化趋势，并且增长率均为负
值。2012~2014年黄河流域上中下游工业二氧化硫排放量变化较小，增长率
趋近于0，2016~2017年降幅达到极值，上游地区下降43.81%，中游地区
下降56.62%，下游地区下降46.54%，之后增长率开始上升。

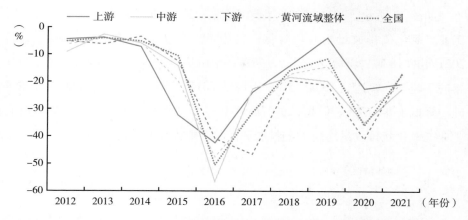

图30　2012~2021年全国、黄河流域及其上中下游工业二氧化硫排放量增长率

2. 亿元二产增加值工业二氧化硫排放量及增长率

如图31所示，2011~2021年黄河流域的亿元二产增加值工业二氧化硫排放量大幅降低，从2011年的122吨降低到2021年的8吨，降幅达到93.44%。2011~2021年黄河流域的亿元二产增加值工业二氧化硫排放量增长率呈现"M"形波动变化趋势，并且均小于0，排放量逐年下降，其中2016年黄河流域亿元二产增加值工业二氧化硫排放量较上年下降了49.05%。

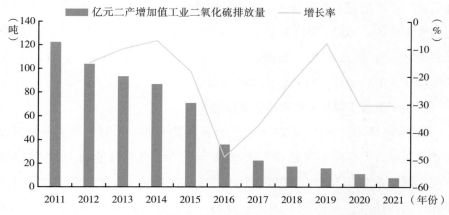

图31　2011~2021年黄河流域亿元二产增加值工业二氧化硫排放量及增长率

如图 32 所示，2011~2021 年黄河上游、中游和下游的亿元二产增加值工业二氧化硫排放量均有所降低。其中，上游从 2011 年的 249 吨降低到 2021 年的 18 吨，降幅达到了 92.77%；中游从 2011 年的 124 吨减少到 2021 年的 7 吨，降幅达到了 94.35%；下游从 2011 年的 75 吨降低到 2021 年的 4 吨，降低了 94.67%。但是，黄河流域上游、中游和整体的亿元二产增加值工业二氧化硫排放量均高于全国水平，污染排放水平仍较高。

图 32　2011~2021 年全国、黄河流域及其上中下游亿元二产增加值工业二氧化硫排放量

如图 33 所示，从增长率来看，2012~2021 年黄河上游、中游和下游地区亿元二产增加值工业二氧化硫排放量均处于下降趋势，且增长率表现出类似的变化轨迹，2012~2015 年增长率在-10%左右，2016~2017 年增长率降至最低值，上游地区为 - 45.09%，中游地区为 - 57.49%，下游地区为-50.65%，之后增长率回升，但始终为负值。

3. 黄河流域工业氮氧化物排放量及增长率

如图 34 所示，2011~2021 年，从整体趋势来看，黄河流域工业氮氧化物排放量呈现明显的下降趋势，从 2011 年的 311 万吨降低到 2021 年的 58 万吨，降幅达到 81.35%。2011~2021 年，黄河流域工业氮氧化物排放量逐年降低，2016 年降幅达到 42.85%。2011~2021 年，黄河流域工业氮氧化物排放量增长率呈现"V"形波动变化趋势，且增长率均为负值。

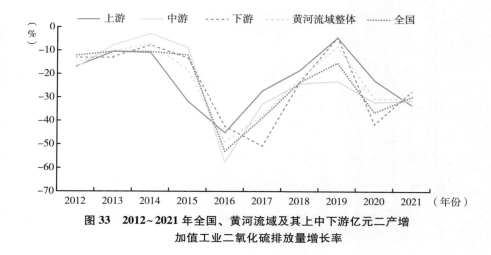

图 33　2012～2021 年全国、黄河流域及其上中下游亿元二产增
加值工业二氧化硫排放量增长率

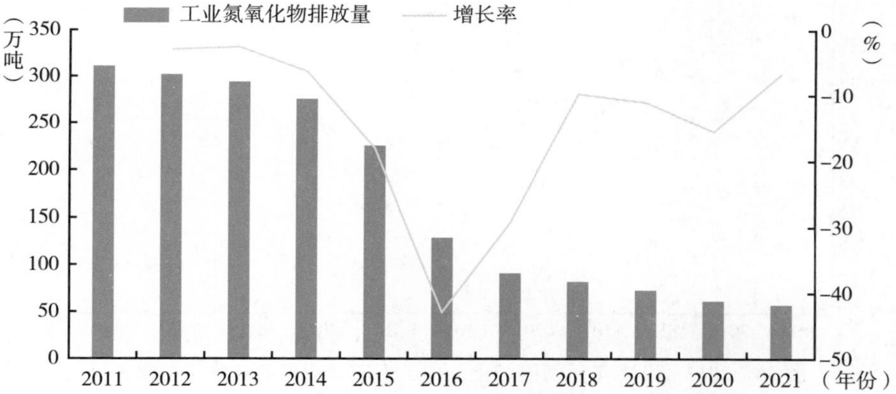

图 34　2011～2021 年黄河流域工业氮氧化物排放量及增长率

如图 35 所示，2011～2021 年黄河上游、中游和下游的工业氮氧化物排放量均有所降低。上游从 2011 年的 122 万吨降到 2021 年的 24 万吨，降幅达到了 80.33%；中游从 2011 年的 98 万吨降到 2021 年的 19 万吨，降幅达到了 80.61%；下游从 2011 年的 92 万吨降到 2021 年的 15 万吨，降幅达到了 83.70%。2011～2015 年，下游地区是黄河流域工业氮氧化物排放量最少的地区，其次为中游地区，上游地区最多。虽然 2016～2019 年相对比例有所变动，但 2020 年开始又恢复到了初始状态（见图 36）。

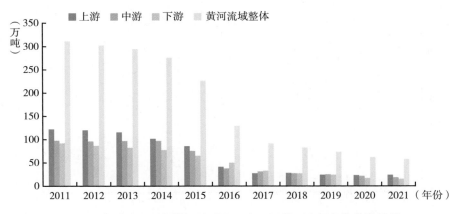

图35　2011~2021年黄河流域上、中、下游工业氮氧化物排放量

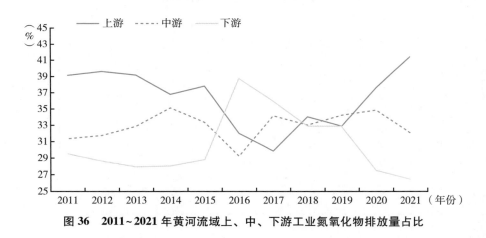

图36　2011~2021年黄河流域上、中、下游工业氮氧化物排放量占比

如图37所示，2011~2021年黄河流域上、中、下游工业氮氧化物排放量均呈现大幅降低趋势，增长率呈现"W"形波动变化趋势，表现出相似的变化轨迹。2012~2014年黄河流域上中下游工业氮氧化物排放量变化较小，增长率趋近于0；2016~2017年下降幅度达到极值，上游地区下降51.63%，中游地区下降49.92%，下游地区下降34.33%，之后增长率开始波动上升。

4. 亿元二产增加值工业氮氧化物排放量及增长率

如图38所示，从整体趋势来看，黄河流域亿元二产增加值工业氮氧化物排放量呈现明显的下降趋势，从2011年的100吨降低到2021年的13吨，降

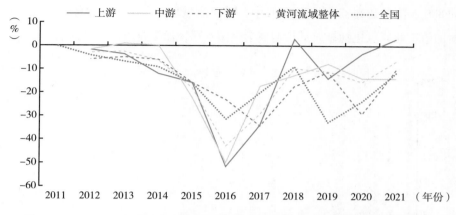

图 37 2011～2021 年全国、黄河流域及其上中下游工业氮氧化物排放量增长率

幅达到 87.00%。黄河流域亿元二产增加值工业氮氧化物排放量逐年降低，2016 年下降幅度达到 44.45%。2012～2021 年，黄河流域亿元二产增加值工业氮氧化物排放量增长率总体呈现"V"形波动变化趋势，并且均为负值。

图 38 2011～2021 年黄河流域亿元二产增加值工业氮氧化物排放量及增长率

如图 39 所示，2011～2021 年黄河上游、中游和下游的亿元二产增加值工业氮氧化物排放量均有所降低。其中，上游地区从 2011 年的 238 吨降低到 2021 年的 27 吨，降幅达到了 88.66%；中游地区从 2011 年的 84 吨减少到 2021 年的 11 吨，降幅达到了 86.90%；下游地区从 2011 年的 64 吨降低到 2021 年的 8 吨，降幅达到了 87.50%。其中，黄河流域上游、中游和整体的亿元二产增加值工业氮氧化物排放量长期高于全国水平，污染排放水平较高。

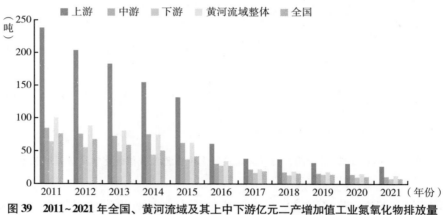

图 39　2011～2021 年全国、黄河流域及其上中下游亿元二产增加值工业氮氧化物排放量

如图 40 所示，从增长率来看，2012～2021 年绝大多数年份黄河上游、中游和下游地区亿元二产增加值工业氮氧化物排放量处于下降趋势，且增长率表现出类似的变化轨迹，2016～2017 年增长率出现明显的下探，上游地区增长率下降至 53.86%，中游地区下降至 50.92%，下游地区下降至 39.38%，之后增长率开始波动回升。

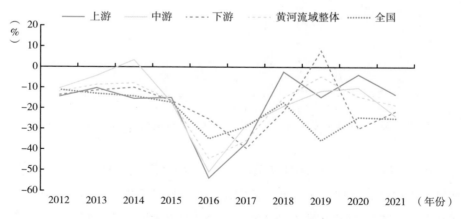

图 40　2012～2021 年全国、黄河流域及其上中下游亿元二产增加值
工业氮氧化物排放量增长率

（四）黄河流域第二产业固体废弃物产生及综合利用水平

2011～2021年黄河流域固体废弃物产生量整体呈上升趋势，总体增长率达到了86.63%，2021年固体废物产生量达到87513万吨。在此期间，黄河流域固体废弃物产生量增长率出现较大范围的波动，并且增长率在绝大多数年份为正。2011～2021年上游、中游和下游的固体废弃物产生量均有所上升，其中上游地区固体废弃物产生量增长最为显著，下游地区固体废弃物产生量为黄河流域最少。此外，黄河流域整体及上中下游地区的固体废弃物产生量总体均呈现上升趋势。

1. 固体废弃物产生量及增长率

如图41所示，从整体趋势来看，黄河流域固体废弃物产生量呈现明显的上升趋势，从2011年的46890万吨上升到2021年的87513万吨，增长率达到86.63%。2011～2021年，黄河流域固体废弃物产生量增长率出现较大范围的波动，并且增长率在绝大多数年份为正。

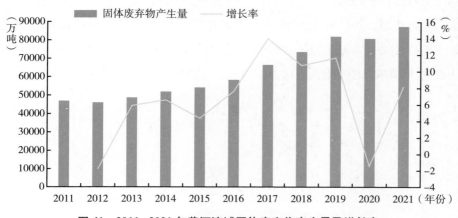

图41　2011～2021年黄河流域固体废弃物产生量及增长率

如图42所示，2011～2021年黄河上游、中游和下游的固体废弃物产生量均有所上升，上游地区从2011年的13098万吨上升到2021年的29055万吨，增幅达到了121.83%；中游地区从2011年的21797万吨上升到2021年的 41351 万吨，增幅达到了 89.71%；下游地区从 2011 年的 11996 万吨上升到 2021 年的 17106 万吨，增长了 42.60%。

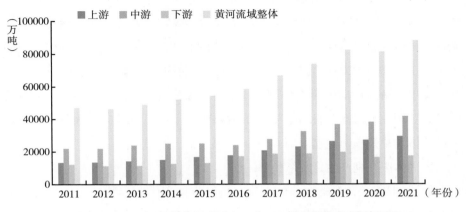

图 42　2011~2021 年黄河流域上、中、下游固体废弃物产生量

2011~2021 年，下游地区是黄河流域固体废弃物产生量最少的地区，其次为上游地区，中游地区最多，并且下游和中上游地区之间的相对差距逐渐扩大。具体来看，2011 年上游地区工业固体废弃物产生量占黄河流域比例为 27.93%，中游地区占比为 46.48%，下游地区占比为 25.58%。2021 年上游地区占比为 33.20%，中游地区占比为 47.25%，下游地区占比为 19.55%（见图 43）。

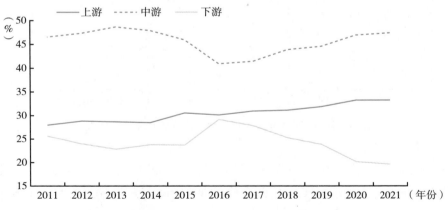

图 43　2011~2021 年黄河流域上、中、下游固体废弃物产生量占比

如图 44 所示，从增长率来看，2012~2021 年黄河流域上中下游的固体废弃物产生量总体呈现大幅升高趋势。值得注意的是，2020 年，黄河流域整体及下游和全国都出现了固体废弃物产生量下降的情况。

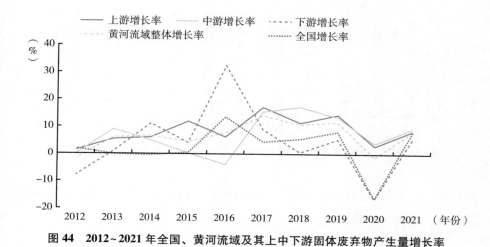

图 44　2012~2021 年全国、黄河流域及其上中下游固体废弃物产生量增长率

2. 亿元二产增加值固体废弃物产生量及增长率

如图 45 所示，从整体趋势来看，黄河流域亿元二产增加值固体废弃物产生量总体呈现明显的上升趋势，从 2011 年的 15108 吨提高到 2021 年的 19106 吨，增长率达到 26.46%。2014~2019 年，黄河流域亿元二产增加值固体废弃物产生量逐年上升，2019 年增长率达到最大值 19.77%。2011~2021 年，黄河流域亿元二产增加值固体废弃物产生量增长率出现较大范围的波动。

如图 46 所示，2011~2021 年黄河上游、中游和下游的亿元二产增加值固体废弃物产生量均有所上升。其中，上游地区从 2011 年的 25573 吨升高到 2021 年的 32348 吨，涨幅达到了 26.49%；中游地区从 2011 年的 18866 吨升高到 2021 年的 23969 吨，涨幅达到了 27.05%；下游地区从 2011 年的 8353 吨升高到 2021 年的 8741 吨，提高了 4.65%。2011~2021 年全国亿元二产增加值固体废弃物产生量下降了 38.20%。黄河流域上游、中游和整体

图45　2011~2021年黄河流域亿元二产增加值固体废弃物产生量及增长率

的亿元二产增加值固体废弃物产生量均高于全国水平，污染排放水平仍较高，且有继续上升的趋势。

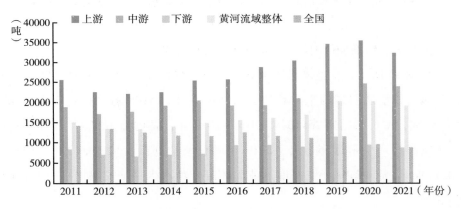

图46　2011~2021年全国、黄河流域及其上中下游亿元二产增加值固体废弃物产生量

　　如图47所示，从增长率来看，2012~2021年绝大多数年份黄河上游、中游和下游地区亿元二产增加值固体废弃物产生量总体处于上升趋势。2016年和2019年黄河流域下游地区的亿元二产增加值固体废弃物增长率达到了28.81%和27.96%。

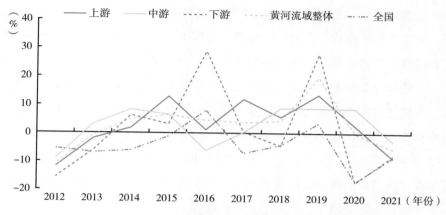

图47 2012~2021年全国、黄河流域及其上中下游亿元二产增加值固体废弃物产生量增长率

3. 一般工业固体废物综合利用率

如图48所示，黄河流域下游地区的一般工业固体废物综合利用率较高，在90%上下波动，明显高于黄河流域的中上游地区。黄河流域中游地区的一般工业固体废物综合利用率在70%上下波动。下游地区的一般工业固体废物综合利用率高于黄河流域整体水平，且远高于全国平均水平。2017年之前，上游地区一般工业固体废物综合利用率高于全国平均水平，但2018

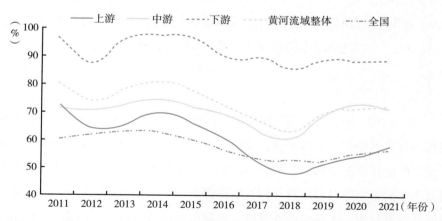

图48 2011~2021年全国、黄河流域及其上中下游一般工业固体废物综合利用率

年开始落后于全国平均水平，又在2021年实现反超。总体来看，黄河流域的一般工业固体废物综合利用率远高于全国平均水平，黄河流域不同地区对工业固体废物的处理和资源化利用均取得了一定成效。

从整体趋势来看，无论是黄河流域上中下游还是黄河流域整体以及全国的工业固体废物综合利用率均呈现了不同程度的下降趋势。上游地区综合利用率从2011年的72.29%降到2021年的57.73%；中下游地区也分别降低了0.12个百分点和8.26个百分点，全国平均水平则下降了3.19个百分点。虽然我国在工业固体废物的处理和资源化利用方面取得了一定的进展，但仍有进一步提升的空间。

三 黄河流域第二产业节能减排成果丰硕，区域间低碳发展差距凸显

2011~2021年，黄河流域规模以上工业能源消费总量和碳排放呈上升趋势，增长率达25.43%。上游、中游、下游的规模以上工业能源消费总量和碳排放均有所升高，上游涨幅最大，中游地区是黄河流域规模以上工业能源消费总量和碳排放最少的地区，下游最多。上中下游的规模以上工业能源消费总量和碳排放占全流域比例变化不大。另外，黄河流域的万元二产增加值能耗和万元二产增加值碳排放没有明显降低。综上，未来黄河流域需要在工业能源消费总量上升的趋势下，采取积极措施降低黄河流域的碳排放和能源消耗强度。

（一）节能成效

2011~2021年黄河流域的规模以上工业能源消费总量和万元二产增加值能耗均有显著变化。总体来说，规模以上工业能源消费总量呈上升趋势，而万元二产增加值能耗则呈下降趋势。2011~2021年上游、中游和下游的规模以上工业能源消费总量均有不同程度的提高，其中中游地区规模以上工业能源消费总量最少，下游地区规模以上工业能源消费总量增长最快。同时，上游地区的万元二产增加值能耗最高，降幅最大；中游和下游地区的万元二产

增加值能耗也有不同程度的下降，但均高于全国同期水平。

1. 规模以上工业能源消费总量及增长率

如图 49 所示，黄河流域规模以上工业能源消费总量总体呈现明显的上升趋势，从 2011 年的 99308 万吨标准煤提高到 2021 年的 124563 万吨标准煤，增长率达到 25.43%。2012 年、2015 年和 2020 年，黄河流域规模以上工业能源消费总量出现小幅下降，但不改变总体上升的趋势。2011～2021年，黄河流域规模以上工业能源消费总量增长率出现较大范围的波动。

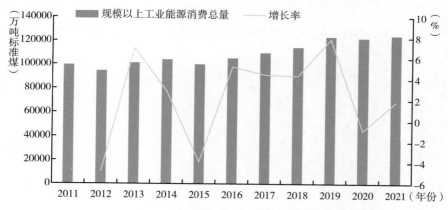

图 49 2011～2021 年黄河流域规模以上工业能源消费总量及增长率

如图 50 所示，2011～2021 年黄河上游、中游和下游的规模以上工业能源消费总量均有所上升。上游地区从 2011 年的 35544 万吨标准煤上升到 2021 年的 47769 万吨标准煤，涨幅达到了 34.39%；中游地区从 2011年的 15258 万吨标准煤上升到 2021 年的 19724 万吨标准煤，涨幅达到了 29.27%；下游地区从 2011 年的 48506 万吨标准煤上升到 2021 年的 57069 万吨标准煤，涨幅达到了 17.65%。2011～2021 年，中游地区是黄河流域规模以上工业能源消费总量最少的地区，其次为上游地区，下游地区最多，并且上中下游的规模以上工业能源消费总量占流域比重变化不大（见图 51）。

如图 52 所示，2012～2021 年黄河流域上中下游的规模以上工业能源

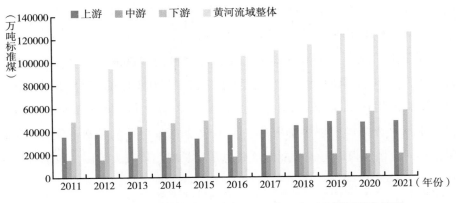

图 50   2011~2021 年黄河流域上中下游规模以上工业能源消费总量

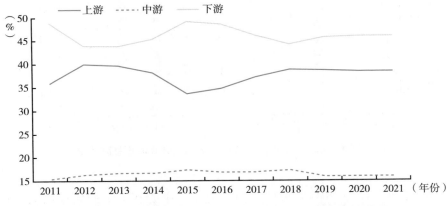

图 51   2011~2021 年黄河流域上中下游规模以上工业能源消费总量占比

消费总量增长率呈现不规则的波动变化趋势，同时增长率在大多数年份为
正。值得注意的是，2012 年下游地区和 2015 年上游地区规模以上工业能
源消费总量大幅下降。

2. 万元二产增加值能耗及增长率

如图 53 所示，黄河流域万元二产增加值能耗总体呈现较明显的下降趋
势，从 2011 年的 3.2 吨标准煤降低到 2021 年的 2.72 吨标准煤，减少了
15.01%。虽然总体呈现下降趋势，但是 2013 年、2014 年、2016 年以及

180

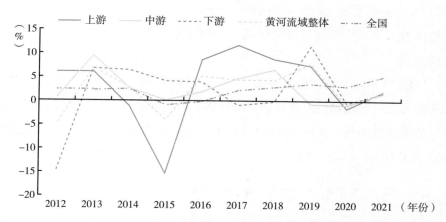

图 52　2012~2021 年全国、黄河流域及其上中下游规模以上工业能源消费总量增长率

2019 年，黄河流域万元二产增加值能耗出现不同幅度的上升。2011~2021 年黄河流域万元二产增加值能耗增长率出现较大范围的波动。

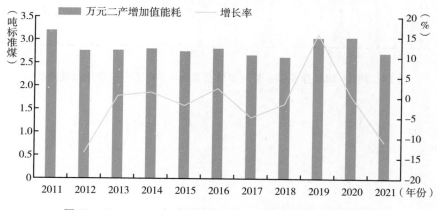

图 53　2011~2021 年黄河流域万元二产增加值能耗及增长率

如图 54 所示，2011~2021 年上游、中游和下游的万元二产增加值能耗均有所降低。其中，上游从 2011 年的 6.94 吨标准煤降低到 2021 年的 5.32 吨标准煤，降幅达到了 23.34%；中游从 2011 年的 1.32 吨标准煤降低到 2021 年的 1.14 吨标准煤，降幅达到了 13.64%；下游从 2011 年的 3.38 吨标准煤下降到 2021 年的 2.92 吨标准煤，降低了 13.61%。2011~

2021 年，全国万元二产增加值能耗下降了 36.72%。黄河流域上游、下游和整体的万元二产增加值能耗远高于全国水平，能源利用效率有进一步提升的空间。

如图 55 所示，从增长率来看，2012～2021 年绝大多数年份上游、中游和下游万元二产增加值能耗处于下降趋势，增长率表现出相对类似的变化轨迹。值得注意的是，2019 年黄河流域下游地区的万元二产增加值能耗增长率达到了 36.65%。

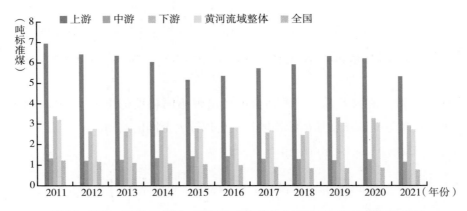

图 54 2011～2021 年全国、黄河流域及其上中下游万元二产增加值能耗

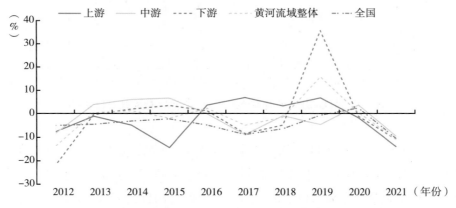

图 55 2012～2021 年全国、黄河流域及其上中下游万元二产增加值能耗增长率

（二）减排成效

从整体趋势来看，2011~2021 年黄河流域能源碳排放呈现明显的上升趋势，而万元二产增加值碳排放则呈现下降趋势。2011~2021 年上游、中游和下游的能源碳排放均有所升高，而万元二产增加值碳排放均有所降低。黄河流域上游、下游和整体的万元二产增加值碳排远高于全国水平，碳排放水平较高，利用效率有进一步提升的空间。从增长率来看，2012~2021 年绝大多数年份上游、中游和下游万元二产增加值碳排放处于下降趋势，并且基本高于全国同期的下降水平。

1. 能源碳排放及增长率

如图 56 所示，黄河流域能源碳排放总体呈现明显的上升趋势，从 2011 年的 275082 万吨提高到 2021 年的 345039 万吨，增长率达到 25.43%。2012 年、2015 年和 2020 年，能源碳排放出现小幅下降，但不改变总体上升的趋势。2012~2021 年，黄河流域能源碳排放增长率出现较大范围的波动。

图 56　2011~2021 年黄河流域能源碳排放及增长率

如图 57 所示，2011~2021 年上游、中游和下游的能源碳排放均有所升高。上游地区从 2011 年的 98456 万吨上升到 2021 年的 132320 万吨，涨幅达到了 34.40%；中游地区从 2011 年的 42264 万吨上升到 2021 年的 54637 万吨，涨幅达到了 29.28%；下游地区从 2011 年的 134363 万吨上升到 2021 年的 158082 万吨，增长了 17.65%。2011~2021 年，中游地区是黄河流域能源碳排放最少的地区，其次为上游地区，下游地区最多，并且上中下游的能源碳排放占流域总量比例相对稳定（见图 58）。

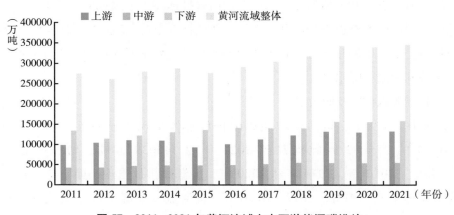

图 57　2011~2021 年黄河流域上中下游能源碳排放

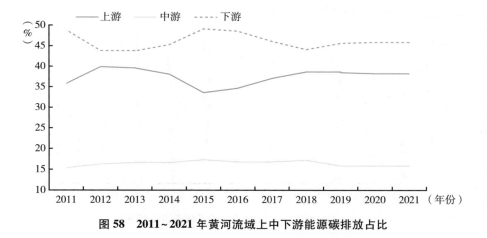

图 58　2011~2021 年黄河流域上中下游能源碳排放占比

如图 59 所示，2012~2021 年黄河流域上中下游的能源碳排放有所提高，增长率呈现不规则的波动变化趋势，并且增长率在大多数年份为正。

值得注意的是，2012 年下游和 2015 年上游出现了能源碳排放的大幅下降。

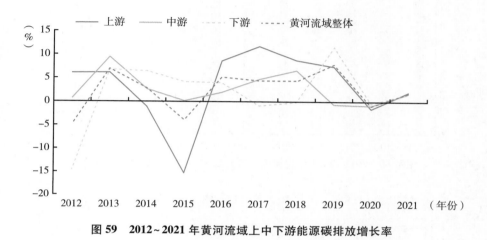

图 59 2012~2021 年黄河流域上中下游能源碳排放增长率

2. 万元二产增加值碳排放

如图 60 所示，2011~2021 年，黄河流域万元二产增加值碳排放总体呈现下降趋势，从 2011 年的 8.86 吨下降到 2021 年的 7.53 吨，减少了 15.01%。虽然总体呈现下降趋势，但是 2013 年、2014 年、2016 年以及 2019 年，黄河流域万元二产增加值碳排放出现不同幅度的上升，但不改变碳排放总体下降的趋势。2011~2021 年，黄河流域万元二产增加值碳排放增长率出现较大范围的波动。

如图 61 所示，2011~2021 年黄河上游、中游和下游的万元二产增加值碳排放均有所降低。其中，上游地区从 2011 年的 19.22 吨降低到 2021 年的 14.73 吨，降幅达到了 23.36%；中游地区从 2011 年的 3.66 吨降低到 2021 年的 3.17 吨，降幅达到了 13.39%；下游地区从 2011 年的 9.36 吨下降到 2021 年的 8.08 吨，降低了 13.68%。而 2011~2021 年全国万元二产增加值碳排放下降了 36.72%。黄河流域上游、下游和整体的万元二产增加值碳排放远高于全国水平，能源利用效率有进一步提升的空间。

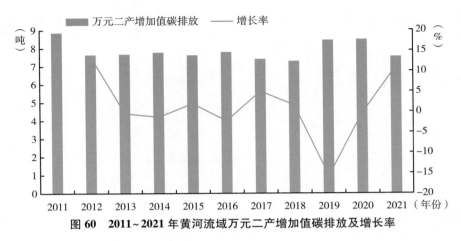

图60 2011~2021年黄河流域万元二产增加值碳排放及增长率

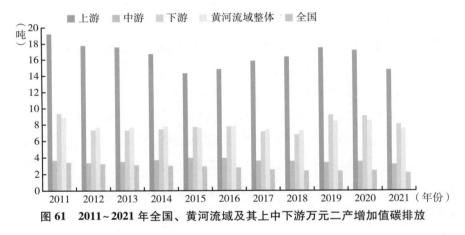

图61 2011~2021年全国、黄河流域及其上中下游万元二产增加值碳排放

如图62所示，从增长率来看，2012~2021年上游、中游和下游万元二产增加值碳排放增长率有正有负。其中，2019年黄河流域下游地区万元二产增加值碳排放的降幅达到了36.65%。

四 黄河流域第二产业高质量发展水平波动上升，下游地区优势明显

黄河流域作为中国的重要经济区域，涵盖了多个省（区），总人口约占

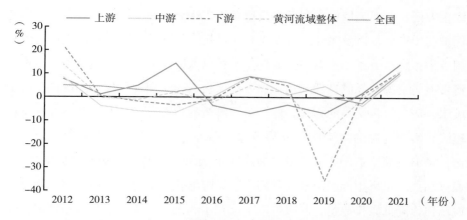

图 62　2012~2021 年全国、黄河流域及其上中下游万元二产增加值碳排放增长率

全国的 30%。黄河流域的第二产业主要包括制造业、建筑业、采矿业以及电力、燃气及水的生产和供应业等。这些产业在黄河流域的经济发展中占有重要地位，是黄河流域经济发展的主要支撑。然而，黄河流域的第二产业发展面临一些挑战。首先，产业结构不够优化，初级加工和能源采矿业占比较大，而高端制造业和高新技术产业发展相对滞后。其次，资源消耗和环境污染问题较为突出，一些企业的环保意识和环保投入不足，导致环境污染问题比较严重。此外，能源结构不够合理，煤炭等化石能源的使用比例较高，碳排放量较大，不利于低碳发展。

为了应对这些挑战，推动黄河流域第二产业的高质量发展，本报告构建指标体系来衡量和评估黄河流域第二产业的发展质量。通过构建指标体系，可以全面反映黄河流域第二产业在绿色发展和低碳发展方面的情况，及时发现和解决存在的问题，推动产业结构的优化和转型升级。通过指标体系的评估和引导，可以促进企业增强环保意识和加大环保投入，推动产业结构的优化和转型升级，实现绿色发展和低碳发展。同时，可以为政府制定相关政策提供依据和支持，推动黄河流域第二产业的高质量发展。

（一）黄河流域第二产业高质量发展内涵与评价指标体系构建

黄河流域第二产业高质量发展的内涵主要体现在绿色和低碳两个方面。

绿色方面，黄河流域第二产业高质量发展应注重资源节约与高效利用、环境保护与生态修复以及循环经济发展。通过技术创新和管理创新，提高资源利用效率，降低万元二产增加值能耗、水耗以及固体废弃物产生量等，实现经济发展与资源消耗的良性互动；加大环保投入，采用环保技术和设备，减少废水、废气等污染物的排放，保护黄河流域的生态环境；推广循环经济发展模式，实现资源的减量化、再利用和再循环，提高资源利用效率。低碳方面，黄河流域第二产业高质量发展应注重能源结构的优化和碳排放的降低。通过加大对可再生能源的开发利用力度，降低化石能源的使用比例，优化能源结构，降低碳排放量；同时推广节能技术和设备，提高能源利用效率，降低万元二产增加值能耗。此外，还应注重产业结构的调整和转型升级，推动高能耗、高污染行业的淘汰和转型，发展低碳环保产业。

绿色和低碳两个方面的结合是黄河流域第二产业高质量发展的核心。通过实现绿色发展与低碳发展的良性互动，推动经济社会的协调发展。在绿色发展的基础上，加强对碳排放的约束和管理，促进低碳技术的研发和应用；在低碳发展的推动下，加大对环境保护和生态修复的投入并加强管理，促进绿色技术的研发和应用。实现绿色与低碳的双轮驱动，推动黄河流域第二产业高质量发展，实现经济效益、社会效益和环境效益的统一。

在绿色方面，本报告选择了万元二产增加值耗水量、万元二产增加值废水排放量、亿元二产增加值二氧化硫排放量、亿元二产增加值氮氧化物排放量、万元二产增加值固体废弃物产生量、一般工业固体废物综合利用率等指标。这些指标能够全面反映企业在生产过程中的资源消耗和环境污染情况。

万元二产增加值耗水量反映了企业在生产过程中的水资源消耗情况，是衡量企业水资源利用效率的重要指标。万元二产增加值废水排放量反映了企业在生产过程中的废水排放情况，是衡量企业环保意识和环保投入的重要指标。亿元二产增加值二氧化硫排放量和亿元二产增加值氮氧化物排放量则反映了企业在生产过程中的大气污染情况，也是衡量企业环保意识和环保投入的重要指标。万元二产增加值固体废弃物产生量反映了企业在生产过程中的固体废物产生情况，是衡量企业资源利用效率和环保意识的重要指标。一般工业固体废物综合利用率则反映了企业对固体废物的利用情况，是衡量企业循环经济发展水平的重要指标。

在低碳方面，本报告选择了万元二产增加值能耗、万元二产增加值碳排放等指标。这些指标能够直接反映企业的能源结构和碳排放情况。

万元二产增加值能耗反映了企业在生产过程中的能源消耗情况，万元二产增加值碳排放反映了企业在生产过程中的碳排放情况，是衡量企业低碳发展水平的重要指标。具体表征指标和变量取值方式见表1。

表1 黄河流域第二产业高质量发展指标体系

一级指标	二级指标	表征指标	变量取值方式	正负向
绿色低碳高质量发展	绿色	万元二产增加值耗水量	工业用水量（立方米）/第二产业增加值（万元）	－
		万元二产增加值废水排放量	工业废水排放量（吨）/第二产业增加值（万元）	－
		亿元二产增加值二氧化硫排放量	工业二氧化硫排放量（吨）/第二产业增加值（亿元）	－
		亿元二产增加值氮氧化物排放量	工业氮氧化物排放量（吨）/第二产业增加值（亿元）	－
		万元二产增加值固体废弃物产生量	固体废弃物产生量（吨）/第二产业增加值（万元）	－
		一般工业固体废物综合利用率	一般工业固体废物综合利用率（%）	＋
	低碳	万元二产增加值能耗	规模以上工业能源消费总量（吨标准煤）/第二产业增加值（万元）	－
		万元二产增加值碳排放	能源碳排放（吨）/第二产业增加值（万元）	－

（二）黄河流域第二产业高质量发展指标体系测算方法

本报告采用熵值法确定各指标权重。熵值法是一种客观赋权法，其实质是根据指标间重复信息量确定权重，相对变化程度越大的指标权重越大，反之，相对变化程度越小指标权重越小。该方法可以有效避免人为赋权带来的

主观影响，在实践中得到了广泛应用，具体计算步骤如下。

第一步，指标的标准化。由于具体指标中有正指标和逆指标，而且不同指标的度量单位不同，因此通过标准化达到去量纲、统一指标方向的目的，具体操作如下。

设有 m 个指标，n 个样本，n 个样本的 m 个指标构成的评价矩阵 $X = (x_{ij})_{n \times m}$。对其去量纲后得到 $R = (r_{ij})_{n \times m}$。根据评价指标和评价目标的关系，选择的评价指标一般包括正指标和逆指标两大类，其中，正指标为属性值越大则评价目标越好的指标，而逆指标为属性值越小则评价目标越好的指标。

对正指标的换算公式如下：

$$r_{ij} = \frac{x_{ij} - \min\limits_{j}\{x_{ij}\}}{\max\limits_{j}\{x_{ij}\} - \min\limits_{j}\{x_{ij}\}}$$

对逆指标的换算公式如下：

$$r_{ij} = \frac{\max\limits_{j}\{x_{ij}\} - x_{ij}}{\max\limits_{j}\{x_{ij}\} - \min\limits_{j}\{x_{ij}\}}$$

第二步，指标权重的确定。根据熵值法计算公式，可以得到评价矩阵中每个 r_{ij} 的熵值，具体计算公式如下。

在有 m 个评价指标，n 个样本的评估问题中，第 j 个指标的熵为：

$$h_j = -k \sum_{i=1}^{n} f_{ij} \ln(f_{ij})$$

式中 $f_{ij} = r_{ij} \Big/ \sum\limits_{i=1}^{n} r_{ij}$，$k = 1/\ln(n)$；当 $f_{ij} = 0$ 时，令 $\ln(f_{ij}) = 0$。

在得到熵值的基础上，便可以计算出各指标的权重，具体计算公式如下：

$$w_j = \frac{1 - h_j}{m - \sum\limits_{j=1}^{m} h_j}, \left(0 \leqslant w_j \leqslant 1, \sum_{j=1}^{m} w_j = 1\right)$$

第三步，评价结果的计算。各评价指标的去量纲值按其所对应的权重进

行加和,从而可算出不同样本的综合指数值,计算公式如下:

$$D_i = \sum_{j=1}^{m} w_j\, r_{ij}$$

其中,D_i 为第 i 个样本的综合指数值。

(三)黄河流域第二产业高质量发展水平评价结果

1. 黄河流域第二产业高质量发展水平综合评价

如表 2 所示,综合来看,2011~2021 年黄河流域第二产业高质量发展水平呈现波动下降趋势,2011 年得分为 0.788,之后波动下降至 2017 年的最低点 0.695。2018 年开始,得分有所回升,2019 年达到 0.732,与 2016 年持平,表明产业高质量发展水平有所恢复。2020 年得分上升至 0.761,为近年来较高水平,但 2021 年再次下降至 0.709。这可能与经济周期、政策变化、自然灾害等因素有关。为了实现可持续发展,黄河流域需要继续努力改善经济结构和环境保护状况,加强政策引导和监管。

2011~2021 年,黄河流域第二产业绿色发展水平得分总体上呈现下降趋势。2011 年得分为 0.660,为最高点,随后波动下降,到 2017 年降至最低点 0.614。这一趋势可能反映了产业绿色发展在这一时期面临的环境压力和挑战。2018 年和 2019 年得分略有回升,分别为 0.616 和 0.618,显示出一定的改善迹象。2020 年得分上升至 0.636,为近年来较高水平,但 2021 年再次下降至 0.607。整体来看,2011~2021 年黄河流域绿色发展水平得分表明黄河流域第二产业在推动绿色发展的过程中,经历了显著的波动。

2011~2021 年黄河流域第二产业低碳发展水平得分整体呈现下降趋势,从 0.129 下降到 0.103。其中,万元二产增加值能耗和万元二产增加值碳排放得分整体呈现下降趋势,表明黄河流域的工业企业在节能和减排方面取得了一定成效,但由于低碳发展水平的得分本身较低,该地区在低碳发展方面还需要进一步加大力度。

表 2 2011～2021 年黄河流域第二产业高质量发展水平综合得分

指标	均值	2011 年	2012 年	2013 年	2014 年	2015 年	2016 年	2017 年	2018 年	2019 年	2020 年	2021 年
高质量发展水平	0.744	0.788	0.773	0.750	0.767	0.762	0.732	0.695	0.712	0.732	0.761	0.709
绿色	0.633	0.660	0.649	0.640	0.648	0.643	0.629	0.614	0.616	0.618	0.636	0.607
万元二产增加值耗水量	0.080	0.069	0.068	0.062	0.070	0.070	0.062	0.054	0.097	0.089	0.135	0.104
万元二产增加值废水排放量	0.072	0.083	0.067	0.070	0.084	0.099	0.078	0.057	0.058	0.067	0.069	0.062
亿元二产增加值二氧化硫排放量	0.113	0.194	0.195	0.144	0.116	0.095	0.114	0.099	0.076	0.068	0.075	0.063
亿元二产增加值氮氧化物排放量	0.102	0.118	0.115	0.095	0.122	0.091	0.077	0.128	0.120	0.099	0.094	0.064
万元二产增加值固体废弃物产生量	0.083	0.071	0.072	0.061	0.067	0.068	0.084	0.126	0.116	0.107	0.079	0.061
一般工业固体废物综合利用率	0.183	0.124	0.132	0.207	0.188	0.220	0.215	0.149	0.149	0.190	0.184	0.252
低碳	0.111	0.129	0.124	0.111	0.119	0.119	0.103	0.081	0.096	0.114	0.125	0.103
万元二产增加值能耗	0.056	0.064	0.062	0.055	0.060	0.059	0.051	0.041	0.048	0.057	0.062	0.051
万元二产增加值碳排放	0.056	0.064	0.062	0.055	0.060	0.059	0.051	0.041	0.048	0.057	0.062	0.051

如表 3 所示，从横向比较来看，2011~2021 年，黄河流域各省（区）在第二产业高质量发展方面存在一定差异。山东第二产业高质量发展水平得分均值最高，为 0.881，其次是陕西和河南，分别为 0.833 和 0.814。而四川第二产业高质量发展水平得分均值最低，为 0.486。从变化趋势来看，2011~2021 年甘肃和陕西第二产业高质量发展水平得分总体呈现上升趋势，黄河流域其余省（区）总体呈现下降趋势。在大多数年份，山东第二产业高质量发展水平得分最高，其次是陕西和河南。而四川和山西第二产业高质量发展水平得分在大多数年份较低。

总体来说，黄河流域各省（区）在第二产业高质量发展方面存在一定差异，这与各省（区）的经济结构、环境保护状况、政策引导等因素有关。为了实现可持续发展目标，各省（区）需要针对自身情况制定相应的发展策略，加强政策引导和监管，推动经济结构调整和环境保护工作。同时，各省（区）之间也可以加强合作与交流，共同推动黄河流域高质量发展。

表 3　2011~2021 年黄河流域各省（区）第二产业高质量发展水平得分

省（区）	2011 年	2012 年	2013 年	2014 年	2015 年	2016 年	2017 年	2018 年	2019 年	2020 年	2021 年	均值
甘　肃	0.692	0.641	0.643	0.698	0.727	0.734	0.716	0.660	0.737	0.745	0.791	0.708
河　南	0.858	0.841	0.780	0.785	0.788	0.798	0.855	0.826	0.827	0.819	0.775	0.814
内蒙古	0.677	0.643	0.558	0.607	0.612	0.567	0.522	0.557	0.582	0.642	0.565	0.594
宁　夏	0.597	0.591	0.631	0.682	0.690	0.630	0.514	0.581	0.578	0.625	0.508	0.602
青　海	0.755	0.807	0.860	0.848	0.803	0.864	0.766	0.734	0.709	0.780	0.670	0.781
山　东	0.923	0.917	0.915	0.910	0.902	0.867	0.850	0.859	0.846	0.859	0.840	0.881
山　西	0.762	0.741	0.704	0.705	0.671	0.584	0.499	0.575	0.627	0.690	0.581	0.649
陕　西	0.801	0.791	0.836	0.856	0.867	0.864	0.717	0.747	0.847	0.912	0.921	0.833
四　川	0.699	0.689	0.529	0.541	0.451	0.350	0.373	0.422	0.491	0.455	0.343	0.486

如表 4 所示，2011~2021 年黄河流域各省（区）第二产业绿色发展水平得分显示出不同的趋势和特征。山东的得分一直较高，均值为 0.767，表明其在绿色发展方面处于领先地位。陕西第二产业绿色发展水平显著提升，2021 年得分为 0.815，均值为 0.717，反映了其在绿色转型方面的持续努

力。河南的得分相对稳定，均值为 0.698。青海的得分也较高，尽管 2021 年有所下降，均值仍达到 0.666。甘肃的得分有所上升，尤其在 2021 年达到 0.685，均值为 0.593。内蒙古和宁夏的得分较低，均值分别为 0.480 和 0.489。山西的得分波动较大，均值为 0.535，整体呈下降趋势。四川的得分较低，均值仅为 0.486，且在 2017 年后没有显著提升。

总体来看，黄河流域各省（区）在绿色发展水平上的差异明显，显示出区域间在绿色发展政策实施和效果上的不均衡。尽管有些省（区）如山东和陕西在绿色发展方面取得了较大进展，但黄河流域整体仍需进一步努力。

表 4　2011~2021 年黄河流域各省（区）第二产业绿色发展水平得分

省（区）	2011 年	2012 年	2013 年	2014 年	2015 年	2016 年	2017 年	2018 年	2019 年	2020 年	2021 年	均值
甘　肃	0.559	0.514	0.529	0.575	0.604	0.628	0.632	0.561	0.619	0.616	0.685	0.593
河　南	0.725	0.712	0.666	0.662	0.665	0.691	0.770	0.726	0.708	0.689	0.668	0.698
内蒙古	0.545	0.516	0.445	0.485	0.490	0.462	0.439	0.459	0.465	0.514	0.460	0.480
宁　夏	0.466	0.465	0.518	0.560	0.568	0.524	0.431	0.483	0.463	0.498	0.404	0.489
青　海	0.623	0.678	0.745	0.724	0.680	0.758	0.682	0.635	0.591	0.651	0.564	0.666
山　东	0.792	0.790	0.801	0.787	0.780	0.761	0.766	0.761	0.730	0.732	0.735	0.767
山　西	0.630	0.614	0.591	0.582	0.550	0.479	0.416	0.476	0.511	0.562	0.475	0.535
陕　西	0.667	0.663	0.721	0.732	0.744	0.757	0.632	0.648	0.729	0.782	0.815	0.717
四　川	0.699	0.689	0.529	0.541	0.451	0.350	0.373	0.422	0.491	0.455	0.343	0.486

如表 5 所示，2011~2021 年黄河流域各省（区）第二产业的低碳发展水平得分整体上较为接近，且变化趋势较为一致。甘肃、河南、内蒙古、宁夏、青海、山东、山西和陕西的得分均保持在 0.1134~0.1155，显示出各省（区）在低碳发展方面的同步性。

总体来说，黄河流域各省（区）在第二产业低碳发展方面存在一定差异，但差异不大。各省（区）需要加强政策引导和监管，推动经济结构调整和低碳技术的研发和应用，以实现可持续发展。同时，各省（区）之间也可以加强合作与交流，共同推动黄河流域的低碳发展。

表5 2011~2021年黄河流域各省（区）第二产业低碳发展水平得分

省（区）	2011年	2012年	2013年	2014年	2015年	2016年	2017年	2018年	2019年	2020年	2021年	均值
甘肃	0.132	0.128	0.114	0.123	0.123	0.106	0.084	0.099	0.118	0.129	0.106	0.1147
河南	0.133	0.128	0.115	0.124	0.123	0.107	0.085	0.100	0.119	0.130	0.107	0.1155
内蒙古	0.132	0.127	0.113	0.122	0.122	0.105	0.083	0.098	0.117	0.128	0.105	0.1138
宁夏	0.131	0.126	0.113	0.122	0.122	0.105	0.083	0.098	0.116	0.127	0.105	0.1134
青海	0.133	0.128	0.115	0.123	0.124	0.106	0.085	0.100	0.118	0.129	0.106	0.1152
山东	0.132	0.127	0.113	0.123	0.122	0.105	0.084	0.099	0.116	0.128	0.105	0.1140
山西	0.132	0.127	0.113	0.122	0.122	0.105	0.083	0.098	0.116	0.128	0.105	0.1137
陕西	0.133	0.128	0.114	0.124	0.123	0.106	0.085	0.099	0.118	0.130	0.106	0.1150
四川	0.000	0.000	0.000	0.000	0.000	0.000	0.000	0.000	0.000	0.000	0.000	0.0000

具体来看，各省（区）得分的波动范围较小。河南的均值最高，为0.1155，显示出在低碳发展方面的较强表现；青海和陕西紧随其后，均值分别为0.1152和0.1150。其他省（区）如内蒙古、宁夏、山东和山西的得分也比较接近，均在0.113~0.114，显示出各省（区）在低碳发展上的持续努力。总体而言，2011~2021年黄河流域各省（区）第二产业低碳发展水平得分稳定，体现了黄河流域在努力推动低碳经济转型方面的协调性和一致性。

如表6所示，总体来看，2011~2021年黄河流域第二产业的高质量发展水平平均得分为0.744。其中，下游地区的表现最为突出，得分为0.880，远高于上游的0.620和中游的0.742。这表明下游地区在推动第二产业高质量发展方面具有较强的优势，可能得益于更好的基础设施和政策支持。

在绿色发展方面，黄河流域平均得分为0.633。上游地区得分最低，为0.515；中游地区得分为0.627，略低于整体平均值；下游地区得分最高，为0.765。具体指标得分显示，万元二产增加值耗水量和万元二产增加值废水排放量得分均为上游地区最低，分别为0.074和0.071。下游地区在亿元二产增加值二氧化硫排放量和亿元二产增加值氮氧化物排放量方面得分较高。值得注意的是，下游地区的一般工业固体废物综合利用率得分最高，达到0.254，表明下游在废物处理和资源循环利用方面具有显著优势。

表6 2011~2021年黄河流域上中下游第二产业高质量发展水平得分

指标	均值	上游	中游	下游
高质量发展水平	0.744	0.620	0.742	0.880
绿色	0.633	0.515	0.627	0.765
万元二产增加值耗水量	0.080	0.074	0.084	0.084
万元二产增加值废水排放量	0.072	0.071	0.078	0.067
亿元二产增加值二氧化硫排放量	0.113	0.087	0.114	0.139
亿元二产增加值氮氧化物排放量	0.102	0.078	0.107	0.123
万元二产增加值固体废弃物产生量	0.083	0.077	0.074	0.098
一般工业固体废物综合利用率	0.183	0.127	0.170	0.254
低碳	0.111	0.105	0.115	0.114
万元二产增加值能耗	0.056	0.053	0.057	0.057
万元二产增加值碳排放	0.056	0.053	0.057	0.057

在低碳发展方面，各地区得分差异较小，全流域平均得分为0.111。上游地区得分为0.105，略低于中游的0.115和下游的0.114。万元二产增加值能耗和万元二产增加值碳排放得分均为上游地区最低，均为0.053，而中游和下游地区的得分均为0.057，显示出较为一致的能耗和碳排放水平。

综上所述，黄河流域第二产业高质量发展及绿色和低碳发展水平在上中下游之间存在显著差异。下游地区在第二产业高质量发展方面表现突出，但面临较高的污染排放压力。中游地区发展较为均衡，而上游地区在第二产业高质量发展及绿色发展上仍有较大提升空间，特别是在进一步提高产业发展质量和减少污染排放方面，需要更多的政策支持和技术投入。

2.黄河流域上游第二产业高质量发展水平综合评价

总体来看，2011~2021年，黄河流域上游第二产业的高质量发展水平呈现明显的波动态势（见表7）。2011年得分达到0.662的高点，随后经历了波动下降，至2017年降至最低点0.557。尽管在此后几年中得分有所回升，2020年达到0.649，但在2021年又下降至0.574。这些数据表明，黄河流域上游第二产业高质量发展水平未能持续提升，而是经历了一定的起伏变化。

表 7　2011~2021 年黄河流域上游第二产业高质量发展水平综合得分

指标	均值	2011 年	2012 年	2013 年	2014 年	2015 年	2016 年	2017 年	2018 年	2019 年	2020 年	2021 年
高质量发展水平	0.620	0.662	0.643	0.615	0.658	0.656	0.618	0.557	0.583	0.607	0.649	0.574
绿色	0.515	0.541	0.526	0.510	0.545	0.543	0.521	0.480	0.493	0.500	0.531	0.476
万元二产增加值耗水量	0.074	0.062	0.062	0.057	0.064	0.064	0.056	0.048	0.085	0.082	0.128	0.103
万元二产增加值废水排放量	0.071	0.075	0.065	0.069	0.085	0.098	0.077	0.055	0.055	0.066	0.072	0.066
亿元二产增加值二氧化硫排放量	0.087	0.139	0.138	0.105	0.093	0.083	0.090	0.075	0.061	0.058	0.063	0.051
亿元二产增加值氮氧化物排放量	0.078	0.088	0.085	0.071	0.091	0.072	0.067	0.095	0.087	0.079	0.075	0.052
万元二产增加值固体废弃物产生量	0.077	0.069	0.070	0.061	0.067	0.067	0.082	0.108	0.102	0.096	0.073	0.056
一般工业固体废物综合利用率	0.127	0.108	0.106	0.147	0.145	0.159	0.149	0.099	0.102	0.118	0.119	0.148
低碳	0.105	0.122	0.117	0.105	0.113	0.113	0.097	0.077	0.091	0.108	0.118	0.097
万元二产增加值能耗	0.053	0.061	0.058	0.052	0.057	0.056	0.049	0.039	0.045	0.054	0.059	0.049
万元二产增加值碳排放	0.053	0.061	0.058	0.052	0.057	0.056	0.049	0.039	0.045	0.054	0.059	0.049

在绿色和低碳发展方面，虽然黄河流域上游第二产业得分在某些年份有所提升，但这种提升并不持续。2011~2021年，黄河流域上游第二产业万元二产增加值耗水量得分总体呈现明显的上升趋势，从0.062升至0.103。此外，一般工业固体废物综合利用率得分也从2011年的0.108上升至2021年的0.148，这表明黄河流域上游第二产业在特定环境指标上取得了进步。然而，从总体高质量发展水平得分来看，这些环保措施的改善未能完全抵消其他可能导致得分下降的因素。

综上所述，虽然黄河流域上游第二产业在环保和能效方面取得了一定的进步，但这些进步并未全面提升高质量发展的整体水平，反映出上游地区在追求持续高质量发展方面还面临诸多挑战。未来，黄河流域上游地区第二产业需更为系统地解决影响高质量发展的多方面问题，以实现更稳定和全面的进步。

如图63所示，从市（州）的情况来看，黄河流域上游各市（州）第二产业高质量发展水平存在一定差异。兰州市的得分最高，为0.835，这可能与近年来兰州市积极推进经济结构调整、加强科技创新和人才引进等措施有关。而阿坝州的得分最低，为0.486，这可能与该地区的经济发展相对滞后、产业结构单一以及人才流失等因素有关。

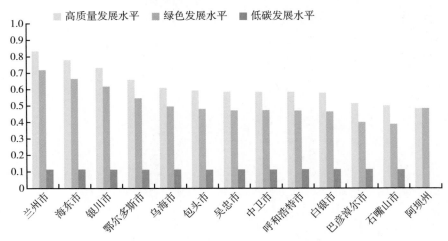

图63　2011~2021年黄河流域上游市（州）第二产业高质量发展水平得分均值

　　黄河流域上游市（州）第二产业绿色发展水平也存在差异。兰州市的得分最高，为0.720，这可能与兰州市在生态保护和资源节约方面采取了积极措施有关。而石嘴山市的得分最低（0.390），这可能与该地区的生态环境较为脆弱、资源开发利用方式相对粗放等因素有关。黄河流域上游市（州）第二产业低碳发展水平整体较低，大部分市（州）的得分相同（0.115），只有阿坝州的得分为0。这可能与该地区的能源结构以传统能源为主、能源利用效率低下等因素有关。为实现低碳发展，这些市（州）需要加大能源结构调整和节能减排的力度，推动低碳经济的发展。

　　综上所述，黄河流域上游市（州）第二产业在高质量发展及绿色发展和低碳发展方面存在一定差异，这可能与各市（州）的经济发展水平、产业结构、资源环境状况和政策措施等有关。为了实现高质量发展，这些市（州）应继续加强政策支持和资源配置，优化产业结构，提升科技创新能力，并推动绿色技术的应用，提高高质量发展水平。

　　3. 黄河流域中游第二产业高质量发展水平综合评价

　　如表8所示，总体来看，黄河流域中游地区第二产业高质量发展水平得分从2011年的0.797波动下降至2021年的0.728。其中，2017年的得分相对较低为0.670，2019年和2020年的得分较高，分别为0.749和0.793。

　　绿色发展水平得分从2011年的0.664波动下降到2021年的0.622。虽然整体呈现轻微下降趋势，但在具体指标中，如亿元二产增加值二氧化硫排放量和亿元二产增加值氮氧化物排放量的得分有所下降，是表明环保措施正在逐步发挥效果。在一般工业固体废物综合利用率方面，得分从2011年的0.108增长至2021年的0.252，废物利用和环境保护取得显著成效。

　　2011年低碳发展水平的得分为0.133，经过波动变化后，2021年回落至0.106。尽管在某些年份如2020年达到较高的得分（0.129），表明能源利用效率和碳减排策略在这些年份取得了较好的效果，但长期趋势显示需要进一步的策略调整和技术创新来持续改善能源利用效率和降低碳排放。

表8 2011~2021年黄河流域中游第二产业高质量发展水平综合得分

指标	均值	2011年	2012年	2013年	2014年	2015年	2016年	2017年	2018年	2019年	2020年	2021年
高质量发展水平	0.742	0.797	0.779	0.740	0.753	0.739	0.712	0.670	0.703	0.749	0.793	0.728
绿色	0.627	0.664	0.652	0.626	0.630	0.617	0.606	0.585	0.604	0.631	0.664	0.622
万元二产增加值耗水量	0.084	0.071	0.069	0.063	0.071	0.071	0.064	0.057	0.104	0.097	0.146	0.110
万元二产增加值废水排放量	0.078	0.089	0.073	0.075	0.089	0.106	0.083	0.064	0.065	0.076	0.075	0.068
亿元二产增加值二氧化硫排放量	0.114	0.200	0.198	0.145	0.114	0.090	0.115	0.101	0.077	0.070	0.078	0.067
亿元二产增加值氮氧化物排放量	0.107	0.130	0.127	0.104	0.129	0.096	0.077	0.124	0.120	0.102	0.097	0.068
万元二产增加值固体废弃物产生量	0.074	0.065	0.064	0.054	0.059	0.060	0.071	0.106	0.101	0.098	0.075	0.058
一般工业固体废物综合利用率	0.170	0.108	0.121	0.184	0.167	0.193	0.197	0.133	0.136	0.188	0.193	0.252
低碳	0.115	0.133	0.128	0.114	0.123	0.123	0.106	0.084	0.099	0.118	0.129	0.106
万元二产增加值能耗	0.057	0.066	0.064	0.057	0.062	0.061	0.053	0.042	0.050	0.059	0.065	0.053
万元二产增加值碳排放	0.057	0.066	0.064	0.057	0.062	0.061	0.053	0.042	0.050	0.059	0.065	0.053

黄河流域中游第二产业在高质量发展及绿色和低碳发展方面取得了一定的进展，但仍存在波动和不稳定的趋势。未来需要更为有力的政策支持和技术创新，特别是在低碳发展方面，以确保持续和稳定的发展。此外，持续的监测和评估将是确保这些目标实现的关键，需要相关部门和企业共同努力，促进黄河流域中游第二产业的可持续发展。

如图 64 所示，黄河流域中游各地市第二产业高质量发展水平存在一定差异。其中，郑州市的得分均值最高，为 0.906；运城市的得分均值最低，为 0.530。

黄河流域中游各地市第二产业绿色发展水平也存在差异。其中，郑州市的得分均值最高，为 0.791；运城市的得分均值最低，为 0.416。黄河流域中游各地市第二产业低碳发展水平整体较低，大部分地市的得分均值相同，为 0.115，只有个别地市的得分略高或略低。

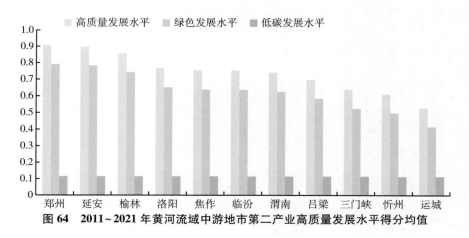

图 64　2011~2021 年黄河流域中游地市第二产业高质量发展水平得分均值

4. 黄河流域下游第二产业高质量发展水平综合评价

如表 9 所示，2011~2021 年，黄河流域下游第二产业高质量发展水平得分总体呈现下降趋势。从 2011 年的高点 0.917 降至 2021 年的 0.838，这一变化表明下游在持续的工业活动中面临一些挑战，尤其是在环境保护和资源利用效率方面。

绿色发展水平方面，得分从 2011 年的 0.785 降至 2021 年的 0.733，显示出在环境保护措施的实施上虽有所努力，但总体效果并不理想，仍需加强

表 9　2011～2021 年黄河流域下游第二产业高质量发展水平综合得分

指标	均值	2011 年	2012 年	2013 年	2014 年	2015 年	2016 年	2017 年	2018 年	2019 年	2020 年	2021 年
高质量发展水平	0.880	0.917	0.908	0.907	0.899	0.899	0.874	0.868	0.860	0.852	0.853	0.838
绿色	0.765	0.785	0.781	0.793	0.776	0.776	0.768	0.784	0.761	0.735	0.725	0.733
万元二产增加值耗水量	0.084	0.075	0.074	0.068	0.075	0.076	0.066	0.059	0.104	0.088	0.133	0.101
万元二产增加值废水排放量	0.067	0.085	0.066	0.066	0.079	0.093	0.075	0.053	0.054	0.059	0.060	0.054
亿元二产增加值二氧化硫排放量	0.139	0.250	0.253	0.187	0.143	0.112	0.138	0.123	0.090	0.076	0.086	0.071
亿元二产增加值氮氧化物排放量	0.123	0.140	0.137	0.113	0.149	0.108	0.087	0.168	0.154	0.117	0.110	0.073
万元二产增加值固体废弃物产生量	0.098	0.080	0.080	0.068	0.075	0.077	0.099	0.164	0.146	0.126	0.090	0.068
一般工业固体废物综合利用率	0.254	0.156	0.171	0.292	0.254	0.311	0.303	0.216	0.213	0.269	0.246	0.366
低碳	0.114	0.132	0.127	0.114	0.123	0.122	0.106	0.084	0.099	0.117	0.128	0.105
万元二产增加值能耗	0.057	0.066	0.064	0.057	0.061	0.061	0.053	0.042	0.049	0.058	0.064	0.053
万元二产增加值碳排放	0.057	0.066	0.064	0.057	0.061	0.061	0.053	0.042	0.049	0.058	0.064	0.053

环保技术的应用和政策支持以达到更高的环保标准。低碳发展方面，得分从2011年的0.132降至2021年的0.105，反映出能源使用和碳排放控制方面面临的挑战。下游地区在减少工业活动碳足迹方面还有很大的提升空间，需通过更加严格的政策和创新技术推动能效提升和减少碳排放。

总体来说，黄河流域下游第二产业的发展状况揭示了环保与资源管理在产业发展中的重要性。未来，黄河流域下游需更加注重可持续发展，通过技术创新与政策调整，提高工业活动的环境和能源效率，以实现长期的高质量发展。

如图65所示，整体来看，黄河流域下游各地市第二产业高质量发展水平存在一定差异。其中，济南市的得分均值最高，为0.944，这可能与近年来济南市积极推进经济结构调整、加强科技创新和人才引进等措施有关。而滨州市的得分均值最低，为0.694，这可能与该地区产业结构单一等因素有关。

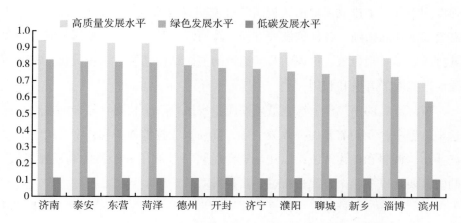

图65　2011～2021年黄河流域下游地市第二产业高质量发展水平得分均值

黄河流域下游各地市第二产业绿色发展水平也存在差异。其中，济南市的得分均值最高，为0.829，这可能与济南市在生态保护和资源节约方面采取了积极措施有关。滨州市的得分均值最低，为0.584。黄河流域下游各地市第二产业低碳发展水平均较低，大部分地市的得分相同或相近，在

0.113~0.116范围内。

综上所述，黄河流域下游各地市第二产业在高质量发展及绿色发展和低碳发展方面存在一定差异，这可能与各地市的经济发展水平、产业结构、资源环境状况和政策措施等有关。为了实现高质量发展，各地市应优化产业布局，强化环保法规执行，推广绿色技术，并加强区域间的合作与信息共享，以促进全面可持续的工业升级和环境改善，实现区域高质量发展。

五　结论与启示

近年来，黄河流域的第二产业发展迅速，但也暴露出一些问题。例如，产业结构偏重、能源消耗量大、环境污染压力大等。同时，技术水平不高、生产效率低下等问题也制约了黄河流域第二产业的竞争力提升。在绿色发展方面，近年来黄河流域第二产业的水资源利用效率有所提高，但水污染排放强度和空气污染排放强度仍然较高。这说明黄河流域的环保压力依然很大，需要加强环保措施。在低碳发展方面，黄河流域第二产业的整体节能成效和减排成效不是很显著。这说明黄河流域的能源结构需要进一步优化，需要加强清洁能源的开发和利用。

黄河流域的第二产业绿色低碳高质量发展是一个长期且复杂的过程。在这个过程中，我们需要加强政策引导，推动企业技术创新和转型升级，促进产业结构调整和优化升级，以实现资源的可持续利用和经济的高质量发展。同时需要从以下四个方面进行进一步提升。

第一，坚持可持续发展理念。在推动第二产业发展的同时，要注重环境保护和资源的可持续利用。引入清洁能源和节能技术，优化能源结构，降低能源消耗和排放。

第二，促进产业结构调整。推动制造业智能化、高端化发展，推广应用智能制造技术，提高制造业的附加值和竞争力。同时，要大力发展环保等新兴产业，提高经济发展的质量和效益。

第三，加强政策支持和引导。政府应该制定更加具体的政策和措施，支持企业进行技术创新和转型升级。同时要加强对企业的监管和指导，确保企业在推动经济发展的同时注重环境保护。

第四，提高企业社会责任意识。企业应该加强自身的环保意识和可持续发展意识建设，提高企业的社会责任意识水平，积极履行环保义务和社会责任。

总之，黄河流域第二产业的绿色低碳高质量发展是一项长期而艰巨的任务。只有通过全社会的共同努力，才能实现经济、社会和环境的协同共赢，为黄河流域的高质量发展做出积极贡献。

参考文献

解学梅、韩宇航：《本土制造业企业如何在绿色创新中实现"华丽转型"？——基于注意力基础观的多案例研究》，《管理世界》2022 年第 3 期。

陆大道、孙东琪：《黄河流域的综合治理与可持续发展》，《地理学报》2019 年第 12 期。

刘琳轲等：《黄河流域生态保护与高质量发展的耦合关系及交互响应》，《自然资源学报》2021 年第 1 期。

马海涛、徐楦钫：《黄河流域城市群高质量发展评估与空间格局分异》，《经济地理》2020 年第 4 期。

郭付友等：《黄河流域绿色发展效率的时空演变特征与影响因素》，《地理研究》2022 年第 1 期。

金凤君、马丽、许堞：《黄河流域产业发展对生态环境的胁迫诊断与优化路径识别》，《资源科学》2020 年第 1 期。

李小建等：《黄河流域高质量发展：人地协调与空间协调》，《经济地理》2020 年第 4 期。

G.4
黄河流域第三产业绿色低碳
高质量发展报告

薛永基　闫少聪　张晶冉　叶芳慧*

摘　要：　第三产业是黄河流域绿色低碳高质量发展的关键支柱。本报告基于第三产业的绿色低碳属性，对2012~2021年黄河流域及上、中、下游第三产业的总体发展状况、城市环境绿色水平、城乡居民收入和生活水平、金融服务水平进行系统分析。研究表明，黄河流域第三产业整体发展态势持续向好，但上、中、下游发展差距较大；流域人居环境质量明显改善，中下游成为提升重点；流域城乡居民收入差距得到有效控制，城乡消费鸿沟显著改善；流域金融服务水平地域分异明显，支持服务功能显著增强。据此，本报告提出建立黄河流域第三产业区域协调发展机制，加强文旅赋能，畅通交通物流，弥补金融短板，助力黄河流域绿色低碳高质量发展。

关键词：　黄河流域　第三产业　城市环境　收入福利　金融服务

　　黄河流域第三产业的高质量发展是建设黄河生态经济带的现实需要，是推进流域绿色低碳高质量发展的必然举措，事关中华民族伟大复兴战略全局，意义重大。

　　2021年中共中央、国务院印发的《黄河流域生态保护和高质量发展规

---

* 薛永基，博士，北京林业大学黄河流域生态保护和高质量发展研究院副院长，经济管理学院教授、博士生导师，研究方向为农林绿色产业与生态治理；闫少聪，北京林业大学经济管理学院博士研究生；张晶冉、叶芳慧，北京林业大学经济管理学院硕士研究生。

划纲要》，明确从产业层面促进黄河流域绿色低碳高质量发展。其中，第三产业即服务业，是推动黄河流域全面绿色转型的关键。一方面，服务业的绿色和低碳属性为黄河流域产业结构绿色转型提供了发展方向。因此，大力发展现代服务业，提高第三产业的贡献率，是实现黄河流域绿色低碳高质量发展的重要手段。另一方面，第三产业的支持和服务功能，为流域内其他产业的绿色低碳转型提供了有力支撑。特别是金融服务业，通过提供绿色金融产品、发放绿色贷款等方式，助力构建具有特色优势的现代化产业集群，促进流域绿色经济的可持续发展。

因此，黄河流域第三产业的绿色低碳高质量发展是应有之义和必然要求，必须紧扣生态保护和高质量发展两大原则，坚定不移走生态优先、节约集约、绿色低碳发展道路，不断优化黄河流域经济结构，持续强化高质量发展的支撑和后劲。

一 黄河流域第三产业总体发展趋势良好，区域间不均衡日益凸显

2012~2021年，黄河流域第三产业高质量发展取得丰硕成果，与全国平均水平的差距得到有效控制。10年间，无论是流域整体的第三产业增加值和增长水平，还是流域人均第三产业增加值，抑或流域内产业结构优化程度，都取得了显著改善和提升，有效促进了黄河流域产业格局的绿色低碳转型。但值得注意的是，黄河流域横跨我国东、中、西三大区域，涉及沿线9省区，存在明显的区域发展差异。特别是以服务业和社会事业为代表的第三产业方面，黄河上、中、下游间的发展差距日益凸显，这对黄河流域整体的绿色低碳高质量发展构成挑战。

（一）黄河流域总体第三产业发展概况

党的十八大以来，黄河流域第三产业整体发展态势持续向好。如图1所示，从流域整体来看，第三产业增加值稳步提升，由2012年的22277.6亿

元上升到2021年52277.63亿元，十年间增幅超过130%，发展成果显著。同时，黄河流域第三产业经历了从高速增长向高质量增长转型的过程。2012~2017年，黄河流域第三产业增加值增长率从13%左右的高位逐渐下滑，不断接近10%的增长节点。2018~2021年，第三产业增加值增长率跌破10%的水平线，并在2020年触底反弹，从3%恢复到2021年9%的增长水平。这种增长率的波动态势，一方面是因为受到新冠疫情冲击，另一方面是因为黄河流域沿线城市主动适应经济新常态，实现增速换挡、结构优化、动力转换。

尤其是乡村振兴战略全面实施以后，黄河流域在夯实第三产业发展质量的基础上，将发展成果惠及更多人民群众。也正是在经历了这一阶段的调整、巩固、充实之后，黄河流域第三产业才能抵住新冠疫情冲击，新冠疫情期间依然保持正增长，并迅速适应疫情防控常态化，实现全流域昂扬向上的发展态势。

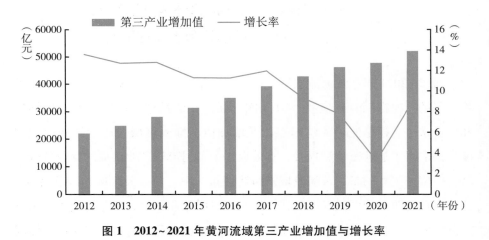

图1　2012~2021年黄河流域第三产业增加值与增长率

如图2所示，从产业结构来看，第三产业逐渐成为黄河流域经济发展的核心引擎。总体来看，黄河流域产业重心逐渐从第二产业向第三产业转移，产业结构格局从"二、三、一"向"三、二、一"转型。具体而言，党的十八大以来，第三产业在流域经济版图中从重要组成部分成长为关键主导力量。2012 年第三产业增加值占比仅为 36.86%，远不及第二产业的 55.42%，产业结构优化与高级化还有很大空间。截至 2021 年，经过 10 年的转型发展，第三产业增加值在黄河流域 GDP 中的占比已超过第二产业，达到48.40%，是拉动流域产业经济高质量发展的主力军。特别是在实施乡村振兴战略之后，第三产业的贡献率首次超过第二产业，并常年保持在 50% 左右。可见，黄河流域在转换增长动能、优化产业结构方面成果显著，稳步推进流域绿色低碳高质量发展。

图 2　2012~2021 年黄河流域产业结构

如图 3 所示，2012~2021 年黄河流域人均第三产业增加值明显提升，总体保持积极向上的增长势头。具体来看，从 2012 年的 16286 元增长到 2021年的 35096 元，年均增长率达 7.98%。2012~2015 年，黄河流域人均第三产业增加值基本保持高位增长，2013 年增长率达到 16.49%，是 10 年间的最高点。这一时期人均第三产业增加值突破 20000 元，接近同期全国平均水平。之后一段时期，特别是 2016~2018 年，流域人均第三产业增加值发展势头出现波动，2017 年增长率达到 11.23% 之后，2018 年迅速回落到8.91%，且低于同期全国平均水平。这一时期流域人均第三产业增加值与全国平均水平的差距呈现扩大趋势，推动黄河流域产业结构转型升级、促进第三产业高质量发展刻不容缓。2019~2021 年，流域人均第三产业增加值与全国平均水平增长态势趋于一致，均是在 2020 年滑落到增长低谷，2021 年实现触底反弹，并且两者间的发展差距扩大态势得到有效遏制。这表明，自 2019 年习近平总书记做出推动黄河流域生态保护和高质量发展重大部署以来，流域内产业结构优化的速度进一步加快，质量进一步提高，能够跟上全国经济社会绿色转型的步伐，在疫情冲击下仍然能够拉动地区经济稳步提升，保持良好的发展势头。

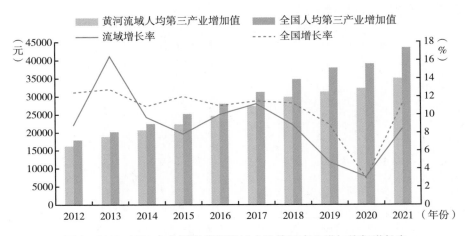

图 3　2012~2021 年全国及黄河流域人均第三产业增加值与增长率

（二）黄河流域上游地区第三产业发展概况

2012~2021 年，黄河流域上游地区第三产业的绿色低碳高质量发展取得一定成果，整体呈现稳中有升态势。但是，上游地区与流域内其他地区的第三产业发展差距日益明显。同时，上游地区内部的沿黄城市同样面临发展不均衡的挑战。

1. 上游地区整体

2012~2021 年，黄河流域上游地区第三产业增加值稳步提升，但在流域整体三产格局中的地位明显下降。如图 4 所示，上游地区第三产业增加值由 2012 年的 4875.22 亿元上升到 2021 年 10259.16 亿元，10 年间增幅达到

110%，取得了长足进步。同时，上游地区的增长态势与全流域基本保持一致，但仍低于后者。特别是随着时间推移，上游地区对于黄河流域整体第三产业的贡献率逐渐下降，从 2012 年的 21.88%下降到 2021 年的不足 20%。这表明黄河流域上游地区对于流域整体的三产拉动力度逐渐减弱，在流域经济版图中的地位日益边缘化，也从侧面反映出上游地区和流域内其他地区的第三产业存在较大的发展差距，且差距逐年扩大，进一步凸显了黄河流域各地区协调发展的紧迫性。

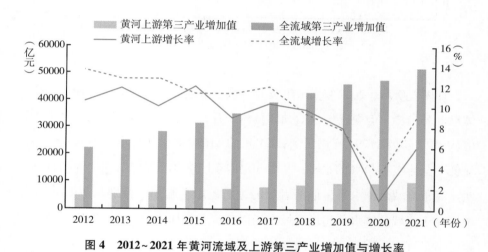

图 4　2012~2021 年黄河流域及上游第三产业增加值与增长率

如图 5 所示，从产业结构来看，第三产业已然成为黄河流域上游地区经济发展的主导力量。具体来看，10 年间上游地区的产业格局变化主要是第三产业逐渐取代第二产业，成为地区产业经济的主体。第三产业增加值从 2012 年占比 42.98%，到 2020 年达到峰值 52.55%，再到 2021 年回落到47.60%。可见，黄河流域上游地区已基本完成"三、二、一"产业结构转型。这与同期的全流域变动趋势相一致，甚至 2021 年之前，第三产业在上游地区的地位比全流域更为突出。可见，当前黄河流域上游地区第三产业发展需要进一步在质量上下功夫，从转变产业结构向推进第三产业绿色低碳高质量发展转型。

图 5　2012~2021 年黄河上游产业结构

如图 6 所示，2012~2021 年黄河流域上游地区的人均第三产业增加值总体呈上升趋势，但缺乏增长后劲。具体来看，上游地区的人均第三产业增加值从 2012 年的 21793 元增长到 2021 年的 41619 元，年均增长率 6.68%，明显低于全流域 7.98% 的水平。尽管 10 年间上游地区人均第三产业增加值均明显高于流域总体水平，但两者间的绝对差距在缩小。特别是 2012 年上游地区高于流域整体水平超过流域人均第三产业增加值的 1/3，2021 年这一差距已不足流域人均第三产业增加值的 20%。

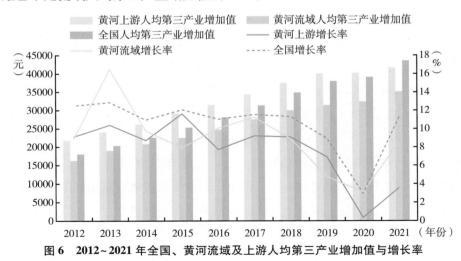

图 6　2012~2021 年全国、黄河流域及上游人均第三产业增加值与增长率

此外，将视野扩大到全国，2021 年之前上游地区的人均第三产业增加值高于同期全国水平，但两者间差距从 2012 年的占全国水平 20.94%缩减至 2020 年的占全国水平 2.79%，2021 年更是被反超。同时，2014 年以后，黄河流域整体和上游地区的增长率均明显低于同期全国水平。这表明黄河流域上游地区"总量少、人均多"的第三产业发展格局逐渐被打破，正面临全面落后的风险，推进绿色低碳高质量发展迫在眉睫。

2. 上游典型市（州）对比

黄河流域上游跨越青海、四川、甘肃、宁夏、内蒙古 5 个省区，涉及 13 个沿黄市（州），彼此间存在显著的发展差异。以海东市、阿坝藏族羌族自治州（以下简称"阿坝州"）、兰州市、银川市和呼和浩特市等 5 个典型市（州）为例，对比分析上游地区存在的第三产业发展不平衡问题。

如图 7 所示，纵向来看，2012~2021 年黄河流域上游地区 5 个典型市（州）的第三产业增加值均明显提升，特别是增加值相对较低的阿坝州和海东市增幅最为明显。10 年间，前者增加值翻了一番，后者增幅也达到 170%，高于上游总体水平。如图 8 所示，从增长率也可以看出，2021 年以前，阿坝州和海东市的第三产业增加值增长率大体保持在高位，基本高于上游总体水平。值得注意的是，两者的第三产业体量较小，2021 年仍然在 250 亿元左右。兰州市第三产业增加值从 2012 年的 774 亿元激增至 2021 年的 2054 亿元，年均增长率达到 10.25%，不仅高于上游总体水平，还高于这一时期黄河流域整体乃至全国水平。此外，银川市、呼和浩特市第三产业增加值增幅分别达到 130%和 109%，并在此期间取得新的突破。前者 2019 年第三产业增加值突破 1000 亿元，后者不仅在 2013 年达到这一水平线，并且在 2021 年接近 2000 亿元，达到 1931 亿元。因此，仅从增长态势来看，5 个典型市（州）是拉动上游地区乃至全流域第三产业高质量发展的积极力量。

横向来看，2012~2021 年黄河流域上游地区 5 个典型市（州）存在显著的发展差距。5 个市（州）具体可分为三个梯队。其中，兰州市和呼和浩特市可归为第一梯队，并且兰州市的第三产业增加值相对最高，2021 年突

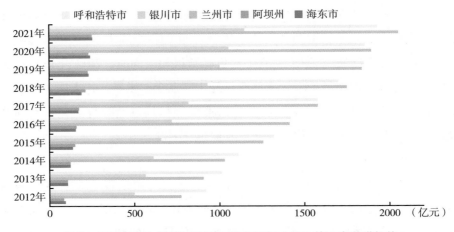

图 7 2012～2021 年黄河流域上游典型市（州）第三产业增加值

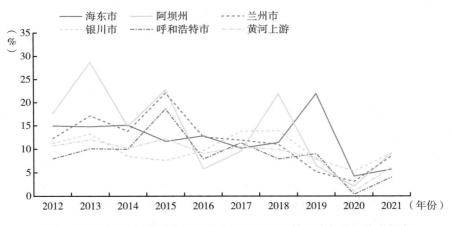

图 8 2012～2021 年黄河流域上游典型市（州）第三产业增加值增长率

破 2000 亿元，也是上游地区唯一突破这一水平的市（州）。银川市可归为
第二梯队，2021 年达到 1150 亿元水平，既明显低于第一梯队的 2000 亿元
水平线，又远远高于第三梯队中阿坝州和海东市的 250 亿元水平。具体来
看，就平均水平而言，第一梯队第三产业增加值是第二梯队的近两倍，是第
三梯队的近 8 倍。但值得注意的是，仅以第三产业增加值来说，各梯队间，
尤其是第一、第二梯队与第三梯队间差距的绝对值是在逐渐缩小的。2012

年，第一梯队与第三梯队之间的绝对差距达到了 9.51：1，第二梯队与第三梯队间差距达到了 5.61：1；2017 年，第一梯队与第三梯队之间的绝对差距缩小至 9.09：1，第二梯队与第三梯队间差距缩小至 4.71：1；2021 年，经过 10 年的协调发展，第一梯队与第三梯队之间的绝对差距降到 8：1 以下，为 7.84：1，第二梯队与第三梯队间差距缩小至 4.52：1。可见，2012～2021 年黄河流域上游地区三个梯队间第三产业发展水平悬殊的态势得到有效改善，高质量发展初见成效。

如图 9 所示，2012～2021 年黄河流域上游地区 5 个典型市（州）第三产业占比总体呈现稳中有升的发展态势。2019 年之前，5 个市（州）第三产业占比均呈现波动上升趋势，其中以海东市和兰州市上升势头最为迅猛。2019 年以后，5 个市（州）第三产业占比均呈现不同程度的回落。就产业格局来看，10 年间，5 个市（州）第三产业占比已逐渐接近或超过 50%，较为突出的兰州市甚至达到 63.4%，第三产业成为拉动经济发展的主要支柱。

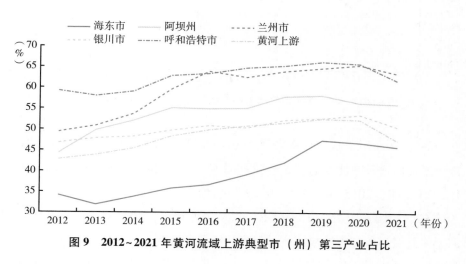

图 9　2012～2021 年黄河流域上游典型市（州）第三产业占比

如图 10 所示，2012～2021 年黄河流域上游地区 5 个典型市（州）的人均第三产业增加值迅猛增长，市（州）间发展差距呈现缩小态势。具体来看，10 年间兰州市、银川市、呼和浩特市乃至黄河流域上游总体人均第三产业增加值均保持对同期全国水平的领先。尤其是呼和浩特市，2021 年人均第三产业增加值是同期全国水平的 1. 27 倍，优势地位明显。同时，从地区发展差距来看，10 年间各市（州）之间的绝对差距扩大趋势得到显著改善。以人均第三产业增加值相对较高和相对较低的两个市（州），即呼和浩特市和海东市为例，2012 年人均第三产业增加值分别为 30494 元和 5604 元，绝对差距为 5. 44 ∶1，明显小于第一、第三梯队间第三产业增加值的差距；2021 年人均第三产业增加值分别为 55254 元和 14769 元，绝对差距为 3. 74 ∶1，区域间发展水平悬殊的态势得到有效改善，协调发展为黄河流域高质量发展注入新的动能。

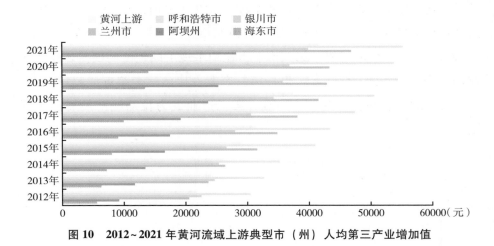

图 10　2012~2021 年黄河流域上游典型市（州）人均第三产业增加值

如图 11 所示，从增长率来看，2012~2021 年 5 个市（州）的人均第三产业增加值增长率波动起伏，已度过高位阶段。其中，阿坝州波动最为剧烈，2013 年、2015 年、2018 年增长率均突破 20%，2016 年、2017 年、2019 年、2020 年又降至 10%以下。这从侧面反映出阿坝州第三产业的剧烈转型，是黄河流域上游地区高质量发展需要关注的焦点和痛点。同时，从上游地区整体来看，10 年间尽管 5 个市（州）增长率起伏不定，但仍大体呈现逐渐下调的趋势，2017 年以后增长率逐渐降至 10%以下并基本维持这一水平。可见，黄河流域上游地区第三产业已告别高速增长阶段，正在向高质量发展稳步转型。

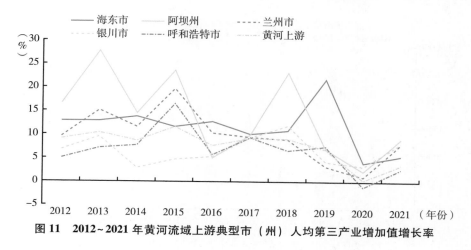

图 11　2012～2021 年黄河流域上游典型市（州）人均第三产业增加值增长率

（三）黄河流域中游地区第三产业发展概况

2012～2021 年，黄河流域中游地区第三产业的绿色低碳高质量发展取得突出成果，在流域产业格局中的地位日益重要。但是，中游地区的沿黄地市面临区域发展不均衡的严峻挑战，地市间第三产业发展的绝对差距日益扩大，已成为阻碍黄河流域高质量发展的突出痛点。

1. 中游地区整体

如图 12 所示，2012～2021 年黄河流域中游地区第三产业增加值增长快中趋稳，在流域整体三产格局中的地位日益提升。具体来看，10 年间中游地区第三产业增加值由 2012 年的 5668.82 亿元上升到 2021 年 17882.93 亿元，增幅超过 210%，取得丰硕成果。同时，2020 年以前，中游地区第三产业增加值增长率常年高于流域整体水平，尤其是 2015～2018 年，增长率基本保持在 15% 左右。2020 年以后，中游地区第三产业增加值增长率保持在略低于流域整体的水平。从增长态势来看，中游地区与全流域大体保持一致，但波动程度相对更剧烈，2018 年以后增长率回落趋势明显。此外，随着时间推移，中游地区第三产业对于黄河流域第三产业的贡献率逐渐上升，从 2012 年的 28.96% 上升到 2021 年的 34.21%。这表明黄河流域中游地区对于流域整体的三产拉动力度日益加大，逐渐走向流域产业经济舞台的中心，助力黄河流域高质量发展。

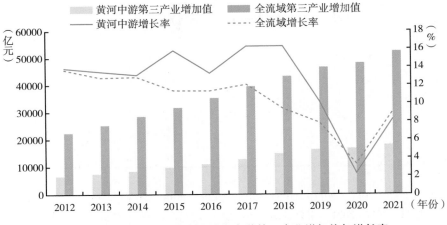

图 12 2012～2021 年黄河流域及中游第三产业增加值与增长率

如图 13 所示，从产业结构来看，第三产业逐渐成为黄河流域中游地区经济发展的核心力量。具体来看，10 年间中游地区的产业格局从二产独大向二、三并列转变。尽管第三产业尚未完成对第二产业的全面超越，但也日益成为地区产业经济发展的重要引擎。中游地区第三产业占比从 2012 年的31.50%提升到 2021 年的 46.11%，实现了从重要力量向关键力量的转变。可见，黄河流域中游地区产业结构转型已取得突破性进展，以服务业和社会事业为代表的第三产业正在发挥地区经济领头羊的作用。这与同期的全流域变动态势一致，但相对滞后于全流域的产业结构优化进度。可见，当前黄河流域中游地区需要进一步加快产业结构优化，充分发挥第三产业在拉动地区绿色低碳高质量发展中的积极作用。

如图 14 所示，2012～2021 年黄河流域中游地区的人均第三产业增加值基本保持高位增长，增长势头迅猛。具体来看，中游地区的人均第三产业增加值从 2012 年的 13275 元增长到 2021 年的 36817 元，整体增幅达 177%，明显高于黄河流域水平。特别是与流域整体水平的差距在逐步缩小，并在2019 年首次实现反超。2012 年中游地区人均第三产业增加值只达到流域整体水平的 80%，2021 年则超出后者将近 5%。此外，与全国水平对比，2012年中游地区的人均第三产业增加值是同期全国水平的 73%，2021 年上升到

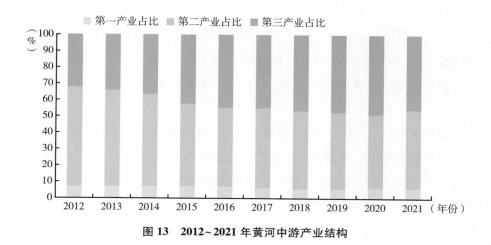

图13 2012~2021年黄河中游产业结构

84%。可见，黄河流域中游地区的人均第三产业增加值与全国平均水平的差距在逐渐缩小，从追求"量的积累"向注重"质的提升"转变。此外，2012~2021年，中游地区人均第三产业增加值增长率基本维持对同期全流域乃至全国水平的领先。这表明黄河流域中游地区第三产业发展态势持续向好，有效助力全流域绿色低碳高质量发展。

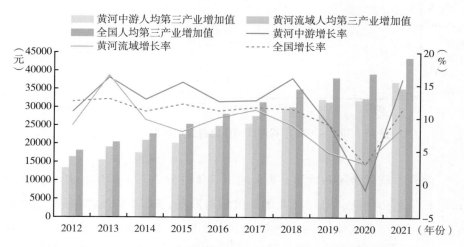

图14 2012~2021年全国、黄河流域及中游人均第三产业增加值与增长率

2. 中游典型地市对比

黄河流域中游地区涉及陕西、山西、河南 3 省，产业结构多以第二产业为主体，第三产业还有很大提升空间。以忻州市、吕梁市、延安市、郑州市、洛阳市等 5 个典型地市为例，对比分析中游地区存在的第三产业发展水平差异。

如图 15 所示，2012~2021 年黄河流域中游地区 5 个典型地市的第三产业增加值稳步提升，从高速增长阶段过渡至平稳增长阶段。其中，郑州市增幅最大，达到 228%；洛阳市次之，增幅超过 180%；之后是延安市和吕梁市，增幅分别为 154% 和 100%；最后是忻州市，增幅为 85.5%。同时，中游地区 5 个典型地市第三产业增加值增长曲线逐渐趋同。后发地区如忻州市，第三产业增加值增长率逐渐接近中游地区整体水平，在 2017 年首次实现反超，成为同期增长率最高地市（见图 16）。

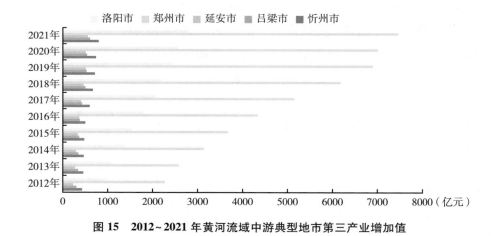

图 15　2012~2021 年黄河流域中游典型地市第三产业增加值

此外，就发展差距而言，5 个地市具体可分为三个梯队。其中，郑州市可归为第一梯队，第三产业增加值相对最高，2020 年就已突破 7000 亿元，也是中游地区唯一一个突破这一水平的地市。洛阳市可归为第二梯队，2017 年突破 2000 亿元，远远高于第三梯队的忻州市、吕梁市、延安市。具体来看，就平均水平而言，第一梯队第三产业增加值是第二梯队

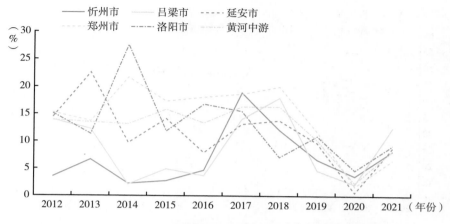

图 16 2012~2021 年黄河流域中游典型地市第三产业增加值增长率

的 2.5 倍，是第三梯队的近 10 倍，第二、第三梯队间的绝对差距也接近 4:1。并且，三个梯队间的绝对差距呈现逐渐扩大态势。2012 年，第一梯队与第三梯队之间的绝对差距达到了 7:1，第二梯队与第三梯队间达到了 3:1；2021 年，第一梯队与第三梯队之间的绝对差距扩大至 11:1，第二梯队与第三梯队间扩大至 4:1。可见，2012~2021 年黄河流域中游地区三个梯队的地市间第三产业发展水平日益悬殊，协调发展态势严峻，黄河流域高质量发展面临区域发展不协调的挑战。

如图 17 所示，2012~2021 年黄河流域中游地区 5 个典型地市第三产业占比总体呈现两极分化态势。以黄河流域中游地区总体水平为基准，郑州市第三产业占比远高于这一水平线，2017 年以后常年保持在 55% 以上，已形成"三、二、一"的产业发展格局，第三产业成为地区经济发展的主要动力。同时，忻州市和洛阳市第三产业占比大体一致，大体上从明显领先变为略高于中游地区总体水平，甚至忻州市于 2020 年开始低于中游地区总体水平。此外，吕梁市和延安市第三产业占比相对较低，尤其是延安市，第三产业占比常年不到 1/3，2021 年回落至 28.22%。可见，就产业格局而言，10年间，5 个城市第三产业占比日益分化，区域不协调问题日益严峻，不利于黄河流域的高质量发展。

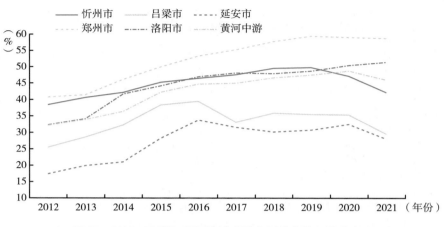

图17　2012～2021年黄河流域中游典型地市第三产业占比

如图18所示，2012～2021年黄河流域中游地区5个典型地市的人均第三产业增加值稳中有升，地市间发展差距呈现扩大态势。具体来看，10年间只有郑州市人均第三产业增加值保持对同期全国水平的领先，2021年是同期全国水平的1.34倍。同时，从地区发展差距来看，10年间各地市之间的绝对差距进一步扩大。以人均第三产业增加值相对较高和相对较低的两个城市，即郑州市和吕梁市为例，2012年分别为23992元和8411元，绝对差距为2.85∶1；2021年分别为58625元和18228元，绝对差距扩大为3.21∶1。可

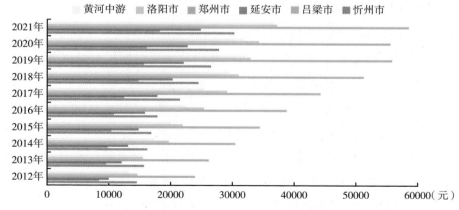

图18　2012～2021年黄河流域中游典型地市人均第三产业增加值

见，区域间发展差距过大已成为黄河流域中游地区第三产业高质量发展面临的突出问题。

如图19所示，从增长率来看，2012~2021年5个地市的人均第三产业增加值增长率剧烈波动，整体呈现下降趋势。2017年以后，5个地市人均第三产业增加值增速均出现不同程度的下跌，整体变化趋势大体一致。这表明黄河流域中游地区第三产业正从追求高速增长转向追求高质量增长，转型稳步推进。

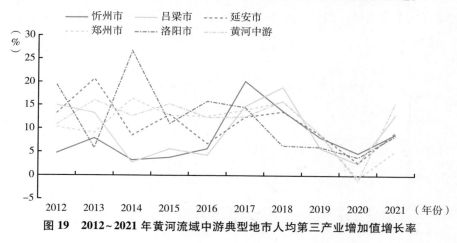

图19　2012~2021年黄河流域中游典型地市人均第三产业增加值增长率

（四）黄河流域下游地区第三产业发展概况

黄河流域下游地区第三产业是全流域第三产业的主体，日益成为推动黄河流域第三产业高质量发展的主力军。2012~2021年，黄河流域下游地区第三产业发展稳中有升，但发展势头不及流域整体及同期全国水平。同时，地市间发展脱节、差距扩大趋势不容忽视，尤其是第二梯队的沿黄地市存在明显的增长乏力问题。

1.下游地区整体

如图20所示，2012~2021年黄河流域下游地区第三产业增加值从高速增长转向平稳增长，在流域整体三产格局中的地位略有下降。具体来看，10年间下游地区第三产业增加值由2012年的10949.72亿元上升到2021年

24135.53 亿元，十年间增幅超 120%，不及同期黄河流域和全国增幅。同时，就增长率而言，2013 年以后，下游地区的第三产业增加值增长率就常年低于全流域同期水平，并呈现典型的怠速增长状态，只在 2020 年再次开始略高于同期全流域增长率。此外，下游地区在黄河流域整体的第三产业格局中占比有所下降，从 2012 年的 49.15%下跌到 2021 年的 46.17%，下游地区的主体地位有所下降。这表明，尽管黄河流域下游地区仍然是流域第三产业发展的主要引擎，但拉动效果有所削弱，流域其他地区的推动作用日益突出。

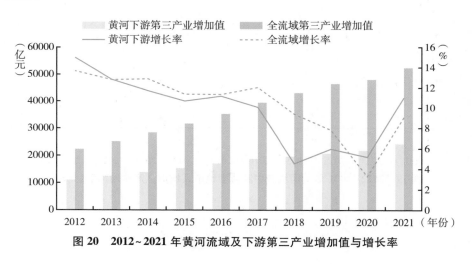

图 20　2012~2021 年黄河流域及下游第三产业增加值与增长率

如图 21 所示，从产业结构来看，经过 10 年的转型优化，黄河流域下游地区第三产业已成为主导产业。具体来看，10 年间下游地区的产业格局从二产占据主体向三产成为主导转变，即从"二、三、一"向"三、二、一"转型。第三产业占比从 2012 年的 37.55%，跃升到 2021 年的 50.62%。可见，从第三产业占比来看，黄河流域下游地区已基本完成产业结构转型，与同期的全流域变动趋势一致。这表明黄河流域下游地区需要在提升第三产业发展质量上下功夫，扎实推进流域绿色低碳高质量发展。

如图 22 所示，2012~2021 年黄河流域下游地区的人均第三产业增加值逐渐步入平稳增长阶段，增长后劲略显不足。具体来看，下游地区的人均第

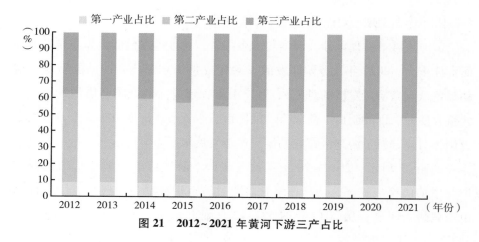

图 21　2012~2021 年黄河下游三产占比

三产业增加值从 2012 年的 16752 元增长到 2021 年的 33473 元，整体增幅接近 100%，明显低于黄河流域乃至全国水平。特别是相较于流域整体水平，下游地区人均第三产业增加值从 2012 年的略微领先，到 2017 年被反超，再到 2021 年达到全流域水平的 95%，下游地区与流域整体水平的差距呈现扩大态势。同时，与全国水平对比，2012 年下游地区的人均第三产业增加值是同期全国水平的 93%，2021 年下降到 77%。可见，从人均水平来看，黄河流域下游地区的第三产业发展相对滞后，需要更加重视高质量发展。

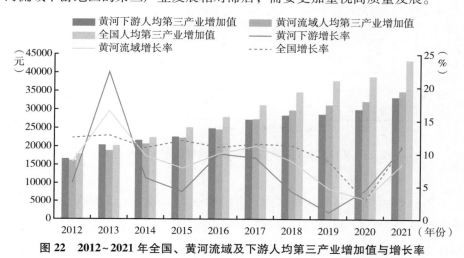

图 22　2012~2021 年全国、黄河流域及下游人均第三产业增加值与增长率

2. 下游典型地市对比

黄河流域下游地区涉及河南与山东两省，在推进绿色低碳高质量发展方面责任重大。2022 年国务院印发的《关于支持山东深化新旧动能转换　推动绿色低碳高质量发展的意见》，赋予山东省建设绿色低碳高质量发展先行区重大使命。以濮阳市、菏泽市、淄博市、东营市、济南市等 5 个典型城市为例，对比分析下游地区存在的第三产业发展水平差异。

如图 23 所示，2012~2021 年黄河流域下游地区 5 个典型地市的第三产业增加值稳步提升，从高速增长阶段过渡至平稳增长阶段。其中，菏泽市增幅最为明显，从 2012 年的 572.13 亿元上升到 1932.49 亿元，增幅达237.8%；淄博市增幅相对最小，从 2012 年的 1334.75 亿元提升到 2021年的 1946.98 亿元，增幅仅为 45.9%；濮阳市和济南市是第三产业增加值相对最低和相对最高的 2 个地市，两者增幅基本持平，均在 140% 左右；东营市第三产业增加值和增幅均相对较低，2021 年增加值达到 1271.41亿元，仅高于濮阳市，增幅为 124%。

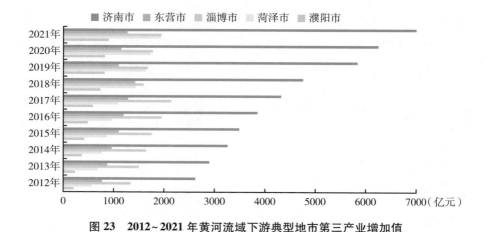

图 23　2012~2021 年黄河流域下游典型地市第三产业增加值

如图 24 所示，从增长率来看，下游地区 5 个典型地市的第三产业增长水平整体趋稳，但分化明显。其中，5 个地市第三产业增长变动与下游地区整体水平大体一致，都经历了平稳下降又稳步提升的过程，但菏泽市与淄博市变动较为突出。2012~2021 年菏泽市增长率一直高于下游地区整体，增长迅猛，并且在 2019 年达到峰值。2017~2019 年淄博市增长率波动剧烈，2018 年降至负值。

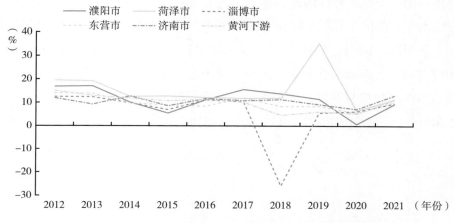

图 24　2012~2021 年黄河流域下游典型地市第三产业增加值增长率

此外，就发展差距而言，5 个地市具体可分为三个梯队。其中，济南市可归为第一梯队，2021 年第三产业增加值接近 7000 亿元，也是下游地区唯一达到这一水平的地市。淄博市、菏泽市、东营市可归为第二梯队，2021 年第三产业增加值在 1000 亿~2000 亿元，远远高于第三梯队濮阳市的发展水平。其中，菏泽市发展最为突出，10 年间从第三梯队跃升到第二梯队。

具体来看，就平均水平而言，第一梯队第三产业增加值是第二梯队的 3.7 倍，是第三梯队的 7.5 倍，第二、第三梯队间的绝对差距也接近 2.05 : 1。同时，三个梯队间的发展差距逐渐分化。10 年间，第一梯队与第三梯队之间的绝对差距有所波动，但基本维持在 7.5 : 1 以下，差距扩大的趋势得到有效遏制；第一梯队与第二梯队间的差距从 2012 年的 3.54 : 1 扩大到 2021 年的 4.11 : 1；第二梯队与第三梯队间的差距从 2012 年的 2.22 : 1 缩减至 2021 年的 1.91 : 1。可见，黄河流域中游地区第二梯队整体第三产业增长明显乏力，不仅被第一梯队远远落下，还面临第三梯队的逐渐迫近。因此，黄河流域下游地区的第三产业发展要在区域协调上下功夫，尤其是深度挖掘第二梯队沿黄地市的增长潜力，转换发展动能。

如图 25 所示，2012~2021 年黄河流域下游地区 5 个典型地市第三产业总体呈现"一枝独秀"的发展态势。济南市第三产业占比远高于下游地区总体水平，2018 年以后保持在 60%以上，第三产业成为拉动济南经济发展的主要引擎。同时，淄博市与下游总体第三产业占比变化大体一致，但 2017 年以后逐渐被拉开差距。此外，濮阳市与菏泽市第三产业占比提升迅猛，2017 年以后与下游总体水平趋于一致。最后，东营市第三产业占比常年相对较低，2021 年仍不足 40%，产业结构优化任重道远。

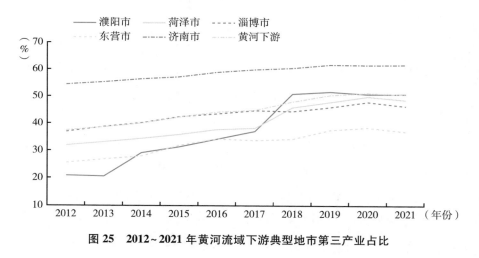

图 25　2012~2021 年黄河流域下游典型地市第三产业占比

如图 26 所示，2012~2021 年黄河流域下游地区 5 个典型地市的人均第三产业增加值增长迅猛，地市间发展差距有效缩小。具体来看，10 年间济南市和东营市人均第三产业增加值保持对同期全国水平的领先，但这种领先幅度逐渐缩小，分别从 2012 年的 2.33 倍和 1.52 倍，缩小到 2021 年的 1.74 和 1.33 倍。同时，从地区发展差距来看，10 年间各地市之间的绝对差距明显缩小。以人均第三产业增加值相对较高和相对较低的 2 个地市，即济南市和菏泽市为例，2012 年分别为 42052 元和 6861 元，绝对差距为 6.13：1；2021 年分别为 75614 元和 22131 元，绝对差距缩小为 3.42：1。

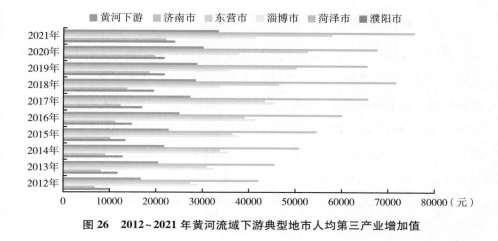

图 26　2012~2021 年黄河流域下游典型地市人均第三产业增加值

　　如图 27 所示，从增长率来看，2012~2021 年 5 个地市的人均第三产业增加值增长率起伏不定。其中，菏泽市与淄博市的增长率变化呈现相反态势，前者增长率在 2019 年大幅上扬，后者增长率在 2018 年出现明显的下降（转负）。此外，2020 年以后 5 个地市增长率与黄河流域下游地区整体增长率趋于重合。这表明黄河流域下游地区第三产业基本处于恢复性增长阶段。

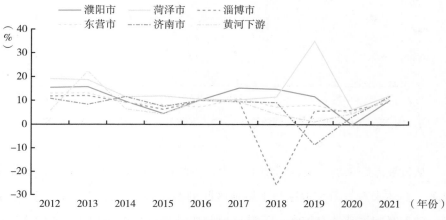

图 27　2012~2021 年黄河流域下游典型地市人均第三产业增加值增长率

（五）黄河流域上、中、下游第三产业发展水平日益分化

如图 28 所示，2012~2021 年黄河流域上、中、下游第三产业增加值呈三级阶梯分布，上、中、下游之间发展差距明显。从总量来看，2021 年上游地区刚突破 10000 亿元，中游地区接近 20000 亿元，下游地区超过 24000 亿元。从增幅来看，10 年间中游地区增长最为明显，整体增幅达到 215.46%；上游地区增幅相对最小，只达到 110%；下游地区增幅相对较小，只高于上游地区，达到 120%，低于全流域 134.66% 的增长水平。从增长率来看，中游地区相对最高，2020 年之前基本保持高于上游、下游及流域整体水平；2020 年触底反弹后，下游地区恢复相对最迅速，增长势头最迅猛，2021 年增长率达到 11%，高于同期流域内其他地区及整体水平。

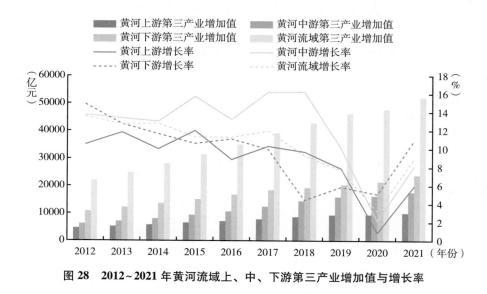

图 28　2012~2021 年黄河流域上、中、下游第三产业增加值与增长率

从发展差距来看，黄河流域上、中、下游第三产业发展的绝对差距分异显著。具体来看，下游地区与上游地区间的绝对差距大体保持在 2.3∶1 水平，随着时间推移略有扩大；下游地区与中游地区间的绝对差距趋于缩小，从 2012 年的 1.69∶1，缩小至 2021 年的 1.34∶1；中游地区与上游地区间

的绝对差距趋于扩大，从 2012 年的 1.32∶1，扩大至 2021 年的 1.74∶1。可见，2012~2021 年黄河流域中游地区第三产业发展势头最为强劲有力，是黄河流域第三产业高质量发展的重要引擎。这一时期流域第三产业发展整体格局是"上下趋稳、中游提速"。

如图 29 所示，2012~2021 年黄河流域上、中、下游第三产业占比总体呈现平稳上升、短促下降的发展态势。具体来看，上游地区第三产业占比明显领先，大多数年份高于流域内其他地区及总体水平，2016 年突破 50% 后继续提升，2021 年骤降至 50% 以下，回落至 47.6%。中游地区第三产业占比增长最为迅猛，从 2012 的 32.37% 大幅上升至 2020 年的 48.88%，2021 年下降至 46.11%。下游地区与流域整体的发展轨迹基本重合，2019 年实现反超，占比保持在 50% 以上。可见，上、下游地区已基本形成"三、二、一"的产业发展格局，第三产业是黄河流域经济发展的核心动力。同时，中游地区第三产业发展良好，产业结构优化成效显著，高质量发展转型稳步推进。

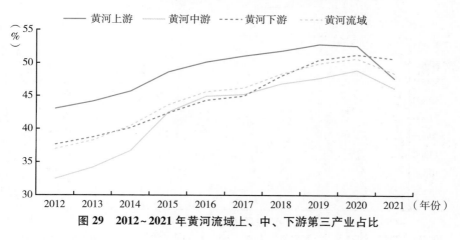

图 29　2012~2021 年黄河流域上、中、下游第三产业占比

如图 30 所示，2012~2021 年黄河流域上、中、下游地区人均第三产业增加值稳步提升，区域间发展差异凸显。具体来看，上游地区人均第三产业增加值相对最高，与同期全国水平大体保持在同一梯队，2021 年达到 41619元，也是黄河流域唯一突破 40000 元的地区。中游、下游和流域整体人均第三产业增加值相对较低，2021 年仍在 35000 元左右徘徊。从增幅来看，10

年间中游地区增长幅度最大，达到177%，远高于流域整体和全国水平。上游、下游地区增幅不足100%，增长动力相对较弱。从增长率来看，上、中、下游地区的变动态势大体一致，波动剧烈。其中，只有中游地区增长率基本保持在高于全国水平的状态，其他地区增长率相对较低且呈现放缓趋势。

此外，就发展差距而言，上游和下游地区人均第三产业增加值相较于流域整体的领先优势在不断削弱，尤其是下游地区，从2012年的略高于流域整体，到2017年被反超，再到2021年仅占后者的95%。可见，下游地区的第三产业发展在整个黄河流域内处于平稳增长阶段，增速相对较低。同时，中游地区人均第三产业增加值与流域整体的发展差距在持续缩小乃至反超，从2012年占后者的81.5%，到2021年实现反超。中游地区的第三产业增长轨迹在整个流域内最为突出，是拉动流域第三产业高质量发展的积极力量。

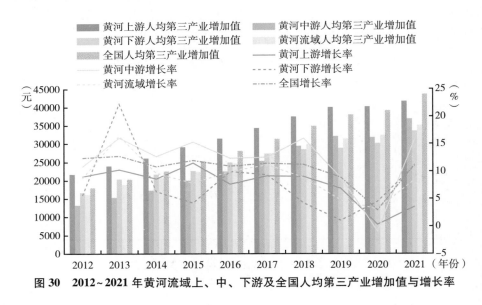

图30 2012～2021年黄河流域上、中、下游及全国人均第三产业增加值与增长率

二 黄河流域绿色城市建设深入推进，
人居环境质量显著改善

2012～2021年黄河流域人居环境的显著改善，进一步凸显了第三产业绿

色低碳高质量发展的巨大成就。10 年间，沿黄地市在空气质量、绿地环境、污染防治等方面硕果累累，进步较快。同时，黄河流域区域间的发展差距仍然较大，并且相对滞后于全国水平。区域协调、共同发力是深入推进黄河流域绿色城市建设高质量发展的重中之重。

（一）流域空气质量不断改善，中、下游仍是大气污染防治重点

如图 31 所示，2012~2021 年黄河流域空气质量不断改善，但仍低于全国平均水平。纵向来看，黄河流域空气质量优良天数从 2012 年的 200 天左右、优良率仅为 56% 上升到 2021 年的 260 天以上、优良率超过 73%。10 年间增加近 60 天，增幅在 30% 以上，优良天数平均值达到 230 天。可见，黄河流域空气质量整体上是不断改善的。同时，从变动态势来看，黄河流域空气质量优良率呈现波动上升态势。2012~2013 年稍有下降，2013~2018 呈现平稳上升趋势，并基本稳定在 60% 左右；2018~2020 年增长势头强劲，突破 70% 的水平线，2020 年达到 73.65%；2020~2021 年进入平台期，优良率维持在 70% 以上。

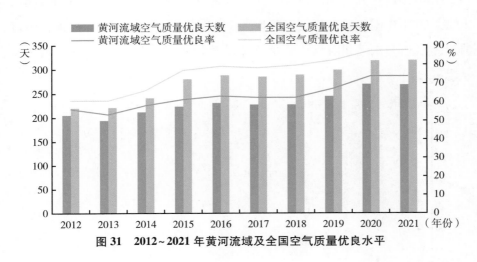

图 31　2012~2021 年黄河流域及全国空气质量优良水平

横向来看，2012~2021 年黄河流域空气质量优良水平常年低于全国平均水平，但两者间的差距扩大趋势得到初步遏制。2012~2018 年，黄河流域与

全国空气质量优良天数的差距从 15 天扩大到 62 天，分化趋势日益明显。2019～2021 年，天数差距总体缩小，依次是 55 天、48 天、51 天。可见，从空气质量来看，黄河流域与全国水平的差距仍然不容忽视，但发展态势稳中向好。

如图 32、图 33 所示，2012～2021 年黄河流域上游空气质量明显优于中、下游地区，下游地区空气质量改善成效明显。具体来看，2012～2021 年黄河流域上游地区与全国空气质量优良水平趋于一致，2021 年空气质量优良天数比例均达到 85% 以上，远远高于中、下游及流域整体水平。以流域整体水平为基准，2019 年之前黄河流域上游地区与流域整体的空气质量优良天数差距逐渐扩大，从 2012 年的 27 天扩大到 2019 年的 73 天，而与下游地区的差距更是达到 127 天，两极分化的态势显著。2019 年以后，上、中、下游及流域整体的变动态势趋于一致，均呈现波动上升趋势。这一时期，流域内区域间的空气质量优良天数差距得到明显改善，2021 年上游与流域整体的差距缩小到 42 天，上下游之间的差距缩小到 74 天。其中，空气质量相对最差的下游地区改善幅度最大，增速显著，2012～2021 年空气质量优良天数增加 75 天，增幅超过 47%。此外，中游地区空气质量水平相对居中，接近流域整体水平，2021 年空气质量优良天数超 250 天。

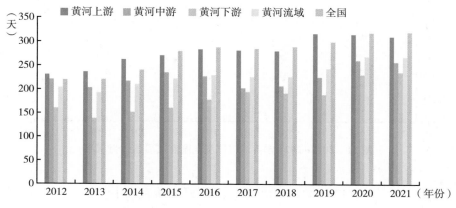

图 32　2012～2021 年黄河流域上、中、下游及全国空气质量优良天数

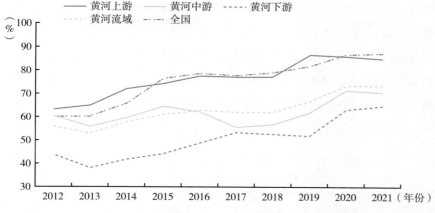

图 33　2012～2021 年黄河流域上、中、下游及全国空气质量优良天数比例

　　总的来看，2012～2021 年黄河流域空气质量低值区主要分布在中、下游地区，与上游及全国平均水平的差距仍然较大。因此，黄河流域的"蓝天保卫战"要以中、下游地区为主战场，尤其是重点"啃掉"下游地区这块"硬骨头"，推动区域协同联动，共同促进黄河流域第三产业的绿色低碳高质量发展。

　　如图 34 所示，2012～2021 年黄河流域空气污染程度持续改善，但仍劣于全国平均水平。纵向来看，黄河流域细颗粒物（$PM_{2.5}$）年平均浓度从 2012 年的 67.9 微克/米^3 下降到 2021 年的 36.9 微克/米^3，10 年间减少了 45.7%，逐渐接近国家二级标准（35 微克/米^3）。可见，黄河流域大气污染防治成效显著。同时，从变动态势来看，黄河流域 $PM_{2.5}$ 年平均浓度降幅呈现波动扩大态势。2012～2016 年 $PM_{2.5}$ 年平均浓度降幅为 2%～4%，波动相对较小；2016～2017 年猛烈下挫，降幅超过 10%；2017 年以后，变动曲线呈现明显的倒"U"形，特别是 2020～2021 年降幅剧烈扩大，接近 15%。可见，黄河流域大气污染治理力度逐渐加大，综合防治水平不断提升。

　　横向来看，2014 年以后，黄河流域 $PM_{2.5}$ 年平均浓度常年高于全国平均水平，改善幅度普遍不及全国同期水平。2012～2021 年，相较于全国 $PM_{2.5}$ 年平均浓度 60% 的整体跌幅，黄河流域 45% 的改善幅度明显相对较弱。其中，2012～2013 年黄河流域 $PM_{2.5}$ 年平均浓度略低于全国平均水平，降幅基本持平；2014～2016 年，黄河流域 PM$_{2.5}$ 年平均浓度高于全国同期水平，降幅波动不定，基本处于 3.5% 左右，而同期全国降幅断崖式下探到 23.51%后又迅速恢复到 6.8%；2016 年以后，黄河流域 PM$_{2.5}$ 年平均浓度与全国水平的差距渐趋缩小，但降幅仍然不及后者。可见，尽管 2012～2021 年黄河流域空气环境质量改善取得显著成效，但仍然滞后于全国水平，需要进一步在大气污染防治方面下大功夫。

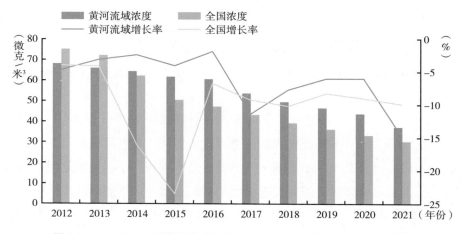

图 34　2012～2021 年黄河流域及全国细颗粒物年平均浓度和变化情况

如图 35 所示，2012～2021 年黄河流域上游 PM$_{2.5}$ 年平均浓度常年保持相对最低水平，远低于中、下游地区及全流域水平，与全国平均水平逐渐趋同。具体来看，2012 年黄河流域上游地区 PM$_{2.5}$ 年平均浓度为 43.7 微克/米^3，约是下游地区的 1/2、全流域水平的 2/3、全国水平的 58%；2021 年，上游地区 PM$_{2.5}$ 年平均浓度下降到 26.7 微克/米^3，是同期下游地区的 60%、全流域水平的 72%、全国水平的 88%，并且优于国家二级标准。相对而言，黄河流域下游地区 PM$_{2.5}$ 年平均浓度常年保持在较高水平，与全流域乃至全国水平差距明显。2021 年下游地区 PM$_{2.5}$ 年平均浓度 44.4 微克/米^3，仍高于上游地区 2012 年的水平，超出国家二级标准 27%。可见，下游地区是黄河流域空气污染的重灾区，也是治理的"硬骨头"。

此外，从整体发展趋势来看，2012~2021 年黄河流域上、中、下游及整体的 $PM_{2.5}$ 年平均浓度总体呈现下降趋势，空气污染程度持续改善，区域间空气质量差距渐趋缩小。这表明黄河流域大气污染防治成果显著，区域间减污协同增效稳步推进，生态环保事业成绩突出，第三产业绿色发展步入正轨。

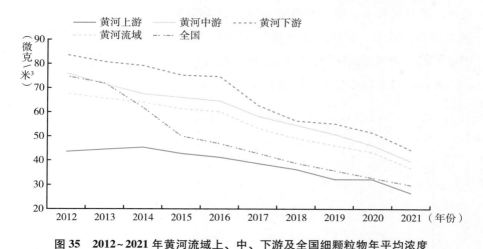

图 35　2012~2021 年黄河流域上、中、下游及全国细颗粒物年平均浓度

（二）城市建设绿色水平稳步提升，区域间绿化环保差距趋于缩小

如图 36 所示，2012~2021 年黄河流域城市绿化覆盖率稳中有升，总体呈现平稳上升态势。从增长情况来看，黄河流域整体的城市绿化覆盖率从 2012 年的 36.02% 上升到 2021 年的 39.55%，涨幅接近 10%，高于同期全国涨幅。其中，黄河中游地区涨幅相对最大，达到 22.62%，并且与流域整体的变动态势趋于一致；黄河下游涨幅相对最小，仅为 1.47%，且 2014~2020年总体呈现下降态势，与其他地区乃至全国的发展趋势相反，滑落到全国平均水平以下，2020 年以后才恢复增长势头。黄河上游总体呈现 "先下降后上升" 的变化趋势，特别是 2015 年降到低谷后大幅上扬，2015~2017 年涨幅达15.3%，2017 年超出流域整体水平并保持领先优势。从发展态势来看，黄河流域上、中、下游城市绿化覆盖率呈现趋同演化趋势，区域间各市（州）差距

有效缩小。2012 年，黄河流域上、中、下游城市绿化覆盖率分别为 36.80%、
31.20%、40.06%，阶梯式分布态势明显，区域间差距为 1.18∶1∶1.28。中
游地区城市绿化覆盖率大幅落后，是黄河流域城市绿色建设的"洼地"。2021
年，经过 10 年的建设推进，特别是在中游地区城市绿化覆盖率大幅提升的促
进下，黄河流域上、中、下游城市绿化覆盖率趋于协调，分别为 39.73%、
38.26%、40.65%，区域间差距缩减至 1.04∶1∶1.06。可见，从城市绿化覆
盖率来看，黄河流域区域间发展趋于协调，城市绿色建设水平稳步提升，第
三产业绿色低碳高质量发展成果显著。

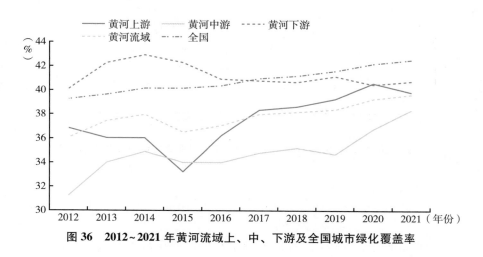

图 36　2012～2021 年黄河流域上、中、下游及全国城市绿化覆盖率

如图 37 所示，2012～2021 年黄河流域人均绿地面积呈现稳中有升的态势，
但区域间差距明显。纵向来看，10 年间黄河流域人均绿地面积从 10.62 平方
米增长到 17.89 平方米，涨幅接近 70%，城市生态环境质量显著改善，美丽宜
居水平不断提高。其中，上游地区人均绿地面积波动最剧烈，涨幅相对最小，
2012～2017 年快速提升后进入振荡阶段，起伏不定，大体保持增长态势，10
年间增幅达到 63.95%；中游地区人均绿地面积增长幅度最大，达到 78.83%，
2012～2019 年平稳增长，2019～2021 年增速加快；下游地区与流域整体变动趋势
基本一致，增幅达到 65%，2020 年人均绿地面积达到 15 平方米。可见，从增长
态势来看，黄河流域上、中、下游大体保持在同一增长水平，增长差距不明显。

　　横向来看，黄河流域上、中、下游间的城市人均绿地面积存在显著差距，但扩大趋势得到初步遏制。具体来看，上、中、下游城市人均绿地面积呈现典型的三级梯队分布。其中，上游地区是第一梯队，下游地区是第二梯队，中游地区是第三梯队。第一梯队城市人均绿地面积远远高于第二、第三梯队，甚至高于两者之和。同时，上游地区还大幅领先于流域整体水平。2021年，黄河上游城市人均绿地面积达到34.44平方米，是同期全国水平的2.32倍。中游地区所代表的第三梯队城市人均绿地面积不仅远低于流域其他地区，甚至低于同期全国水平，2021年仅达到后者的75%。此外，就区域间差距而言，2012年，上、中、下游的绝对差距达到了3.36∶1∶1.66；2021年，上、中、下游的绝对差距控制在3.08∶1∶1.53。可见，黄河流域上、中、下游间的城市人均绿地面积仍然悬殊，中游地区是城市绿色建设水平的低值区。这与前文分析结果一致，中游地区的城市生态环境质量和人民生活环境质量相对较低，是黄河流域第三产业绿色低碳高质量发展的主要攻坚区。

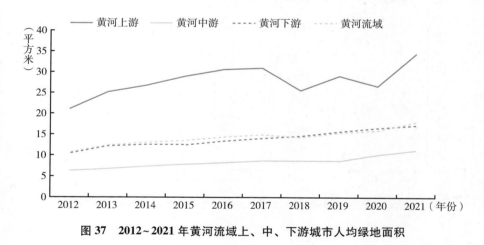

图37　2012~2021年黄河流域上、中、下游城市人均绿地面积

（三）污染治理水平提高，绿色发展稳步推进

　　如图38所示，2012~2021年黄河流域城市污水处理率稳步提高，区域间差距逐渐缩小。从流域整体来看，黄河流域城市污水处理率从2012年的

89.47%上升到2021年的98.24%，增幅达到9.8%，污染治理水平迈上新台阶。从流域内部来看，上、中、下游的城市污水治理水平依次递增，区域间差距显著缩小。2012年，上、中游城市污水处理率均在90%以下，只有下游达到90%以上；2021年，上、中、下游的城市污水处理率依次达到97.21%、98.27%、99.26%，均接近100%。其中，上、中游提升幅度相对较大，达到10%，但仍有一定的提升空间。

此外，相较于全国平均水平，黄河流域城市污水处理率较低。2021年流域整体的城市污水处理率低于全国99%的平均水平，上游与这一水平更是差距明显，只有下游地区实现超越。这与流域内各地区第三产业总体发展水平状况一致，黄河流域下游尤其是山东段第三产业增加值明显高于流域内其他地区，是黄河流域的经济发达地带，在污水治理和环境保护方面的投入力度相对更大。

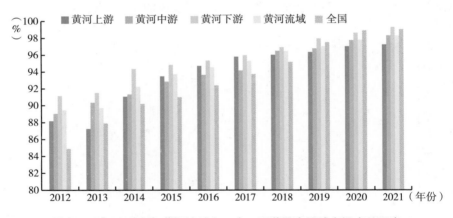

图38　2012~2021年黄河流域上、中、下游及全国城市污水处理率

如图39所示，2012~2021年黄河流域城市生活垃圾无害化处理率提升较快，达成100%目标胜利在望。从流域整体来看，黄河流域城市生活垃圾无害化处理率从2012年的88.19%上升到2021年的99.29%，增幅达到12.59%，城市绿色发展进入新局面。从流域内部来看，上、中、下游的城市生活垃圾无害化处理率逐渐接近，大体处于同一水平。其中，黄河流域上游地区从 85.55% 增长到 98.88%，增幅相对最大，达到 15.58%；中游地区增幅仅次于上游地区，达到 12.83%，城市生活垃圾无害化处理率逐渐接近 100% 的目标；下游地区增幅相对最低，仅为 9.55%，但发展基础相对更好，2012 年城市生活垃圾无害化处理率就达到 91.28%，2020年更是实现 100% 的建设目标。可见，黄河流域下游地区城市建设绿色发展成果突出，是黄河流域第三产业绿色低碳高质量发展的缩影。

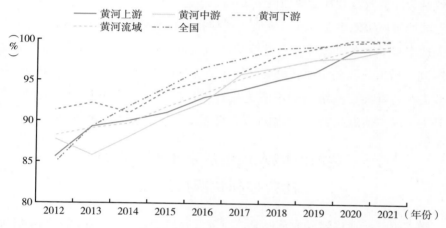

图 39　2012~2021 年黄河流域上、中、下游及全国城市生活垃圾无害化处理率

（四）第三产业为流域生态保护注入新动能：淄博湿地生态修复案例①

　　随着黄河流域生态保护和高质量发展成为国家重大战略，如何处理好保护与开发的关系成为沿黄城市绿色发展的关键。山东省淄博市以第三产业为依托，促动湿地生态环境修复，打通生态产品价值实现路径。具体来看，淄博市高青县对于天鹅湖慢城湿地的修复和保护，跳出了传统模式的单一治理思路，遵循"保护与开发并重"的理念，依托黄河优质的水利资源、丰富

---

① 《山东践行黄河战略典型案例之十六：淄博高青天鹅湖慢城湿地生态修复及价值实现》，中国发展网，2023 年 7 月 18 日，http://fzdh.chinadevelopment.com.cn/xjdnzh/2023/0718/1849177.shtml。

的自然生态资源、独特的历史文化，并结合农业多元化种植，大力发展乡村休闲旅游等第三产业，促进一二三产的深度融合。

通过建设生态廊道、亲水栈道、观鸟平台、游艇码头、音乐广场、风情慢岛等服务设施，打造"百里黄河风情带"和"特色产业聚集带"，引导公司和农户开办农家乐、民宿、会务接待中心、特色小镇等"旅游+"产业实体，将第三产业作为当地发展的主要引擎，促进新旧增长动能转换，实现生态效益、经济效益和社会效益的"共赢"。

淄博慢城湿地生态修复与价值实现项目不仅有效扩大了绿色生态空间，极大地丰富了生态多样性，还直接带动当地村民致富增收，实现从"扶贫村"到"致富村"的华丽转身。此外，围绕乡村旅游衍生的新产业新业态，有效支撑高青县产业结构的不断优化升级，高青黄河由山东"区域品牌"上升为全国"流域品牌"，为城市绿色低碳高质量发展注入强劲动能。

三 黄河流域人民生活水平明显提升，社会福利状况持续改善

随着第三产业逐渐成为黄河流域经济发展的主要引擎，流域内城乡居民收入增长进入快车道，社会福利水平不断提高。不仅城乡居民收入差距得到有效控制，而且城乡居民生活消费水平稳步提升，区域间发展差距稳中有降，黄河流域第三产业绿色低碳高质量发展的综合效益日益凸显。

（一）居民收入增长势头强劲，城乡差距得到有效控制

如图 40 所示，2012~2021 年黄河流域城乡居民人均可支配收入稳步提升，但相对落后于全国同期水平。具体来看，10 年间流域内农村居民人均可支配收入从 8221 元增长到 18256 元，增幅达 122%；城镇居民人均可支配收入从 21991 元增长到 40323 元，增幅达到 83.36%。可见，农村地区居民收入增长势头更为迅猛，大大助力城乡居民收入差距的缩小。特别是 2017 年提出乡村振兴战略以来，黄河流域农村居民收入增长势头趋于稳定，明显高于同期城镇增长水平。

同时，必须注意到，黄河流域居民人均可支配收入水平长期落后于全国

平均水平，且差距呈现扩大趋势。特别是城镇居民人均可支配收入差距的扩
大更为显著，2012 年黄河流域城镇居民人均可支配收入达到全国的 91%，
2021 年则降低到 85%。相较之下，黄河流域农村居民人均可支配收入增长
水平比较突出，与全国平均水平的增长态势逐渐保持一致，从 2012 年的占
全国 97% 到 2021 年的占全国 96%，差距稍有扩大，但大体保持稳定。这表
明乡村振兴战略的利好促进了黄河流域农村居民人均可支配收入的稳步提
升，有效助力流域社会福利水平的持续改善。

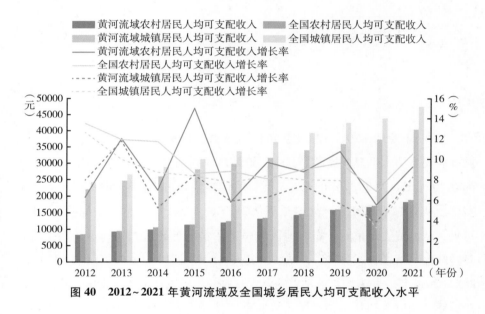

图 40　2012~2021 年黄河流域及全国城乡居民人均可支配收入水平

此外，如表 1 所示，10 年间黄河流域上、中、下游城乡居民人均可支配
收入差距逐渐缩小。从流域整体来看，城乡居民人均可支配收入比从 2012 年
的 2.67 逐步下降到 2021 年的 2.21，明显优于全国同期水平。从流域内各区域
来看，城乡居民人均可支配收入比相对最大的中游地区从 2012 年的 2.86 逐步
下降到 2021 年的 2.27，缩小幅度也相对最大；差距相对最小的下游地区逐步
接近 2∶1 的水平线，明显优于同期其他地区；上游地区差距缩小幅度相对最
小，城乡收入差距波动最剧烈。可见，黄河流域城乡居民收入差距改善效果
良好，有力促进了城乡协调发展和社会公平，为流域高质量发展打下坚实基础。

表1　2012～2021年黄河流域上、中、下游及全国城乡居民人均可支配收入比

年份	黄河上游	黄河中游	黄河下游	黄河流域	全国
2012	2.71	2.86	2.52	2.67	2.87
2013	2.79	2.84	2.45	2.67	2.82
2014	2.68	2.71	2.52	2.63	2.74
2015	2.54	2.57	2.35	2.48	2.74
2016	2.56	2.53	2.36	2.48	2.71
2017	2.46	2.49	2.28	2.40	2.72
2018	2.43	2.45	2.26	2.37	2.69
2019	2.21	2.40	2.20	2.26	2.65
2020	2.24	2.32	2.14	2.23	2.56
2021	2.29	2.27	2.08	2.21	2.51

（二）流域生活水平稳步提高，城乡消费鸿沟显著收窄

如图41所示，2012～2021年黄河流域城乡居民人均消费支出稳步提升，城乡居民生活水平显著提高。其中，流域内农村居民人均消费支出从2012年的6130元增长到2021年的12847元，整体增幅超过100%；城镇居民人均消费支出从2012年的12259元增长到2021年的20641元，整体增幅接近70%。可见，从消费支出来看，农村地区居民生活水平提升进入快车道，消费需求日益旺盛。从增长态势来看，城乡居民人均消费支出增长波动逐渐趋于一致。2012～2014年，两者增长波动差距巨大，农村居民人均消费支出增长势头远高于城镇；2014年以后，两者增长率均呈现波动下降趋势，且增长水平逐渐趋同。特别是2018～2021年，两者的增长曲线基本重合。这表明城乡居民消费水平逐渐保持同一增长节奏，农村地区的消费能力和消费意愿日益突出。

此外，如表2所示，10年间黄河流域上、中、下游城乡居民人均消费差距呈现明显的缩小态势。从流域整体来看，城乡居民人均消费支出比从2012年的2.53逐步下降到2021年的1.90，基本稳定在2∶1水平线以下。从流域内各区域来看，城乡居民人均消费支出比均呈现下降趋势，以下游地区最为显著，从2012年的2.69逐步下降到2021年的1.86，缩小幅度相对最大。这表明黄河流域下游地区在培育农村消费市场、深挖内需方面成果突

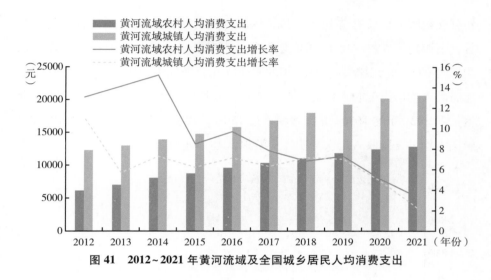

图41　2012~2021年黄河流域及全国城乡居民人均消费支出

出，为地区经济发展增添新的活力。总体来看，黄河流域城乡居民人均消费差距显著缩小，城乡消费鸿沟状况得到大幅改善，有力促进了黄河流域高质量发展和共同富裕的稳步推进。

表2　2012~2021年黄河流域上、中、下游城乡居民人均消费支出比

年份	黄河上游	黄河中游	黄河下游	黄河流域
2012	2.52	2.39	2.69	2.53
2013	2.26	2.20	2.61	2.36
2014	2.01	2.12	2.27	2.13
2015	2.01	2.01	2.12	2.05
2016	1.98	1.91	2.10	2.00
2017	1.94	1.90	2.08	1.97
2018	1.96	1.91	2.02	1.96
2019	1.97	1.91	1.95	1.95
2020	1.96	1.94	1.91	1.94
2021	1.94	1.92	1.86	1.90

（三）区域间收入水平差距稳中有降，三产与收入增长趋于一致

如图42和图43所示，2012~2021年黄河流域上、中、下游农村居民人

黄河生态文明绿皮书

均可支配收入增长态势趋于一致，区域间收入差距得到有效改善。具体来看，下游地区农村居民人均可支配收入相对最高，增长幅度相对最小，从2012年的9630元增长到2021年的19706元，增幅为104.6%；中游地区农村居民人均可支配收入相对最低，增长幅度相对最大，从2012年的6631元增长到2021年的16563元，增幅接近150%。可见，黄河流域区域间的农村居民人均可支配收入层次分明，中游地区是"洼地"。

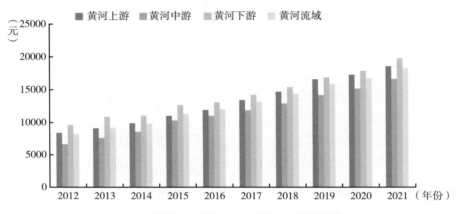

图42 2012~2021年黄河流域上、中、下游农村居民人均可支配收入

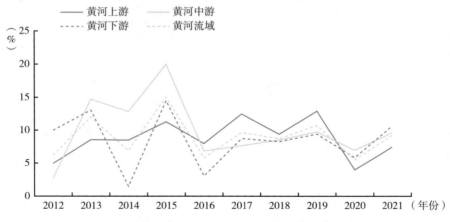

图43 2012~2021年黄河流域上、中、下游农村居民人均可支配收入增长率

246

从区域差距来看，2012~2021 年黄河流域上、中、下游农村居民收入水平的绝对差距呈现稳中有降的良好态势。2012 年，上、中、下游农村居民收入水平差距为 1.24∶1∶1.36；2021 年缩小至 1.12∶1∶1.19，上游、下游农村居民收入基本处于同一水平。这表明作为最典型的社会福利指标，黄河流域农村居民收入增长更加协调，区域间的收入差距更加合理。

如图 44 和图 45 所示，相较于农村，2012~2021 年黄河流域上、中、下游城镇居民人均可支配收入增长势头相对较弱，区域间收入差距相对更小。具体来看，不同于农村居民人均可支配收入是下游地区常年领先，城镇居民人均可支配收入相对最高的地区变动频繁，呈现上游、下游争先的局面。2021 年，上游地区以接近 1500 元的领先优势成为黄河流域城镇居民人均可支配收入的领头羊。同时，与农村地区类似，城镇居民人均可支配收入仍是中游地区相对最低。2012 年仅有中游地区城镇居民人均可支配收入仍在20000 元水平线以下；2021 年也只有中游地区城镇居民人均可支配收入未达到 40000 元水平。尽管中游地区增长势头相对最猛，整体增幅接近 100%，但提升空间依然巨大。值得注意的是，中游地区农村居民人均可支配收入增幅明显高于同期城镇水平，表明在脱贫攻坚和乡村振兴战略双重利好下，黄河流域农村居民人均可支配收入增长进入快车道，有效缩小了城乡收入差距，促进了社会公平。

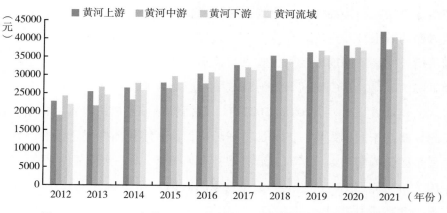

图 44　2012~2021 年黄河流域上、中、下游城镇居民人均可支配收入

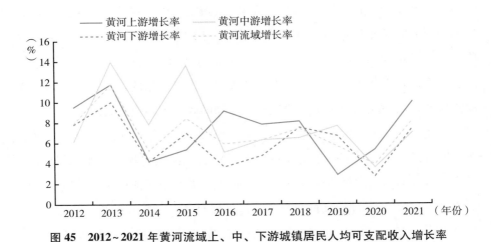

图45 2012~2021年黄河流域上、中、下游城镇居民人均可支配收入增长率

从区域差距来看，2012~2021年黄河流域上、中、下游城镇居民收入水平的绝对差距出现分化。上游、中游之间的城镇居民收入水平差距大体保持稳定，从2012年的1.16∶1稍降至2021年的1.13∶1；下游、中游之间的城镇居民收入水平差距显著缩小，从2012年的1.26∶1缩减至2021年的1.08∶1。可见，黄河流域区域间的城镇居民收入水平差距呈现"上中趋稳、下中猛减"的发展格局，整体处于合理区间。

此外，如图46所示，2012~2021年黄河流域城乡居民收入与人均三产增加值增长趋势逐渐趋于一致，第三产业在提高居民收入、促进共同富裕方面的效果日益显现。具体来看，2012~2018年，黄河流域人均三产增加值增长率高于同期城乡居民收入增长率，增长态势高度趋同，均呈现波动下降的态势。这一时期，黄河流域第三产业处于高位增长阶段，对居民收入的拉动效果明显。2018~2021年，黄河流域城乡居民收入增长率实现反超，略高于同期人均三产增加值增长率，两者增长曲线趋于重合。这一方面是因为疫情冲击，黄河流域经济社会处于恢复性发展阶段。另一方面是因为黄河流域第三产业从"数量为重"转向"质量为先"，持续推进生态保护和高质量发展。

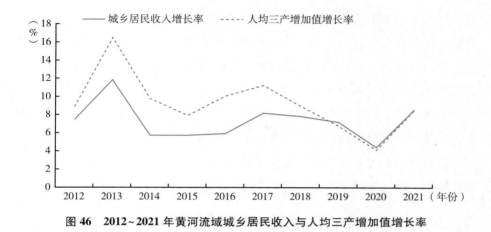

图46 2012~2021年黄河流域城乡居民收入与人均三产增加值增长率

（四）第三产业成为增收致富的"财富密码"：宁夏吴忠文旅赋能案例

第三产业特别是文旅产业，为黄河流域居民拓宽增收致富渠道提供了新的机遇。宁夏吴忠市利通区坚持将全域旅游作为重要抓手，大力发展文旅产业，将旅游与休闲农业、工业研学、健康康养及文化体育融合发展，不断强化居民增收后劲。

具体来看，利通区以全域旅游带动改善农村生态环境，推动文旅产业融合发展，促进农民就业增收，形成绿色低碳高质量发展的良性循环。通过整合全域旅游资源，基于"一村一品"打造多样化的文旅功能区。在牛家坊村基于"党支部+村级集体经济组织+企业+农户"发展模式，建设哈哈乐园、采摘基地、玫瑰花海等旅游业态，大力发展观光休闲农业、特色农业。实现年接待游客150万人次，休闲农业产值达2亿元，增加村集体收入236万元，带动农村劳动力就业500余人，辖区居民人均可支配收入达23200元。在石佛寺村、白寺滩村重点建设早茶体验中心、主题文化广场、特色农产品展示中心、农事体验作坊等，拓展乡村旅游业态。据不完全统计，白寺滩村每年吸引游客近10万人次，销售葡萄收益达5000多万元。在强家老醋养生文化园区，大力开发醋文化展示、酿醋农事体验、醋饮休闲等旅游项目，以独特的老醋文化为游客带来独具风味的新奇体验。近年来，利通区始终把全域旅游作为加快黄河流域生态保护和高质量发展先行区建设的重要抓手，努力打造集乡村休闲、生态观光、美食体验、产业研学于一体的休闲度假目的地。目前，利通区入选第三批"自治区级全域旅游示范区"。

总体来看，以文旅业为典型的第三产业，激活了当地沉睡的生态人文资源，将黄河流域独特的自然风光和历史文化进行价值变现，吸收居民特别是广大农民就地就近就业创业，围绕文旅产业衍生更多新业态，进而不断拓宽增收渠道，推动共同富裕。

四　黄河流域金融服务水平稳中有升，第三产业日益活跃

2012~2021年黄河流域金融市场稳健运行，金融服务水平显著提升，第三产业绿色低碳高质量发展稳步推进，特别是金融机构存贷款规模逐步扩大，金融支撑基础日益牢靠，对实体经济支持大幅增强。同时，社会消费品零售总额增长势头良好，彰显黄河流域第三产业旺盛的经济活力。此外，上、中、下游之间的第三产业发展水平，尤其是金融服务业水平日益分化。

（一）存贷款规模逐步扩大，金融服务能力稳步提升

如图47所示，2012~2021年黄河流域年末金融机构存贷款余额总体呈增长趋势，金融信贷支撑保持强劲。从存款来看，黄河流域年末金融机构存款余额从2012年的74139.18亿元提升至2021年的169122.18亿元，增加近95000亿元，增幅达到128%。从贷款来看，黄河流域年末金融机构贷款余额从2012年的50213.66亿元激增至2021年的150108.84亿元，增加近100000亿元，增幅更是高达199%。可见，这一时期黄河流域贷款业务规模扩大更迅猛，对地区产业经济的支持大幅增强。从风险水平来看，2012~2021年黄河流域贷存比平均水平达到79%，金融市场运行相对平稳。特别是2019年以来，金融机构收紧"钱袋子"，贷款规模扩张态势受到明显控制，金融机构贷存比趋于下降。

从增长率来看，2019 年之前，黄河流域年末金融机构存贷款余额均呈现波动增长态势，且贷款余额增长势头相对更高，大多数年份保持对存款余额增长率的领先优势。2019～2021 年，贷款余额增长率大幅波动，甚至在2020 年转负，2021 年恢复正常水平。

总体来看，2012～2021 年黄河流域金融机构吸收存款和资金管理能力显著增强，金融支撑基础日益牢靠。同时，贷款业务规模大幅扩张，有力支撑了黄河流域产业经济的高质量发展。可见，作为第三产业的重要组成部分，金融服务业在支撑黄河流域实体经济发展、激发地区经济活力方面效果显著。

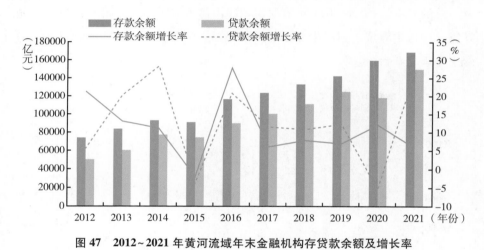

图 47　2012～2021 年黄河流域年末金融机构存贷款余额及增长率

（二）社会消费品零售总额稳中有增，第三产业日益活跃

如图 48 所示，2012～2021 年黄河流域社会消费品零售总额稳步提升，第三产业日益活跃。具体来看，流域内社会消费品零售总额从 2012 年的20934 亿元增长至 2021 年的 38616 亿元，增加近 18000 亿元，增幅超 84%。作为反映第三产业运行状况最直接、最灵敏的统计指标，黄河流域社会消费品零售总额的大幅增长，在相当程度上映射出流域内第三产业活跃度的迅猛提升。10 年间流域内第三产业增加值提高了 134%，2021 年突破 50000 亿元。社会消费品零售总额增长趋势从侧面反映出黄河流域第三产业的兴旺发

达，流域绿色低碳高质量发展稳步推进。

从增长态势来看，黄河流域社会消费品零售总额与第三产业增加值的增长曲线变动趋势一致，均呈现增速逐渐放缓的态势。其中，2016~2020年黄河流域社会消费品零售总额增速锐减，进入"平台期"。其中，2020年增长率为负值，居民捂紧"钱袋子"，消费需求萎缩。这一时期黄河流域第三产业增长势头同样受挫，增长水平一路下探。2020年后，两者的增长势头均大幅上扬，社会消费品零售总额增长率甚至反超第三产业增加值，达到10%以上，流域内居民消费需求被释放。

总的来看，2012~2021年黄河流域居民消费需求日益旺盛，社会消费品零售总额稳中有增，居民生活水平不断提高。同时，第三产业蓬勃发展，活跃水平迈上新台阶。

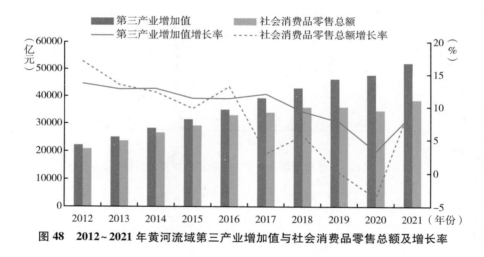

图48　2012~2021年黄河流域第三产业增加值与社会消费品零售总额及增长率

如图49所示，2012~2021年黄河流域上、中、下游社会消费品零售总额呈现三级阶梯分布，增长势头逐渐放缓，区域间差距趋于分化。如图50所示，具体来看，2012~2015年上、中、下游增速大体保持一致，增长曲线趋于重合。这一时期下游地区社会消费品零售总额远高于流域内其他地区，超过同期流域总额的一半。2015年以后，上、中、下游增长态势逐渐分化，特别是中游地区增长势头越发迅猛，7年间整体增幅超过50%，远高于其他地区，2021年社会消费品零售总额达到 13431 亿元。与之相对的是下游地区，增长率多次出现负值，波动剧烈，同期整体增幅仅有 25%，2021 年重回 18000 亿元水平。

从区域差距来看，2012~2021 年黄河流域上、中、下游社会消费品零售总额的绝对差距总体呈现扩大趋势，中、下游的差距趋于缩小，下游与上游、中游与上游之间的差距明显扩大。具体而言，2012 年，上、中、下游绝对差距为 1：1.592579663：2.621598465；2020 年，差距扩大到 1：2.052718521：2.848969105。这与黄河流域上、中、下游第三产业增加值的差距分化趋势基本一致，中游地区是增长势头和提升幅度相对最突出的地区。

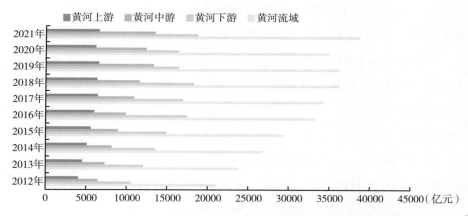

图 49　2012~2021 年黄河流域上、中、下游社会消费品零售总额

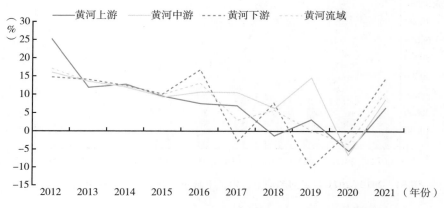

图 50　2012~2021 年黄河流域上、中、下游社会消费品零售总额增长率

（三）区域间存贷款水平差异明显，金融服务能力趋于分化

2012~2021 年黄河流域上、中、下游金融服务能力显著提升，区域间发展差距明显。如图 51 所示，从存款来看，黄河流域上、中、下游地区金融机构存款吸收水平差距较大，且差距呈现扩大态势。其中，下游地区金融机构存款余额相对较多，提升幅度相对最大，从 2012 年的 30309.48 亿元提升至 2021 年的 74559.23 亿元，增加 44000 余亿元，增幅达到 146%；上游地区存款余额相对最少，提升幅度相对最小，从 2012 年的 18184.73 亿元提升至 2021 年的 35534.03 亿元，增加 17000 余亿元，增幅不到 100%。可见，黄河流域上、中、下游金融机构存款余额呈三级阶梯分布，下游地区遥遥领先，上游地区明显落后。从区域差距来看，下游与上游之间的存款余额差距从 2012 年的 1.67∶1 扩大到 2021 年的 2.10∶1；中游与上游之间的存款余额差距从 2012 年的 1.41∶1 扩大到 2021 年的 1.66∶1；下游与中游之间的存款余额差距从 2012 年的 1.18∶1 扩大到 2021 年的 1.26∶1。可见，黄河流域区域间，特别是上、下游的金融机构存款吸收水平存在明显差距，上游地区的金融服务能力有待提高。

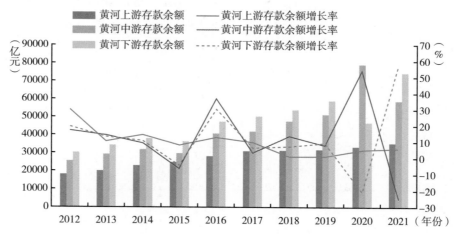

图 51　2012~2021 年黄河流域上、中、下游年末金融机构存款余额及增长率

如图 52 所示，从贷款来看，受到存款吸收和资金管理水平的影响，黄河流域上、中、下游地区金融机构贷款业务规模同样呈现阶梯分布态势，但区域间差距趋于缩小。不同于存款余额，黄河流域金融机构贷款余额提升幅度相对最大的是中游地区，10 年间增加 36000 余亿元，增幅达 244%。同时，下游地区贷款余额提升幅度相对最小，只达到 178%。尽管这已经超出同期下游地区存款余额增幅，但相较于流域内其他地区，下游地区金融服务业在支持产业经济发展方面仍然略显不足。

从区域差距来看，由于中游地区贷款规模猛增、下游地区贷款余额增速放缓，黄河流域上、中、下游的贷款余额差距呈现逐渐缩减态势。考虑到疫情冲击造成的剧烈波动，将对比时间节点提前至 2018 年。2012 年，下游与上游之间的贷款余额差距为 1.46∶1，中游与上游之间差距为 1.04∶1，下游与中游之间差距为 1.41∶1；2018 年，下游与上游之间的贷款余额差距缩小至 1.17∶1，中游与上游之间差距为 1.02∶1，下游与中游之间差距为 1.11∶1。

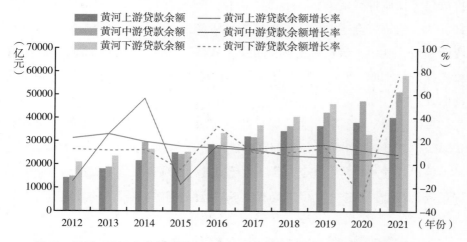

图 52　2012～2021 年黄河流域上、中、下游年末金融机构贷款余额及增长率

此外，从贷存比来看，上游、中游地区贷存比趋于扩大，特别是上游地区，2018 年贷款余额超过存款余额，出现贷差；下游地区贷存比大体保持稳定，基本在 0.78 以下。可见，黄河流域上、中游地区信贷规模持续扩大，

对实体经济的支撑显著增强。下游地区严控金融风险，坚持贷款业务的健康高质量发展。

（四）绿色金融助力低碳产业高质量发展：山东农商银行绿色贷款案例①

第三产业尤其是金融服务业，为黄河流域产业经济的绿色低碳高质量发展"插上翅膀"。以黄河流域下游主体山东省为例，作为绿色低碳高质量发展先行区，山东省通过优化信贷资源配置，大力发展绿色贷款业务，为绿色低碳产业注入"资金活水"。截至2023年6月末，山东农商银行绿色贷款用户4.44万户、余额450.9亿元，分别较年初增加0.31万户、100.2亿元。

具体来看，2023年上半年，围绕生态环境产业、节能环保、基础设施绿色升级等绿色低碳领域，山东省沿黄21家农商银行累计投放各项贷款2026.3亿元，同比多投305.2亿元。同时，山东农商银行积极开展碳排放权等抵质押融资创新，推出"碳排放权质押贷"，以碳排放配额为质押标的，信贷资金主要用于节能减排、清洁生产、污染防治等技术提升和改造领域。其中，沿黄城市济宁市兖州农商银行发放了山东省首笔碳排放权质押贷款1000万元，为"双碳"目标的达成和低碳产业发展注入强劲动能。

总体来看，金融服务业是促进黄河流域绿色低碳高质量发展的关键力量。绿色金融通过多种手段引导资金流向黄河流域内的节能、低碳、绿色、环保等领域，尤其是将资金引导到对环境友好的项目。这不仅推动了企业的绿色低碳转型，还进一步促进流域生态环境保护和绿色经济的发展。

五　结论与启示

党的十八大以来，黄河流域第三产业高质量发展成果丰硕，有效助力地

---

① 《金融助力绿色低碳高质量发展，山东全省农商银行绿色贷款达450.9亿元》，齐鲁网，2023年8月29日，https://news.iqilu.com/shandong/shandonggedi/20230829/5500570.shtml。

区经济社会绿色低碳转型。如今,作为黄河流域产业经济的核心动力和主要引擎,第三产业的绿色低碳高质量发展迈上新台阶。与此同时,流域内第三产业发展不协调、地区间发展水平悬殊的问题日益凸显,对黄河流域整体的绿色低碳高质量发展构成挑战。因此,要进一步建立完善黄河流域上、中、下游第三产业协同联动发展机制,围绕做强文旅产业、完善交通物流、补足金融短板等方面做文章。

（一）结论与讨论

2012~2021年,黄河流域第三产业增加值迅猛增长,占比稳步提高,绿色城市建设深入推进,流域宜居水平持续提高,金融服务能力明显提升。十年间,特别是习近平总书记做出推动黄河流域生态保护和高质量发展重大部署以来,流域第三产业的绿色和低碳优势得到充分彰显,支持和服务功能得到充分发挥,有效助力黄河流域整体的产业格局绿色低碳高质量转型。同时,黄河流域上、中、下游第三产业发展水平日益分化。上游地区在第三产业人均水平、生态环境质量和生活宜居水平方面优势明显,但在第三产业总量、金融服务水平等方面提升空间巨大;中游地区是黄河流域绿色低碳高质量发展的"洼地",在空气质量、城市绿化、居民收入等方面存在较大短板;下游地区第三产业总体规模和金融服务水平遥遥领先,在城市绿化、污染治理、城乡收入和消费差距缩小等方面表现相对突出,但第三产业人均水平较低、空气污染严重等问题仍然是下游地区第三产业发展的突出痛点。

具体来看,黄河流域第三产业整体发展态势持续向好,高质量增长转型稳步推进。2012~2021年黄河流域第三产业增加值增幅较大,但增速有所放缓,第三产业占比相对最高。这表明党的十八大以来,黄河流域沿线地区在增速换挡、结构优化、动力转换等方面成果显著,正在积极有序地从高速增长转向高质量增长。第三产业逐渐成为地区经济发展的核心引擎,产业结构格局基本完成从"二、三、一"向"三、二、一"转型。同时,流域内人均第三产业增加值与全国平均水平增长态势趋于一致,表明黄河流域能够跟上全国经济社会绿色转型的步伐,第三产业从"数量优先"向"质量优先"转变。

黄河流域上、中、下游第三产业发展差距较大，区域间差异显著。尽管10年间黄河流域各地区第三产业均保持增长态势，但区域间，尤其是上、下游之间的发展仍然悬殊，下游地区第三产业增加值接近上、中游之和，是推进流域第三产业高质量发展的主力军。同时，这一时期流域第三产业发展整体格局是"上下趋稳、中游提速"，中游地区第三产业发展势头最为强劲有力。与之相对应的是，上、下游第三产业均已成为主导产业，但在流域整体第三产业格局中的地位趋于下降，对地区整体的第三产业拉动效果有所削弱。尤其是对上游地区而言，第三产业在地区经济版图中的地位日益边缘化，"总量少、人均多"的第三产业发展格局逐渐被打破。此外，流域内各地区典型城市第三产业发展格局日益两极分化，协调发展态势严峻。这进一步凸显了黄河流域区域间第三产业协调发展的紧迫性和必要性。

黄河流域人居环境质量明显改善，中、下游是提升重点。2012~2021年黄河流域空气质量优良天数逐步增加，空气污染程度持续改善，但仍低于同期全国平均水平，流域生态保护事业任重道远。其中，中、下游地区是黄河流域空气污染的重灾区，也是流域"蓝天保卫战"的主战场。必须推动区域协同联动，实现区域减污协同增效稳步推进。同时，黄河流域上、中、下游城市绿色水平呈现趋同演化态势，污染治理水平依次递进，区域差距日益缩小。这表明黄河流域区域城市建设绿色水平稳步提升，区域发展趋于协调，需要进一步巩固提升，做好高质量转型。可见，黄河流域中、下游，特别是中游地区是流域第三产业绿色低碳高质量发展的主要攻坚区，也是突出着力点。

黄河流域城乡居民收入差距得到有效控制，城乡消费鸿沟显著缩小。随着第三产业在提高居民收入、促进共同富裕方面的效果日益显现，黄河流域城乡居民收入增长进入快车道，城乡居民收入和消费差距得到有效控制。这表明黄河流域在培育农村消费市场、深挖内需方面成果突出，为地区经济发展增添新的活力，有力促进了黄河流域高质量发展和共同富裕的稳步推进。以农村居民收入为例，中游地区收入水平相对最低，增长幅度相对最大，区域间农村居民收入水平的绝对差距呈现稳中有降的良好态势。这表明作为最典型的社会福利指标，黄河流域农村居民收入增长更加协调，区域间的收入差距更加合理。

黄河流域金融服务水平地域分异明显，支持服务功能显著增强。2012~2021年黄河流域年末金融机构存贷款余额持续增长，吸收存款和资金管理能力显著增强，金融支撑基础日益牢靠，对实体经济支持大幅增强，在支撑黄河流域实体经济发展、激发地区经济活力方面效果显著。同时，黄河流域上、中、下游地区金融机构存款吸收水平差距较大，且呈现扩大态势。下游地区如山东省金融服务水平遥遥领先，绿色金融通过引导资金流向黄河流域的节能、低碳、绿色、环保等领域，助力流域产业绿色低碳高质量发展。与之相对的是上游地区，资金吸附和管理能力相对较低，金融服务能力提升空间巨大，对当地绿色低碳产业缺乏有力支持。此外，黄河流域社会消费品零售总额稳中有增，居民消费需求日益旺盛，从侧面反映出黄河流域第三产业的兴旺发达，活跃水平迈上新台阶。

（二）启示与建议

黄河流域第三产业绿色低碳高质量发展要抓住区域协调这一关键要点，推动流域一体化和高质量发展。同时，基于黄河流域上、中、下游第三产业的发展特点，因地制宜推进流域现代服务业的高质量发展，统筹兼顾、系统治理、协调推进。因此，要系统建立黄河流域第三产业区域协调发展机制，加强文旅赋能，畅通交通物流，弥补金融短板，促进黄河流域第三产业绿色低碳高质量发展。

加强统筹协调，建立黄河流域上、中、下游第三产业协同联动发展机制。黄河流域各区域间第三产业发展水平差距较大，在区域协调发展方面挑战重重。一方面，建立主体多元、功能多样的合作机制，充分发挥政府、企业、社会组织、公众等主体的能动性和积极性，畅通上、中、下游第三产业合作联动渠道。另一方面，下好"全域一盘棋"，加强黄河流域第三产业发展顶层设计和总体规划，立足发展基础、相对优势和生态环境，充分发挥各地区的第三产业发展优势，弥补发展短板，推动黄河流域第三产业区域协调高质量发展。例如，基于上游地区出色的生态环境资源和生活宜居水平，大力发展生态旅游、休闲康养、科普研学等新产业新业态；基于中游地区第二产业的中坚作用，积极促动二、三产业的融合发展，做大做强生产性服务业；基于下游地区第三产业的领先优势，有序推进现代服务业的高质量转型，充分发挥绿色金融的支持服务功能。在此基础上，有效发挥下游地区的"领头羊"作用，带动黄河流域上中下游形成第三产业高质量发展的良性循环。

做强文旅产业，全力打造黄河流域生态文化旅游经济带。丰富的历史文化资源、独特的自然生态景观为黄河流域文化旅游产业的高质量发展提供了得天独厚的优势。特别是作为中华民族文明的发祥地，黄河流域独特的文旅资源自成体系，上、中、下游的黄河文化既独具特色又高度统一，为沿黄9省（区）文旅产业深度合作奠定了深厚基础。一是基于区域整体协调发展视角，进行全域旅游的统筹规划和顶层设计，成立黄河文化旅游联盟，以科学合理的合作机制规避同质化竞争，联合打造黄河生态文化旅游经济带。二是基于文旅品牌建设视角，加快培育"黄河旅游"联盟品牌，通过在沿黄9省（区）建立风险共担、利益共享的品牌培育机制，将黄河流域的文旅资源有机整合，共同形成黄河文旅产业高质量发展的区域合力。三是基于文旅产品特色视角，因地制宜打造黄河流域特色文旅产业链，充分挖掘上游地区的自然生态、中游地区的历史人文、下游地区的乡村休闲等旅游特色，为游客提供独特的文旅体验。

完善交通物流，全面提升交通基础设施质量。交通物流基础设施建设是黄河流域第三产业区域协调和一体化发展的关键。中、下游地区路网密度、设施种类等占据优势，基础设施体系日益完善，第三产业的发展规模和竞争力遥遥领先；上游地区由于交通物流基础设施建设的相对滞后，第三产业缺少足够的经济增长点，市场竞争力明显不足。因此，要将交通物流基础设施建设放在黄河流域第三产业绿色低碳高质量发展的突出位置。一方面，充分考虑共建"一带一路"需要，在黄河流域上游地区加强重要节点城市航铁、公铁、航公等多式联运设施建设；另一方面，重点建设国际性综合交通枢纽，全面提升济南、太原、大同、兰州、呼和浩特、银川等黄河流域沿线城市的全国性综合交通枢纽功能，并加快推进区域性综合交通枢纽建设。

补足金融短板，重点强化绿色金融的支持保障功能。黄河流域各区域间，尤其是上下游之间的金融服务水平差距较大。因此，黄河流域的金融服务体系建设要因地制宜、分类施策。一方面，对于金融活力相对不足，尤其是绿色金融水平相对较低的黄河流域上游地区来说，迫切需要国有金融机构的大力支持。通过政策性银行在产业绿色转型、生态产业发展等方面的倾斜，使上游地区获得更充分的低成本资金支持。同时，国有金融机构的支持和担保有助于上游地区抑制第三产业绿色低碳转型的发展风险，激发社会资本的参与积极性。另一方面，对于绿色金融建设成果相对丰硕的黄河流域下游地区来说，更需要基于自身的金融优势主动融入全国金融产业链，尤其是加强与京津冀城市群、环渤海经济圈和中原城市群的联动发展，为下游地区绿色低碳产业获取更多资金、技术、人才、项目等方面的支持。从而，在更高水平的金融市场中不断加强绿色金融建设，为黄河流域产业绿色低碳转型持续赋能。

参考文献

颜色、郭凯明、杭静：《中国人口红利与产业结构转型》，《管理世界》2022 年第 4 期。

姜长云、盛朝迅、张义博：《黄河流域产业转型升级与绿色发展研究》，《学术界》2019 年第 11 期。

赵忠秀、闫云凤、刘技文：《黄河流域九省区"双碳"目标的实现路径研究》，《西安交通大学学报》（社会科学版）2022 年第 5 期。

李本庆、周清香、岳宏志：《生产性服务业集聚能否助推黄河流域城市高质量发展?》，《经济经纬》2022 年第 2 期。

张双悦：《黄河流域产业集聚与经济增长：格局、特征与路径》，《经济问题》2022 年第 3 期。

周蓉等：《绿色经济与低碳转型——市场导向的绿色低碳发展国际研讨会综述》，《经济研究》2014 年第 11 期。

乔晓楠、彭李政：《碳达峰、碳中和与中国经济绿色低碳发展》，《中国特色社会主义研究》2021 年第 4 期。

黄河流域水土保持高质量发展报告

崔建国 高广磊 张晓明 张明祥 张 颖*

摘 要： 黄河流域生态保护和高质量发展是国家重大战略。水土流失是黄河流域突出的生态环境问题，水土保持高质量发展是黄河流域生态保护和高质量发展的关键环节。本报告系统总结了黄河流域水土流失状况及影响因素、水土保持取得的成就及存在的问题，从全域生态保护与修复的重点和关键科学问题梳理、重点区域水土流失高质量精准治理、生产建设活动水土保持强监管、提升水土保持监测能力、加强水土保持科技支撑作用等方面提出对策和建议，为黄河流域水土保持高质量发展提供借鉴。

关键词： 水土保持 高质量发展 黄河流域

黄河发源于青藏高原巴颜喀拉山北麓，呈"几"字形流经青海、四川、甘肃、宁夏、内蒙古、山西、陕西、河南、山东9省区，全长5464公里，是我国第二长河。2019年9月18日，习近平总书记在河南郑州主持召开黄河流域生态保护和高质量发展座谈会并发表重要讲话时指出："保护黄河是事关中华民族伟大复兴的千秋大计。"[①] 2021年10月，中共中央、国务院联

---

* 崔建国，博士，中国水土保持学会常务副秘书长，副研究员，研究方向为水土保持与荒漠化治理；高广磊，博士，北京林业大学水土保持学院副院长，教授、博士生导师，研究方向为水土保持与荒漠化治理；张晓明，博士，中国水利水电科学研究院泥沙研究所副所长，研究员，研究方向为水土保持与流域水沙；张明祥，博士，北京林业大学生态与自然保护学院教授、博士生导师，研究方向为湿地保护与管理；张颖，博士，北京林业大学经济管理学院教授、博士生导师，研究方向为生态价值核算、区域经济学。

① 《习近平：在黄河流域生态保护和高质量发展座谈会上的讲话》，习近平系列重要讲话数据库，2019年10月15日，http://jhsjk.people.cn/article/31401625。

合印发《黄河流域生态保护和高质量发展规划纲要》。但是，如何解决黄河流域重大生态环境问题，服务流域高质量发展仍然需要在实践中奋发探索，也是中央、地方各级政府部门在决策、施政中面临的重点和难点问题。水土流失是黄河流域的突出生态环境问题，高质量的水土保持是黄河流域生态保护和高质量发展的关键支撑，可为乡村振兴和区域经济可持续发展提供重要保障。2021年水利部印发《推动黄河流域水土保持高质量发展的指导意见》，黄河水利委员会根据该意见编制"十四五"实施方案。2023年中共中央办公厅、国务院办公厅联合发布《关于加强新时代水土保持工作的意见》，2023年4月1日《黄河保护法》正式实施。这些文件和法律法规的出台与实施彰显了党、国家和政府对黄河流域水土保持工作的重视。

一　黄河流域水土流失状况及影响因素

（一）水土流失状况

长期以来，黄河流域水土流失问题突出。1990年国务院第一次全国土壤侵蚀遥感调查结果显示，黄河流域水土流失面积为46.5万km²，占流域总面积的一半以上；2011年第一次全国水利普查数据表明，黄河流域水土流失面积减少至30.96万km²，较1990年减少1/3，但仍占流域总面积的38.9%；2023年11月水利部黄河水利委员会发布的《黄河流域水土保持公报（2022年）》数据显示，2022年黄河流域水土流失面积25.55万km²，其中水力侵蚀面积18.54万km²，占72.6%；风力侵蚀面积7.01万km²，占27.4%。重点治理区域黄土高原水土流失面积22.78万km²，占黄河流域水土流失总面积的89.15%。黄河流域水土流失面积及强度如表1所示。尽管总体上黄河流域水土流失面积持续减少，但局部地区仍面临土壤侵蚀强度高、治理难度大的问题。黄土高原是黄河中游多沙粗沙集中来源区，也是导致黄河下游河道持续淤积抬高的根源。2021年10月，中共中央、国务院联合印发的《黄河流域生态保护和高质量发展规划纲要》指出，当前规划区内多沙粗沙区和粗泥沙集中来源区仍分别有 4.27 万 km² 和 9900km² 水土流失面积亟待治理，是规划区水土流失治理难度最大、最难啃的"硬骨头"。

表 1 黄河流域水土流失面积及强度

单位：万 km²，%

侵蚀类型		合计	轻度	中度	强烈	极强烈	剧烈
水土流失	面积	25.55	17.09	5.48	1.87	0.90	0.21
	占比	100	66.89	21.45	7.32	3.52	0.82
水力侵蚀	面积	18.54	11.15	4.68	1.70	0.85	0.16
	占比	100	60.15	25.24	9.17	4.58	0.86
风力侵蚀	面积	7.01	5.94	0.80	0.17	0.05	0.05
	占比	100	84.74	11.41	2.43	0.71	0.71

资料来源：水利部黄河水利委员会《黄河流域水土保持公报（2022 年）》。

（二）影响因素

1. 生境脆弱

黄河上游河湖湿地资源丰富，是黄河水源主要补给地。但该区域由于过度放牧开垦、草地生态系统退化、过度樵采以及对水资源不合理利用，水源涵养功能低下、林草植被破坏严重、土地退化沙化，水土流失加剧。中游流经黄土高原，该区域生境先天脆弱，地形千沟万壑，黄土质地疏松，遇到强降雨，易造成地表土壤的强烈冲刷侵蚀，中游是黄河粗沙多沙集中来源区。黄河下游三角洲地区面临淡水输入量减少、海水倒灌等多种问题，该区域土壤盐碱化加剧，水土资源平衡失调，湿地生态系统良性循环受到干扰。自然湿地逐年萎缩，人工湿地逐年扩张，生态系统脆弱性加剧。

2. 水资源严重短缺

黄河最大的矛盾是水资源短缺。黄河流域年均降水量不到 448mm，比全国年均降水量少 180mm。黄河水资源总量不足长江的 7%，而水资源开发程度占比却高达 4/5，远超国际公认的 40% 生态警戒线。水资源匮乏破坏水沙关系的协调性，加剧黄河下游河床淤积，严重影响黄河中下游地区生态质量和社会经济可持续发展。此外，21世纪末以来，黄河中游开展了一系列重大植被恢复工程，植被覆盖度增加，生态系统水源涵养和土壤保持能力迅速提高，水资源需求进一步增加。

3.气候变化

中国气象局发布的《2022年全国生态气象公报》显示，2000年以来黄河流域降水量总体呈增加趋势，降水量平均每年增加4.2mm。气候变化使黄河流域极端降雨事件的频率和强度发生显著变化，成为引发水土流失的重要因素。

4.流域下垫面状况

流域下垫面状况会对水土流失产生影响。下垫面包括天然的地形地貌、土壤、林草植被等，还包括人造的坡耕地、梯田、水库、淤地坝以及水窖、水平沟、水平阶和鱼鳞坑等。2000年以来，黄河泥沙锐减的主要原因是退耕封禁、封山禁牧等植被自然恢复措施及修筑梯田。中国气象局发布的《2022年全国生态气象公报》显示，2000~2022年黄河流域大部分植被生态质量呈向好趋势，其中有79.1%的区域植被净初级生产力平均每年每平方米增加2.5克碳以上，流域植被覆盖度呈增加趋势的区域面积达到流域总面积的96.4%，生态环境质量明显改善，黄河流域87.6%的区域涵养水量呈现增加趋势，而土壤保持量呈增加趋势的区域则达到98.7%。

5.社会经济因素

黄河流域城市化扩张、人口快速增长及不合理的土地开发利用等社会经济因素进一步加剧水土流失。水利部修编的《黄河流域综合规划（2012—2030年）》显示，2018年黄河流域总人口达到1.22亿人，相比1980年的8177万人，人口增加49.2%；城镇化率为55%；流域生产总值由1980年的916亿元增加至2018年的7.0万亿元，增长75倍左右。长期以来，随着人口急剧增长、城市化扩张，社会经济活动愈发频繁，水土资源无节制的破坏加剧了水土流失。此外，黄河流域矿产资源开发等生产建设项目更是人为造成水土流失，导致流域生态环境进一步恶化。

二 黄河流域水土保持取得的成就及存在的问题

（一）水土保持取得的成就

1. 黄河流域水土保持成效显著，水土保持率逐年提高

2023年11月水利部黄河水利委员会发布的《黄河流域水土保持公报（2022年）》显示，黄河流域累计初步治理水土流失面积26.88万km²，黄河流域水土保持率从1990年的41.49%、2020年的66.94%提高到2022年的67.85%。2022年黄河流域及各区域水土保持率如图1所示，重点区域水土保持成绩斐然。黄土高原是我国水土保持工作的重点区域，1994年启动的历时12年的黄土高原水土保持世行贷款综合治理项目共治理水土流失面积9300多km²，涉及陕西、甘肃、内蒙古、山西等4省区，取得显著的经济效益、生态效益和社会效益，被评为世行项目的"旗帜工程"。2001年黄河水利委员会又启动实施了黄河水土保持生态工程，先后投资21亿元，覆盖青海、甘肃等沿黄各省区，涉及无定河、窟野河、昕水河等19条黄河重点一级支流，治理水土流失面积5078km²，建设淤地坝2963座，其中骨干坝795座。甘肃天水耤河建成全国首个水土保持生态工程大型示范区，受到水利部高度评价和社会广泛关注。党的十八大以来，黄土高原水土保持工作积极优化水土流失防治目标、任务和措施，依托国家水土保持重点工程，通过淤地坝建设、坡耕地整治等一系列措施促进黄土高原地区水土流失综合治理。历经70多年的不懈努力，2022年黄土高原水土保持率达到64.44%，水土保持生态治理取得显著成效。黄河流域诸省区水土流失治理效益彰显。例如，山西省持续推进黄河流域水土流失综合治理，2018~2022年，沿黄19县（市）新增水土流失综合治理面积2300多km²，水土保持率由53.8%提高到56%。截至2019年底，甘肃省黄河流域累计治理水土流失6.57万km²，水土流失治理度达到61.35%。

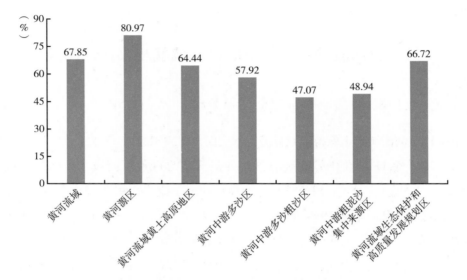

图1 2022年黄河流域及各区域水土保持率

资料来源：水利部黄河水利委员会《黄河流域水土保持公报（2022年）》。

2. 水土保持政策规划逐步完善

水土保持政策支持力度加大。《推动黄河流域水土保持高质量发展的指导意见》指出，沿黄各省区各级水利部门要探索利用淤地坝淤出坝地，垦造可以长期稳定利用的耕地，符合条件的按程序用于耕地占补平衡。对集中连片开展水土流失治理达到一定规模的经营主体，允许在符合法律法规、国家政策和有关规划的前提下，利用一定比例的治理面积从事经营性相关产业开发。同时积极推行水土保持以奖代补、先建后补、以工代赈等建设管理模式。

水土保持规划进一步完善。该意见明确了"十四五"和今后一个时期，黄河流域水土保持工作的目标任务、重点举措和有关要求等。为深入贯彻习近平总书记提出的"有条件的地方要大力建设旱作梯田、淤地坝等"[①]重要指示精神，水利部会同国家发展改革委编制印发了《黄河流域淤地坝建设和坡耕地水土流失综合治理"十四五"实施方案》，拟通过5年时间，以

---

① 《习近平：在黄河流域生态保护和高质量发展座谈会上的讲话》，习近平系列重要讲话数据库，2019年10月15日，http://jhsjk.people.cn/article/31401625。

中游黄土高原地区为重点，新建淤地坝1461座、拦沙坝2559座，实施坡改梯407万亩。工程实施将有助于调节黄河水沙关系、提升流域生态环境质量、确保黄河安澜。①

3. 水土流失治理投入增幅明显

"十四五"期间黄河流域水土流失治理投入力度加大。从投资规模来看，仅2021年就安排了水土保持中央资金54.21亿元，占全国总投资的7/10。2023年1月，中共中央办公厅、国务院办公厅联合印发《关于加强新时代水土保持工作的意见》，指出要综合运用产权激励、金融扶持等政策，支持引导社会资本和符合条件的农民合作社、家庭农场等新型农业经营主体开展水土流失治理。鼓励地方各级政府多渠道筹措资金，保障水土保持投入，通过实施小流域综合治理、坡耕地综合整治、淤地坝和拦沙坝等水土保持重点生态工程，改善区域生态环境。

4. 人为水土流失监管得到加强

黄河流域是重要的能源、化工基地，矿产资源开发活动频繁，基础设施等生产建设项目多，人为水土流失风险大。《黄河流域生态保护和高质量发展规划纲要》明确提出，实行最严格的生产建设活动监管。开展生产建设项目水土保持专项整治行动，重点整治"水土保持方案发生重大变更未经批准的""未按照水保方案实施防治措施的"等6类水土保持违法违规行为。截至2021年，黄河水利委员会和地方水利部门排查认定水土保持违法违规项目8286个，其中99.8%已完成整改。通过水土流失严格监管手段，有效遏制了人为水土流失。

（二）存在的问题

1. 水土流失仍是黄河流域高质量发展的制约因素

黄河流域仍有25万多km²的水土流失亟待治理，高于全国平均水平。此外，已有治理成果存在薄弱环节，未能形成强有力的流域生态屏障功能。

---

① 蒲朝勇：《奋力推进黄河流域水土保持高质量发展》，《中国水利》2021年第18期。

其中，水土流失治理的重点和难点仍集中在黄土高原地区，而且这一状况将在一定时间范围内长期存在。黄河流域多沙粗沙区面积 7.86 万 km²，生境恶劣，水土流失异常严重，水土保持综合治理难度极大。因此，亟须加强对黄河流域尤其是重点区域的水土流失综合治理。

2. 传统水土保持措施体系功能亟待更新完善

传统水土保持措施体系功能亟待更新完善。应对现有水土保持措施体系功能开展系统评估，发现水土流失防治措施的薄弱环节，研发以山水林田湖草沙系统治理为目标的新型水土保持措施体系，助力改善流域生态系统的稳定性和多样性，发挥水土保持措施的群体效益，提升生态系统服务功能。例如，研究发现黄土高原地区水土保持林存在人工恢复植被结构单一、生态功能表现欠佳等问题，监测试验表明人工还林地的生物多样性和生态功能与天然次生林对照分别低 10%~15% 和 19%~65%。① 因此，未来营造水土保持林时要充分考虑合理的林分结构。淤地坝是黄土高原水土流失防治的重要措施，但现有淤地坝存在量多面广、建设标准低、泄洪设施不完善、在汛期暴雨天气下极易发生水毁事件等问题。因此，有必要对现有淤地坝开展调查和功能评估，加强高标准淤地坝的建设。

3. 水土保持监管能力有待加强

黄河流域是我国重要的粮食主产区，也是重要的能源、化工基地，资源生态承载力大，生产建设等人为破坏干扰严重，水土流失风险加剧。尽管社会公众对水土资源的保护意识日益提高，水土保持法律法规体系不断完善，监督执法持续加强，但水土保持监管面临新形势新要求，亟待调整监管方式、提高信息化智能化水平、加大问责惩戒力度，以发挥水土保持监管指挥棒的作用。

4. 水土保持监测能力和科研创新水平仍需提升

流域水土保持监测体系存在站网布局不合理、监测设备和手段落后等问题，难以满足高强度的流域监管任务。科研成果转化力度不够，尤其是在重

---

① 傅伯杰等：《黄土高原生态保护和高质量发展现状、问题与建议》，《中国科学院院刊》2023 年第 8 期。

点水土流失治理区，难以支撑和指导新时期水土保持高质量综合治理工作。科研创新水平仍需提升，重大科学问题凝练和聚焦不足，水土保持创新性关键技术有待突破。

三 黄河流域水土保持高质量发展对策和建议

（一）基于全域视角厘清黄河流域生态保护与修复的重点和关键科学问题，为水土保持高质量发展问诊把脉

1. 黄河上游水源涵养区生态保护和修复的重点和关键科学问题

黄河上游河湖湿地资源丰富，是黄河主要水源补给地。但区域草地生态系统退化、水源涵养功能低下和土地荒漠化问题十分突出。因此，黄河上游的重点和关键科学问题主要包括：一是如何实现草地生态系统保护与可持续管理？二是如何提升森林植被水文调节和水源涵养能力？三是如何评价、维持和提高上游地区固沙植被的稳定性？四是如何破解黄河上游水源涵养功能建设与流域水资源供给期望的矛盾?[①] 这些问题的解答将有力服务支持国家重大生态保护修复工程，恢复生态系统稳定性和弹性，提升区域水源涵养的生态服务功能。

2. 黄河中游水土保持林草植被恢复与工程措施水沙协同的重点和关键科学问题

黄河中游黄土高原地区是我国构筑"两屏三带"国家生态安全战略格局的核心区域，但也是我国水土流失最为严重的区域之一。因此，黄河中游的重点和关键科学问题主要包括：一是黄河中游水资源承载力是多少，不同区域适地适生态系统生态保护和修复模式是什么？二是黄土高原地区水土保持林草植被和梯田、拦沙坝、淤地坝等水土保持工程的适宜规模是多大？三是如何实现流域综合治理水沙协同耦合？四是中游地区大规模水土保持林草植被建设对流域水资源有哪些影响？这些问题的解答对于服务黄土高原林

---

① 高广磊等：《黄河流域生态保护与修复决策咨询报告》，2023 年。

271

草植被建设、改善区域生态环境质量具有重要意义。

3. 黄河下游湿地生态系统维持和功能增强的重点和关键科学问题

黄河三角洲面临湿地萎缩、功能退化、生物多样性下降等生态问题。因此，黄河下游的重点和关键科学问题主要包括：一是黄河下游生态基流应该维持在什么水平？二是下游地区冲沙用水量是多少？三是黄河三角洲湿地未来冲刷与淤积演变规律是什么？四是如何保护黄河三角洲湿地生物多样性？这些问题的解答有助于提升黄河下游三角洲生态系统的服务功能、推进滩区生态环境综合治理。

4. 黄河全流域生态补偿体系机制的重点和关键科学问题

黄河流域生态系统丰富多样，自然和人文环境条件差异较大，科学推进黄河流域大保护、大治理需要实施分段治理，但也需要全流域统筹。因此，黄河全流域的重点和关键科学问题主要包括：一是如何权衡和协同评价全流域生态系统服务功能，划定流域生态安全阈值？二是如何建立全流域生态保护和修复生态补偿制度？三是如何实现黄河流域人地耦合，协调发展，夯实脱贫攻坚成果，服务乡村振兴？四是如何实现黄河流域山水林田湖草沙综合治理、系统治理和源头治理？这些问题的解答对于保障黄河流域上中下游人地协调发展具有重要意义。

（二）持续推进重点区域水土流失综合治理，实施高质量山水林田湖草沙综合治理和精准治理，创新发展特色产业

以减少入河入库泥沙为目标，在中游黄土高原地区因地制宜实施小流域综合治理、坡耕地综合整治、淤地坝和林草植被等水土保持生态工程建设。实施粗泥沙拦沙工程，配套建设坡面水土保持措施，构建拦截入黄泥沙的第一道防线，减少黄河下游粗泥沙淤积。科学配置立体式综合防治措施，实施高质量山水林田湖草沙综合治理和精准治理。[①] 在山西、陕西、内蒙古等丘

---

① 苏佳园等：《论水土保持在黄河流域生态保护和高质量发展战略中的地位和作用》，《中国水土保持》2021 年第 11 期。

陵沟壑区构筑立体泥沙防御系统，减缓粗泥沙在下游河道的淤积；在多沙粗沙区新建高标准淤地坝，对老旧淤地坝和病险淤地坝进行升级改造。开展水土流失专项详查，为高质量精准化防治提供科学依据。

以水土保持项目为引领，创新发展特色产业。发挥水土保持在农业生产提质增效、巩固脱贫攻坚成果、实现乡村振兴战略中的作用。促进水土保持与生态农业、观光旅游、休闲康养等特色产业深度融合，走生态和经济协调发展、人与自然和谐共生之路。

（三）加强流域各类生产建设活动水土保持监管

水土保持监管是黄河流域生态文明建设的有力抓手和保障，目前水土保持监管工作仍处于不断发展和完善阶段，亟待补短板、强后劲、提升监管水平。应以水土保持率为主导目标，基于信息化手段创新水土保持监管路径和模式。重点加强能源与化工、矿产资源与基础设施、农林开发与道路建设等生产建设活动领域的水土保持监督执法。采用"互联网+监管"等信息化、智能化手段及时精准处理水土保持违法违规行为。强化信用监管，加大失信惩处力度。

（四）优化站网布局和建设，发挥水土保持监测支撑作用

优化和完善黄河流域水土保持监测站点布局及建设，加强砒砂岩区、粗泥沙集中来源区等生态极度脆弱区域监测网点建设，重视淤地坝等重点重大水土保持生态工程监测网点的建设；推动已有站点监测设备和设施的更新与升级改造工作；提出以流域高质量发展为目标的监测指标。构建高标准水土保持监测网络体系，为黄河流域生态保护和高质量发展提供有力的基础数据支撑平台。

（五）加强科技支撑作用，开展水土流失治理基础理论和关键技术研究

强化科技在水土保持高质量发展中的支撑作用，创建"顶层目标牵引、

重大任务带动、基础能力支撑"的科技运作模式，整合高校、科研院所和企业等优势创新平台，聚焦黄河流域重大科技需求，针对关键科学问题开展跨学科跨部门联合攻关，夯实基础研究探索，推广技术集成示范，引领水土保持科技前沿发展方向，支撑黄河流域生态保护和高质量发展国家战略。针对黄土高原水土流失规律及驱动机制、流域水沙变化过程对水土保持的响应、水土保持生态服务功能及其价值评估、各类水土保持措施碳汇潜力评价、不同类型水土流失区水土保持综合治理范式等科学问题开展基础理论和关键技术研究。深化黄土高原重力侵蚀机理、淤地坝相对平衡理论研究。研发黄土高原土壤侵蚀模型、淤地坝安全风险预警模型。开展黄河流域多沙粗沙区土壤侵蚀规律及关键防治技术研究。[1] 创新发展水土保持新技术、新工艺、新材料，加强水土保持科技成果试验示范及推广落地。开展黄河流域全域性水土流失综合科学考察，为黄河流域生态保护和高质量发展提供科学数据和决策咨询。

四 结语

水土保持功在当代、利在千秋，水土资源合理永续利用是黄河流域高质量发展的重要基石。新时期黄河流域水土保持应贯彻"节水优先、空间均衡、系统治理、两手发力"的治水思路，坚持"重在保护、要在治理"的理念，践行山水林田湖草沙综合治理、源头治理的路径。依靠科技创新手段，瞄准水土保持薄弱区域和关键环节，科学推进流域水土流失精准化高质量综合治理。全面严格履行水土资源保护法定职责，做好全域生态系统管理顶层设计和规划，依托水土保持生态工程，带动区域生态经济产业良性循环发展，为黄河流域生态保护和高质量发展提供重要支撑。

---

① 姚文艺、刘国彬：《新时期黄河流域水土保持战略目标的转变与发展对策》，《水土保持通报》2020 年第 5 期。

区域报告

G.6
青海省"两山"实践创新发展报告

师晓迪 李岱勋 刘志媛 杨朝霞*

摘　要： 青海省作为我国的生态高地、资源重地及战略要地,生态优势明显,生态经济相对落后,目前面临生态环境脆弱、水资源供需紧张、安全隐患突出等问题挑战。为推动高质量发展和高水平保护,青海坚持生态优先,立足省情实际,统筹推进黄河青海流域绿色低碳发展,取得显著成效。下一步,应继续认真践行"绿水青山就是金山银山"的重要理念,筑牢"中华水塔",着力推行绿色生产生活方式,提升支撑保障能力,全面推进"两山"转化。

关键词： 绿色低碳　"两山"实践创新基地　青海省　黄河流域

---

* 师晓迪,北京林业大学马克思主义学院博士研究生;李岱勋,北京林业大学马克思主义学院硕士研究生;刘志媛,博士,中国生态文明研究与促进会高级主管,研究方向为生态文明;杨朝霞,博士,北京林业大学生态文明研究院副院长,人文社会科学学院教授、博士生导师,研究方向为生态法治。

一 青海黄河流域绿色低碳发展现状

青海省位于我国西部，省域面积72.23万平方公里，占全国总面积的1/13，地处青藏高原东北部，是长江、黄河和澜沧江的发源地，又称"三江源"，素有"中华水塔"的美誉，是国家重要的生态安全屏障。黄河是中华民族的母亲河，黄河青海流域范围包括2市6州的35个县（市、区），土地面积27.78万平方公里。

黄河青海流域具有独特的生态优势，作为三江源、祁连山、青海湖、东部干旱山区等生态功能板块的核心组成部分，是森林、草原、湿地、荒漠生态系统集中分布和交错的典型区域，是重点生态功能区和水源涵养区。全省的政治、经济、文化活动主要汇聚在黄河流域，集中了全省81%的人口、72%的GDP、80%的耕地面积、81%的草场面积。

此外，青海省作为黄河流域经济总量最小的省份，黄河源头玉树州与入海口东营市的人均GDP相差超过10倍。流域内适宜发展和居住空间严重不足，国土空间开发强度和效率均偏低。西宁、海东两市以全省2.8%的土地面积，承载着全省63.8%的人口和61.2%的经济总量。随着人口持续增长、城镇化进程不断加快以及经济发展转型升级，资源环境瓶颈制约不断加深。黄河青海流域在推进生态保护与高质量发展过程中，面临一些突出问题和困难。一是生态保护成果巩固任务仍然艰巨，流域内生态环境脆弱且易发生退化。二是水资源供需矛盾问题突出，长期以来，"天上缺水、地上有水、贡献了水、用不到水"的问题十分突出。三是安全隐患仍然存在，防灾减灾设施体系尚不完善，生态安全、气候变化潜在问题突出。四是高质量发展支撑能力较薄弱，基建、产业、科技支撑不足。五是政策保障体系仍需完善。

（一）青海省绿色低碳发展的主要政策

党的十八大以来，习近平总书记两次考察青海，指出"生态环境保护和生态文明建设，是我国持续发展最为重要的基础。青海最大的价值在生态、最大的责任在生态、最大的潜力也在生态，必须把生态文明建设放在突出位置来抓，尊重自然、顺应自然、保护自然，筑牢国家生态安全屏障，实现经济效益、社会效益、生态效益相统一"。① 他强调"保护好青海生态环境，是'国之大者'。要牢固树立绿水青山就是金山银山理念，切实保护好地球第三极生态。要把三江源保护作为青海生态文明建设的重中之重，承担好维护生态安全、保护三江源、保护'中华水塔'的重大使命。要继续推进国家公园建设，理顺管理体制，创新运行机制，加强监督管理，强化政策支持，探索更多可复制可推广经验。要加强雪山冰川、江源流域、湖泊湿地、草原草甸、沙地荒漠等生态治理修复，全力推动青藏高原生物多样性保护。要积极推进黄河流域生态保护和高质量发展，综合整治水土流失，稳固提升水源涵养能力，促进水资源节约集约高效利用"。② 习近平总书记的讲话立足青海省情定位，突出黄河共同抓好大保护，协同推进大治理，着眼中华民族永续发展，为青海推进高质量发展和高水平保护提供了根本遵循。

2022 年 6 月，青海省委、青海省人民政府印发《黄河青海流域生态保护和高质量发展规划》。黄河青海流域范围涉及 2 市 6 州的 35 个县（市、区），土地面积 27.78 万平方公里。围绕战略定位、布局及发展目标，主要从生态保护修复、流域统筹治理、安全体系建设、促进城乡发展、保障改善民生、弘扬黄河文化等方面实施重点任务和工程。该规划的印发实施，高标准高起点，明确了黄河青海流域治理的时间表、路线图，突出了协同治理、综合施策的特征。青海在践行"两山"理念中，立足地区实际，主动对接国家重大战略，制定了一条由生态大省向生态强省、资源大省向特色生态经济强省转变的道路。

---

① 《习近平：尊重自然顺应自然保护自然 坚决筑牢国家生态安全屏障》，习近平系列重要讲话数据库，2016 年 8 月 24 日，http://jhsjk.people.cn/article/28663207。

② 《坚持以人民为中心深化改革开放 深入推进青藏高原生态保护和高质量发展》，习近平系列重要讲话数据库，2021 年 6 月 10 日，http://jhsjk.people.cn/article/32127201。

（二）青海省绿色低碳发展的主要成就[①]

一是筑牢"中华水塔"，生态基础不断夯实。国家公园建设走在全国前列，三江源国家公园正式设园，祁连山国家公园体制试点全面完成，青海湖国家公园创建迈出实质性步伐。举办首届国家公园论坛，以习近平总书记贺信精神为遵循发布了"西宁共识"。木里矿区生态环境综合整治三年行动任务基本完成，河湖长制和林长制体系全面建立，治理水土流失 2480 平方公里。空气质量优良天数比例达到 96% 以上，森林覆盖率达 7.5%，草原综合植被盖度达 57.9%。青海湖裸鲤蕴藏量从保护初期的 2600 吨恢复到 11.4 万吨，藏羚羊由最少时的不足 2 万只恢复到 7 万多只。

二是水资源利用率不断提高，落实最严格的水资源管理制度。2019 年，全省用水总量达 26.18 亿立方米，控制在 37.76 亿立方米年度目标之内。黄河流域地表水耗水量 7.84 亿立方米，低于国家下达青海的 14.1 亿立方米分配指标，有力支援了黄河中下游省区的发展，连续 6 年全面完成水资源管理"三条红线"年度目标。大力开展节水型社会建设，统筹推进农业、工业、城镇生活节水。西宁市入选全国节水型社会建设示范区。

三是沿黄水安全体系逐步完善。积极配合全流域开展生态调度、防洪调度，有效减轻了中下游防洪防凌压力，为保障流域水生态安全和经济社会可持续发展做出了贡献。黄河干流防洪主体工程全面建成，引大济湟石头峡水利枢纽、调水总干渠、湟水北干渠一期工程投入运行，西干渠、北干渠二期工程加快实施，沿黄四大水库灌区主体工程建成。

四是绿色发展方式加快转变。初步形成以国家公园、清洁能源、绿色有机农畜产品、高原美丽城镇、民族团结进步"五个示范省"建设为载体，以生态、循环、数字、平台"四种经济形态"为引领的经济转型发展新格局。黄河青海流域成为全国重要的清洁能源基地，布局国际互

[①] 《黄河青海流域生态保护和高质量发展规划》，青海省人民政府网站，2022 年 7 月 6 日，http://www.qinghai.gov.cn/xxgk/xxgk/fd/ghxx/202207/t20220706_190182.html。

联网数据专用通道和根镜像服务器,筹建先进储能国家重点实验室,建成青藏高原数据灾备中心等大数据项目。新型城镇化和乡村振兴战略双轮驱动有力,兰西城市群建设步入快车道,区域城乡发展的联动性、协同性大幅增强。

五是民生福祉得到显著提升。年均转移农牧区劳动力上百万人次,高校毕业生就业率达 85% 以上。教育、卫生、文化、扶贫等领域成效显著,九年义务教育巩固率达到 95% 以上,基层卫生机构标准化达标率达到 85% 以上,广播电视综合人口覆盖率达 98% 以上。社会保障水平大幅提升,全体居民可支配收入年均增长 9.9%。实现绝对贫困人口全部"清零"。三江源国家公园黄河源园区"一户一岗"设立 3042 个生态管护公益岗位①,农牧民增收渠道不断拓宽。加快美丽城镇和美丽乡村建设步伐,深入开展农牧区人居环境整治和"厕所革命",城乡近 1/3 人口改善了住房条件。农牧区饮水安全得到巩固提升,实现了饮水安全工程全覆盖。

六是黄河文化魅力日益彰显。深入挖掘黄河流域特色文化资源,建立了以国家级项目为龙头、省级项目为骨干、州县级项目为基础的四级非遗名录体系。热贡文化、格萨尔文化(果洛)、藏族文化(玉树)三个国家级文化生态保护实验区,土族文化(互助)、循化撒拉族文化等省级文化生态保护实验区建设加快推进。河湟文化博物馆、沈那遗址公园、喇家国家考古遗址公园等重大文化项目有序推进。沿黄文化旅游产业发展迅速,多措并举推进国家全域旅游示范区建设,旅游总收入连续 4 年保持 20% 以上增长。各族人民保护黄河的文化氛围越来越浓厚、信念越来越坚定,为凝聚保护黄河的青海力量奠定了坚实基础。

二 "两山"实践创新基地案例分析

青海省深入践行"绿水青山就是金山银山"发展理念,积极开展生

---

① 《黄河青海流域生态保护和高质量发展规划》,青海省发展改革委网站,2022 年 7 月 5 日,http://fgw.qinghai.gov.cn/zfxxgk/sdzdgknr/ghjh/cygh/202207/t20220705_81827.html。

态文明建设示范区和"两山"实践创新基地创建工作。截至2023年10月，全省已创建黄南藏族自治州、玉树藏族自治州、海北藏族自治州祁连县、黄南藏族自治州泽库县、果洛藏族自治州、西宁市城西区、海西蒙古族藏族自治州乌兰县等国家生态文明建设示范区和黄南藏族自治州河南蒙古族自治县、海南藏族自治州贵德县、海东市平安区、海西蒙古族藏族自治州乌兰县茶卡镇、玉树藏族自治州玉树市、海南藏族自治州同德县等"两山"实践创新基地。通过示范创建，青海探索出具有特色的"两山"转化模式，有力提升了地方绿色发展势头，形成了一批可复制、可推广的实践样板。

（一）黄南藏族自治州河南蒙古族自治县

黄南藏族自治州河南蒙古族自治县（以下简称"河南县"）位于青海省东南部、青甘川三省接合部、九曲黄河第一弯，是名副其实的"青海省南大门"和三江源头的生态屏障。河南县依托自身资源环境优势，"两山"转化实践在生态经济建设、蒙藏文化发展、人居环境改善等方面均取得了阶段性进展，"两山"转化已初具规模，并取得一定成效，转化潜力较大，现已进入高速发展阶段。

一是科技助推绿色有机产业。河南县充分利用天然草原生态优势和牲畜品种优势，建立完善的畜牧业生产、经营、质量管理体系，发展有机牛羊肉和乳制品，加强品牌建设。通过构建"园区+企业+合作社+牧户"的产业化运作模式，企业与牧民合作社建立产销联合机制，保障畜产品销售渠道畅通。目前，多家知名企业已入驻河南县生态有机畜牧业园区，合作社和参与牧户数量不断增加。通过这种模式，河南县的畜牧业产值和农牧民收入都得到了显著提升。大力发展生态水产业，利用天然矿泉水"一泉双水质"的优势，通过建立瀞度水生态产业园、成立高端饮用水企业、打造生态饮用水品牌等系统工程，打造生态水品牌，增加农牧民收入。

二是保护、传承蒙藏文化。河南县是青海省蒙藏药产业化示范县，境内有丰富的中藏药材资源，种类达300多种，其中涵盖了药用价值植物

133 种。通过蒙藏医院和蒙藏医药研究所的协同发展,河南县实现了蒙藏医药的发展,成效显著。充分挖掘蒙藏文化,已成功举办"那达慕"盛会 24 届,以生态为基底、文化为灵魂,通过举办"天骄杯"大型活动,实现了蒙古族游牧文化与现代市场经济、地方特色充分融合,将草原文化发扬光大。

三是推动形成绿色生活方式。河南县成立了"绿水青山就是金山银山"实践创新基地创建工作领导小组,以书记、县长为组长的"双组长"领导工作小组,制定"时间表",明确"路线图",全力推进"两山"实践创新基地建设。在出台"禁塑令"的基础上,河南县出台了《河南蒙古族自治县生态环境保护条例》等长效机制,以"县级干部责任田"为创新治理模式,为依法治理生态提供了法律依据。通过持之以恒抓"白色污染"治理,"禁塑"工作已从制度约束变为群众自觉。

河南县始终践行"绿水青山就是金山银山"的理念,坚定不移走绿色发展之路,扬生态有机优势,塑蒙藏文旅特色。利用资源禀赋,以科技转变生产方式,利用生态资源托起有机绿色大旗,挖掘蒙藏文化,并随时代进行变迁和调适,创造附加价值,推动形成绿色生产和生活方式,促进农牧民增收致富。

(二)海南藏族自治州贵德县

海南藏族自治州贵德县位于青海省东部,黄河流经县内 76.8 公里,素有"天下黄河贵德清"、"高原小江南"和西宁市"后花园"之美誉。长期以来,贵德县积极践行"两山"理念,创新推动生态优势转化为经济发展优势,探索出一条"两山"转化的"贵德路径"。

一是强化自然生态空间管控,守护黄河健康安澜。全面实施生态资源保护,科学合理划定重点生态功能区、环境敏感区、脆弱区以及生态保护红线,围绕黄河流域全面实施生态修复工程,因地制宜推进三江源生态保护和建设二期规划,高标准设计建设以千姿湖为核心的湿地公园,在全省率先建成黄河上游水污染防治和水生态修复示范项目——芦花湾水生态公园,成功创建国家生态文明建设示范区，黄河断面水质稳定达到 Ⅱ 类水体功能要求，"天下黄河贵德清"实至名归。

二是突出高原绿色产业发展，推进生态惠民、生态富民。围绕生态农牧业、绿色清洁工业、高原文化旅游业三大特色优势产业，持续推进"产业生态化与生态产业化"战略，成功打造贵德国家地质公园，建成 58 个省级生态文明建设示范村、14 个乡村旅游重点村、11 个农牧科技园区、3 个千亩以上露天蔬菜种植基地，10 个百亩以上种植基地，培育国家地理标志农畜产品 3 个、全国"一村一品"示范村 5 个，2020 年入选首批省级全域旅游示范区，实现旅游收入 17.73 亿元，区域自然价值加速转化，生态惠民、生态富民成效显著。

三是注重人居环境改善提升，建设生态宜居家园。构建"全方位覆盖、市场化运作、群众认可满意"的城乡一体化环卫机制，高标准建成 40 个高原美丽乡村，深入推进农牧区垃圾、污水、厕所"三大革命"，农村环境连片综合整治率达到 98%，建成投用全省首个农村智慧污水运维中心，农村人居环境整治、河湖长制落实工作受到国务院表彰激励。

通过持续加强生态文明建设的战略定力，深入践行"绿水青山就是金山银山"理念，坚定不移走绿色生态发展之路，科学打通"绿水青山"和"金山银山"双向转化通道，贵德真正走出了一条具有贵德特色的"两山"实践创新高质量发展路径，为全国"两山"实践创新基地建设提供了贵德范本。

（三）海东市平安区

平安区以习近平新时代中国特色社会主义思想为统领，践行"绿水青山就是金山银山"理念，始终坚持生态优先、绿色发展。坚持高位推动"两山"转化，成立了区委书记、区长任双组长的工作领导小组，印发工作方案，明确工作目标、任务、保障措施等路线图和时间表。平安区先后入选国家生态文明建设示范区、全国农村人居环境整治激励支持县、中国最具民俗文化特色旅游目的地、省级全域旅游示范区和全省河长制湖长制工作先进集体等，良好的生态环境已经成为平安区的核心竞争力和新的城市名片。

一是护土兴农，高原富硒产业品牌效应初显。平安区依托富硒土壤占比达到78%的资源优势，通过"园区+体验店+企业+合作社+农户"的多元经济主体共建新模式，成功培育富硒企业24家，以电商销售扶持为手段，打通富硒农特产品供销渠道，富硒产业已呈现集约化、规模化、特色化、多样化的发展特点。

二是多产融合，实现治荒造林产业与新能源结合发展。平安区引入科技公司，坚持生态修复与产业发展、"生态林+经济林"、产业发展与特色旅游、体育与研学等并重，多产融合、多措并举，成功打造大红岭生态田园综合开发项目，预计实现年生产值20亿元以上，带动农户年增收万元以上。洪水泉回族乡位于平安区西南部山梁，依托富硒资源优势和优越的地理条件，坚持开展植树造林生态修复，大力发展生态养殖和光伏产业，为乡村振兴注入绿色动力。

三是修复引领，文旅多业融合推进生态旅游。在修复生态的基础上，近年来平安区大力推动旅游发展，旅游业已成为平安区产业发展的新支柱，成功打造平安驿特色小镇，平安区先后入选"中国最具民俗文化特色旅游目的地"、"乡村振兴示范点"和"省级全域旅游示范区"等，平安区旅游扶贫项目收益率指标多年来高于6%，旅游业大发展带动了周边村民的脱贫致富。

平安区依托区位优势、富硒优势、人文旅游资源禀赋和生态环境良好的优势，在保护修复生态环境的同时，成功探索出富硒产业规模化与特色化发展、生态保护与多产融合的田园综合体、生态修复引领的全域生态旅游发展、文旅融合的平安驿特色小镇和新能源与生态种养有机结合等"两山"转化路径。

（四）海南藏族自治州同德县

同德县位于青海省东南部九曲黄河第二弯，是三江源草原草甸湿地生态功能区和黄河上游关键水源涵养区的重要组成部分，境内分布的三江源国家级自然保护区面积达 1238.1 平方公里，占县域总面积的 26.6%，草原综合植被覆盖率为 67.52%，森林覆盖率为 14.78%。近年来，同德积极探索具有高原特色的"两山"转化模式、路径和机制。

一是强化生态环境保护。全面开展国土绿化巩固提升三年行动，完成国土绿化 5.79 万亩、退化草地改良 12 万亩、草原有害生物防控 60 万亩。统筹推进大气、水、土壤污染防治，推进废弃矿山生态修复综合治理、绿色矿山创建和落后工艺淘汰，全县空气优良率达 99.29%，开展河流"清四乱"专项整治，整改河道问题 3 个，城镇污水处理率达 94.26%，垃圾无害化处理率达 95.79%，巴曲河地表水、县城饮用水水质优于Ⅲ类标准。累计建设完成绿色矿山 4 家，推动了全县矿业绿色转型升级和高质量发展。

二是打造高原生态产业标杆。投资 3.11 亿元，实施化肥农药减量增效行动试点、良种牦牛繁育基地建设、高标准养殖小区建设等项目 78 项，农牧业基础能力进一步提升。种植业结构不断优化。2022 年共发放农用贷款 4405.3 万元，完成农作物播种面积 20.78 万亩。建立粮油作物种子田 1.1 万亩。完成有机肥替代化肥 3.5 万亩，千亩粮油作物展示田 5 个。粮食产量达 24823 吨，油料产量达 2480 吨，粮食安全指数不断提升，牢牢端稳"中国饭碗"。农牧民专业合作社和家庭农牧场蓬勃发展，村集体经营性收入达 3484 万元。设立牛羊销售补贴资金 30 万元，建立价格补贴机制，建设活畜交易中心，实现牲畜出栏 32 万头（只），出栏率达 31.07%。科技引领作用不断增强。全县农作物良种覆盖率、农业主推技术到位率均达 95% 以上，青稞农作物生产全程机械化达 100%。

三是深化典型模式探索，长效保障"两山"双向转化。通过实施"三三布局"生态战略，全县生态恶化趋势得到遏制，生态环境得到有效改善，实现了经济发展与生态保护双丰收。实施"饲草基地建设—草产品加工—规模养殖—有机肥生产还田—有机畜产品开发"一体化的产业链培育，改变"每家每户有羊圈、每家每户要放羊"的个体畜牧业生产经营模式为"公司+基地+牧民"的产业链模式，形成农牧结合、种养一体的循环绿色发展机制。持续擦亮"净秀同德"农产品品牌，高水平建设绿色有机农畜产品输出地和牦牛标准化养殖场，稳步打造"中国良种牦牛示范县"。

（五）玉树藏族自治州玉树市

玉树市是长江和澜沧江上游重要的水源涵养区与生物多样性维护区，是三江源生态安全屏障的重要组成部分，承担着守护"中华水塔"、维护国家生态安全的重大使命。

一是实施三江源保护工程。玉树市依托三江源生态保护和建设工程，累计投资 2.12 亿元，开展黑土滩治理、退牧还草及草原有害生物防控等，草原技术推广服务能力和水平得到提升，草原综合植被覆盖度达到 67.74%。投资 5.07 亿元实施完成 0.82 万公顷的造林绿化工程，退耕还林 73.33 公顷，义务植树 12.05 万株，森林覆盖率达 17.03%。投资 6507.28 万元实施重点区域和 4 个矿点的生态修复工程。实施完成总投资 2615 万元的绿化提升和 2 万亩的森林抚育等项目，公益林（天然林）管护目标及国土绿化任务完成率均达 100%。

二是多途径助力产业转型升级。全市明确"高端、有机、品牌"的生态农牧业发展定位，以牦牛、藏羊、青稞、蔬菜等优势产业为重点，打造具有玉树地域特点的绿色有机品牌。培育有机品牌 3 个，2 家企业 10 类产品取得了国家绿色食品证书。"玉树牦牛""玉树芫根""玉树蕨麻"获得农产品地理标志登记保护；"玉树牦牛"入选中国特色农产品优势区名单，被列为青海农产品区域公用品牌，入选"中国农产品百强标志性品牌"，列入国家畜禽遗传资源保护名录。全市培育农牧业品牌 22 个，获得中国驰名商标 2 个、中国地理标志证明商标 5 个，青海省著名商标 11 个，打响了玉树市的绿色品牌。大力推进全域有机认证，全市已获得草场有机认证 350 万亩、已申报待认证 1500 万亩。2018 年，玉树市入选全国农村一二三产业融合发展先导区创建名单。2019 年，玉树市正式退出贫困县序列。2021 年，玉树市被确定为国家乡村振兴重点帮扶县。

三是全方位推进全域生态旅游。习近平总书记在参加十三届全国人大四次会议青海代表团审议时提出"打造国际生态旅游目的地"。作为三江源地区中心城市，玉树市抓住这一历史机遇，围绕打造国际生态旅游目的地的总体要求，充分利用隆宝国际湿地、巴塘河国家湿地公园等生态资源，以生态优势推动生态旅游发展。利用康巴文化以及嘉那嘛呢石经城、文成公主庙等藏传佛教文化资源，探索"三江源自然生态体验游+康巴人文历史探秘游+野生动物生态摄影游+自然探索科考研学游"等旅游发展模式。利用玉树赛马会和高原漂流，促进体育旅游融合发展。结合乡村振兴，发展特色乡村生态旅游。2022年接待国内外游客75.27万人次，旅游总收入达4.89亿元。

三 青海省"两山"实践创新的主要经验与发展建议

（一）主要经验

一是坚持生态优先、绿色发展。牢固树立"绿水青山就是金山银山"理念，尊重自然、顺应自然、保护自然。加大生态系统保护力度，推进资源全面节约和循环利用。优化国土空间开发格局，探索以生态优先、绿色发展为导向的高质量发展新路子。

二是坚持量水而行、节水优先。将水资源作为最大的刚性约束，坚持以水定城、以水定地、以水定人、以水定产。坚决抑制不合理用水需求，有效平衡生产、生活和生态用水。

三是坚持因地制宜、分类施策。把提升水源涵养能力作为首要任务，分区分类推进保护和治理，宜粮则粮、宜农则农、宜工则工、宜商则商，打造国家清洁能源产业高地、绿色有机农畜产品输出地和国际生态旅游目的地。

四是坚持统筹谋划、协同推进。牢固树立全流域生态系统保护一盘棋思想，共同抓好大保护、协同推进大治理，统筹推进流域内生态环境治理、重大基础设施建设布局、绿色现代产业体系培育壮大、文化保护传承弘扬等。

（二）发展建议

一是加强"两山"转化的理念认知。青海最大的价值在生态，最大的责任在生态，最大的潜力也在生态。在推进黄河青海流域"两山"转化过程中，应牢牢把握省情定位，深刻学习领会"绿水青山就是金山银山"的重要理念，坚持走生态优先绿色发展的新路子，凝聚社会合力共同推进黄河青海流域高质量发展，打造青海生态文明建设新高地。加强领导干部政治理论学习，树立绿色政绩观，立足各地区发展实际，推行绿色 GDP 考核。规范引导企业绿色发展，着力打造绿色产业示范基地，加强对当地企业的规范管控，落实优惠税收政策，促进原有产业转型升级，加强污染防治，对于生态环境敏感脆弱地区，整改后仍不达标的企业应坚决予以关停退出。大力弘扬绿色发展理念，挖掘黄河青海流域文化宝库，讲好黄河保护故事，努力在全社会范围内形成绿色生产生活新风尚。发挥国家生态文明建设示范区及"两山"实践创新基地示范引领作用，巩固深化建设成果，总结经验做法，辐射带动周边区域，推动全域转化。

二是夯实"两山"转化的生态基础。着力提升生态系统多样性、稳定性、持续性，筑牢"中华水塔"。坚持源头治理、整体保护，推进以国家公园为主体的自然保护地体系建设，加强三江源国家公园建设，努力推进祁连山、青海湖等新一批国家公园的设立。加强自然保护地整合优化，鼓励各地区立足主体功能区定位，提前谋划、统一规划所在地发展。制定人类活动管控负面清单，逐步建立专业化、职业化管护队伍。坚持自然恢复为主、人工修复为辅，根据退化程度及主要威胁因素采取差异化的修复措施，提升生态系统质量与栖息地的连通性。加强考核评估，对生态环境质量不达标的责任主体，依法依规严肃处理，用好河、湖、林长制，落实领导干部责任，将生态环境质量作为领导干部考核评价的重要依据。

三是拓宽"两山"转化的实践路径。落实生态补偿政策的兜底作用，扩大生态管护员选聘规模，提高待遇标准，加强草畜平衡管理，立足实际，科学评估，实行差异化的生态补偿政策，丰富生态补偿形式。加大地方财政转移支付力度，探索特许经营机制，坚持试点先行，加大对工矿企业项目退出及生态修复治理先进地区的奖补力度，在企业准入特许经营等方面予以照顾支持。加强"两山"实践创新基地建设，切实发挥中央财政资金效益。

加强居民职业技能培训，提升社区能力。建立健全生态产品价值实现机制，加强本底资源调查、制定生态产品价值核算机制、丰富生态产品供给，开展生态产品交易全链条研究。

四是加强"两山"转化的制度保证。厚植绿色发展根基，构建统一规范高效的管理体制，横纵结合加强部门协同、州县协同，建立政府各部门之间、政府与公众之间的协商议事机制，形成黄河青海流域生态保护合力。加强立法执法体系建设，加强顶层设计，推动相关保护条例细则出台，充实人员队伍，选聘培养专业执法队伍，重视基层执法队伍建设。对于流域内各类执法任务，探索由一个部门牵头，委托执法、联合执法等多种执法形式并存的执法机制，加强新技术运用，提升相关部门履职尽责能力。激发绿色发展活力，建立健全生态产品价值实现机制，形成生态产品调查监测、评价核算、产品开发、保护补偿全链条的工作闭环。坚持试点先行，以点带面，鼓励企业和基层先行先试，挖掘生态产品供给典型案例。统筹流域治理和区域协同发展。对于在推进流域保护与发展过程中，因保护目标而放弃一些发展机会的地区和群众，应加大中央财政资金转移支付力度，探索横向补偿机制。

四川省"两山"实践创新发展报告

赵曜 臧滕 聂春雷 吴明红*

摘　要： 四川省紧紧围绕习近平总书记视察四川的重要讲话精神，紧扣"打造美丽中国先行区"的功能定位，牢固树立"绿水青山就是金山银山"理念，积极推进绿色低碳发展工作，以"两山"实践创新基地建设为抓手，努力建设上风上水、天蓝地绿的生态城市。作为黄河流域沿线省区，建议四川未来加大对流域内绿色低碳政策和"两山"实践创新基地的关注和建设力度。

关键词： 绿色低碳　"两山"实践创新基地　四川省　黄河流域

黄河作为我国第二长河，其九曲第一弯流经四川省西北角，主要包括阿坝藏族羌族自治州（以下简称"阿坝州"）若尔盖县、阿坝县、松潘县、红原县（165公里）和甘孜藏族自治州石渠县（9公里）。为保护黄河上游生态屏障，四川立足自身资源优势和产业基础，通过能源、材料和科研等革新，加快推进地区生态环境从量变到质变。阿坝州作为长江、黄河共同的上游生态屏障，是黄河在四川省的主要流经地，也是本报告分析四川省推进黄河流域绿色低碳发展情况和"两山"实践创新基地案例的主要对象。

一　四川省黄河流域绿色低碳发展现状

四川省是我国探索低碳发展的先驱省份，经多年实践，在循环经济、低

---

* 赵曜、臧滕，北京林业大学马克思主义学院博士研究生；聂春雷，中国生态文明研究与促进会高级主管，研究方向为生态文明；吴明红，博士，北京林业大学生态文明智库中心副主任，马克思主义学院教授，研究方向为生态文明。

碳城市和碳交易机制等方面取得了显著成就。"十四五"期间，四川以"美丽四川"为引领，积极开展减污降碳协同增效工作，围绕黄河流域推进河湖长制建设，系统推进黄河生态治理，全面守护黄河生态健康，努力实现生态环境根本好转和碳达峰、碳中和两大战略任务。

（一）四川省黄河流域绿色低碳发展的主要政策

为实现习近平总书记在全国生态环境保护大会上强调的"把建设美丽中国摆在强国建设、民族复兴的突出位置，以高品质生态环境支撑高质量发展，加快推进人与自然和谐共生的现代化"[1] 等要求，四川省深入贯彻《黄河保护法》，不断推动黄河流域生态保护和高质量发展。《美丽四川建设战略规划纲要（2022—2035 年）》以"建立绿色低碳经济发展实验区"为定位，将减污降碳协同增效工作确定为重要战略目标，全面推进绿色转型。2023 年 7 月，由四川省主持召开"第二次黄河流域省级河湖长联席会议"，结合"减污降碳协同增效"工作系统展开"清河护岸净水保水禁渔"行动，维护黄河生态健康。

为实现"减污降碳协同增效"的高质量发展目标，省委、省政府印发的《关于深入打好污染防治攻坚战的实施意见》，将实现减污降碳协同增效作为总抓手，全面深入开展污染防治攻坚的"九大战役"。经四川省政府同意，省生态环境厅等七部门共同发布了《四川省减污降碳协同增效行动方案》，作为四川省双碳"1+N"政策体系的重要组成部分，以系统治理为理论指导，制定阶段性行动计划，实现了"源头替代、过程降碳、末端治理"协同发力的治理思路，推动减污降碳协同增效走深走实。

为发挥四川省绿色低碳产业发展优势，加快建成全国先进的绿色低碳技术创新策源地，省委、省政府牵头印发《四川省建设先进绿色低碳技术创新策源地实施方案（2022—2025 年）》，以清洁能源、晶硅光伏、动力电

---

[1] 《全社会行动起来做绿水青山就是金山银山理念的积极传播者和模范践行者》，习近平系列重要讲话数据库，2023 年 8 月 16 日，http://jhsjk.people.cn/article/40057576。

池、钒钛和存储五大绿色低碳优势产业的技术创新为核心内容，以省科技厅、省委组织部、省地方金融监管局、省经济合作局为牵头单位，统筹 19 个部门实现多方交互合作，就"优势产业技术突破、技术创新平台建设、创新企业主体培育、技术成果转化与产业化、建强科技人才队伍、强化技术创新金融支持、扩大技术交流与合作"等七项任务提出了具体的建设目标和任务安排。目标至 2025 年，突破重大关键技术 200 项以上，培育重点产品 100 个以上；绿色低碳领域重点实验室等创新平台达到 200 家以上；培育认定绿色低碳领域科技型中小企业 1000 家以上、高新技术企业 500 家以上；全省绿色低碳技术创新能力不断增强，形成持续稳定的科技供给，基本建成市场导向的绿色低碳技术创新体系。

（二）四川省黄河流域绿色低碳发展的主要成就

四川省在黄河流域生态保护和高质量发展全局中具有重要的战略地位，是全面实施绿色低碳转型战略的主战场。四川省沿黄地区深入推进产业绿色发展，加快重点产业绿色升级步伐，不断提升能源资源利用效率，黄河流域绿色低碳循环发展的经济体系初显雏形。为落实党中央、国务院关于碳达峰、碳中和重大决策部署，统筹处理好经济社会发展与应对气候变化、生态环境保护的内在联系，四川省在"十四五"期间践行"碳达峰后稳中有降"新发展理念，把"谋划碳中和愿景"作为重要支撑，全面推进经济高质量发展和环境高质量保护相统一的新发展格局。一方面，作为西部地区创新高地，不断推进高科技成果绿色转化。另一方面，基于科技创新和成果转化，加快引领能源低碳革命。"十三五"以来，四川省在传统产业持续转型升级方面累计淘汰退出 1561 家企业落后产能，全省短流程炼钢规模达到 1300 万吨，位居全国第三。绿色低碳优势产业加速壮大，全省绿色低碳优势产业增加值增长 19.8%。水电资源装机量、发电量均居全国第一位。① 全省规上工业单位增加值能耗累计下降 31.1%，超额完成国家下达目标任务，规上工

---

① 四川省经济和信息化厅：《四川省工业绿色低碳发展成效》，2023。

业单位增加值二氧化碳排放量累计下降 30% 以上。再生资源循环方面实现高效利用，废弃资源综合利用行业规上企业增加值增长近 90%。开展废钢铁、废塑料、新能源汽车废旧动力蓄电池等再生资源综合利用行业规范条件企业申报和动态管理，全省共培育 19 家国家级规范企业。

阿坝州在黄河流域绿色低碳发展中的贡献主要体现在以下几个方面。

一是重点领域实现低碳发展，生态系统碳汇能力不断提升。阿坝州坚持全域多层次增绿固碳，提高森林碳汇，推进林地绿地增汇。2023 年林地面积达 5855.34 万亩，常年有效管护天然林 5580 万亩。森林面积 3300 万亩，森林覆盖率 26.5%，森林蓄积 4.6 亿立方米，实现森林面积蓄积"双增长"。通过加强林业生态系统建设及管护，天然草地面积达 4728.38 万亩，巩固退耕还林成果 76.68 万亩。人工造林 4.56 万亩，全民义务植树参加人数 53.1 万人，植树 351.9 万株。完成沙化土地治理 8.4 万亩，退化草原改良 84.5 万亩。

二是贯彻全民低碳理念，构筑绿色共同行动格局。阿坝州九寨沟县、汶川县积极宣传低碳发展理念，通过主题活动，以现场发放资料、现场咨询服务方式开展集中宣传活动，普及应对气候变化知识，积极呼吁广大群众践行绿色生产生活方式。通过提升公众低碳意识，倡导公众选择简约适度、绿色低碳的生活方式，乱砍滥伐和毁林开荒现象得到有效遏制，通过宣传引导提高了群众对太阳能、液化气和电能等清洁能源的利用率。乡村建设中积极配合村民做好秸秆还田、喂牛羊再利用等工作。

三是坚持在发展中减排，促进产业低碳发展与转型。阿坝州绿色工业发展的科技支撑进一步增强，全州共有省级企业技术中心 2 家，省级绿色工厂 2 个，州级企业技术中心 20 家，省级创新型企业 4 家，省级"专精特新"中小企业 16 家，科技创新对阿坝工业经济支撑引领作用明显增强。[①] 九寨沟县坚持"全域发展、绿色崛起"总体战略，将"绿水青山就是金山银山"理念和"双碳"战略贯穿现代化产业体系建设全过程。推动生态农业、绿

<hr />

① 易西：《绿色发展　生态经济引领高质量发展》，《四川日报》2023 年 9 月 15 日。

色工业、现代服务业的高质量发展,把低碳产业振兴作为乡村振兴的重中之重,农业现代化水平不断提升。统筹发展与绿色低碳转型,健全"飞地"园区投融资、服务管理、市场化利益分享等机制,推进新型智慧城市建设,促进民族文化工艺产业实现集约化、规模化发展。

四是深挖重点领域降碳能力,提高能源利用效率。阿坝州推进产业生态化转型,确立打造"水光风多能互补"清洁能源体系的目标,加快推进覆盖 13 个县(市)、共计 156 个、总规划规模 8039 万千瓦的光伏项目建设,积极探索氢能、风能开发利用,大力推进"风光水储"多能互补、源网荷储融合发展以及新能源相关装备制造、产业链条延伸,加快建成国家级清洁能源基地,提高绿色发展水平。汶川县加快开发利用丰富的太阳能资源,努力构建清洁低碳、安全高效的能源供应体系,为经济社会平稳发展提供可靠的电力支撑。推进存量企业升级改造,提升节能降耗管理工作信息化水平,大力推进企业清洁生产等方式。同时,聚焦工业企业降碳难点问题,坚持污染防治末端治理和源头治理两手抓,全力推进工业企业环保设施提升改造,淘汰落后产能。阿坝县聚力打造国家重要清洁能源基地,加快建设生态美丽、和谐幸福、富裕小康家园。扎实推进"七大保护"行动和"绿色低碳发展",坚持山水林田湖草沙一体化保护和系统治理。若尔盖县以最佳清洁能源示范基地建设为目标,全面梳理、精准掌握水、风、光清洁能源资源现状,从注重清洁能源开发入手,着力走好"生态优先、绿色低碳"发展之路,大力实施全面绿色发展战略,全力推动绿色低碳能源产业发展。目前,全县已实现麦溪扶贫光伏、降扎下石门电站并网发电,4 万千瓦光伏治沙试点项目正在加快推进,新增光伏及水电装机容量 6.7 万千瓦。

五是构建功能清晰的低碳发展格局,大力发展循环经济。阿坝县发展绿色生态产业,统筹考虑经济社会发展水平、资源禀赋、减排潜力等因素,实施差异化碳排放控制要求,推动发展低碳循环的绿色经济,提升资源综合利用率。主要污染物排放总量持续减少,绿色低碳经济持续壮大,生态文明建设取得更大突破性进展,以实际行动持续筑牢黄河上游生态屏障,以实际成效坚决扛起维护国家生态安全的重任。

二 "两山"实践创新基地案例分析

四川省以"两山"理念的创新实践擦亮黄河流域及其周边地区的高质量发展生态底色,依托自身良好的生态底蕴和绿色产业结构,围绕美丽四川"四个方面"建设任务和要求,正在持续提升生态产品供给水平和保障能力。但黄河流域四川段整体较短,目前四川省"两山"实践创新基地建设成果还未涉及黄河流域。为加快四川省全域推进"两山"转化目标,打造真正实现绿色发展、生态惠民"两山"实践创新基地的四川样板,四川省政府常务会议多次强调,要始终把生态保护作为高质量发展的红线、基准线,不利于黄河流域生态保护的事坚决不做,统筹推进山水林田湖草沙冰一体化保护和治理,确保"一江清水向东流"。

(一)阿坝州"两山"实践创新基地建设

为贯彻党的二十大关于"促进人与自然和谐共生"的重大决策,落实省委、省政府高质量发展战略行动要求,阿坝州立足川西北生态示范区的特殊定位,不断推进生态系统治理,深化"绿水青山就是金山银山"科学内涵,坚定扛起建设长江黄河上游生态屏障、维护国家生态安全的重大政治责任,围绕"生态、产业、乡村振兴"确立了"一州两区三家园"战略新目标。① 通过生态体系不断健全,形成导向清晰、多元参与、良性互动的环境治理体系,从宏观上推动区域空间格局优化。通过生态保护全域推进,突出系统性、平衡性、和谐性,实现"七大保护"行动全域开展。通过生态治理有序实施,坚持综合治理、系统治理、源头治

---

① 《阿坝州创建国家生态文明建设示范区省级验收汇报会召开》,小金县人民政府网站,2023年7月17日,http://www.xiaojin.gov.cn/xjxrmzf/c101581/202307/5f6920b873e44c93b93ee54db8049828.shtml。

理,加快实施"七大治理"工程。①

通过认真践行"两山"理念,阿坝州共建成汶川县和九寨沟县两个"两山"实践创新基地,2023年四川省入选全国第七批"两山"实践创新基地的是四川天府新区和甘孜州丹巴县,但四处基地均不在黄河流域范围内。为推动黄河流域四川段的"两山"实践,阿坝州一方面不断巩固拓展汶川县、九寨沟县的"两山"实践创新基地建设成果,另一方面依托现有成果和经验积极鼓励其他县(市)开展创建工作。在此基础之上,建议以国家生态文明建设示范区、"山水工程"、对口合作等在建项目为基础,助推阿坝州"两山"实践创新基地建设。

(二)阿坝州"两山"实践创新基地建设的主要做法

首先,阿坝州建成和待建"两山"实践创新基地的各县(市)基于本地生态文化特色,不断推进自身建设,打造四川绿色生态"金名片"。

在已建成"两山"实践创新基地的两县中,汶川县赵公村作为"两山"理念的实践样板,以生态振兴支撑乡村振兴,科学探索出"三产带一产、一产促三产、三大产业互动"的新型发展模式,全面拓宽"两山"双向转化通道,围绕"生态、美丽、宜居"发展目标,因地制宜大力发展乡村旅游产业,不断改善群众生产生活环境。② 汶川县人民法院开展以"人与自然和谐共生 我们在行动"为主题的环资宣传系列活动,通过宣传绿色低碳生活理念,提高公民环境资源保护意识。③ 九寨沟县作为全国首批、四川首个"两山"实践创新基地,将生活垃圾处理厂作为重大环保项目,促进城市生活垃圾无害化处置利用,有机实现生态效益、经济效益、社

① 《阿坝州"三新"举措推进生态保护治理》,阿坝州人民政府网站,2023年5月29日,http://www.abazhou.gov.cn/abazhou/c101955/202305/946778f24f0e4cf48a72256ae3e0a90d.shtml。

② 《运好"生态笔" 绘就乡村美丽画卷——汶川县赵公村践行"两山"理论的生动实践》,阿坝州人民政府网站,2023年4月19日,http://www.abazhou.gov.cn/abazhou/c107060/202304/a3199c2a15b74d1b90507a02e074f41d.shtml。

③ 《倡导低碳生活 护航绿水青山》,汶川县人民政府网站,2023年6月6日,http://www.wenchuan.gov.cn/wcxrmzf/c100193/202306/3e8d0c401dce4cacabfbbcea188c0ea4.shtml。

会效益三者统一，对推进全县经济社会高质量发展产生重大而深远的影响。①

在待建成"两山"实践创新基地的各县（市）中，松潘县根据阿坝州"雪山冰川也是金山银山"的独特解读②，不断挖掘本地的生态潜力，紧扣建设"高原生态家园"目标，全力实施"一城两心三地"发展战略。从"创新体制机制、完善基础设施和加大招商引资力度"三方面出发，成立由县委书记、县长任双组长的工作领导小组，形成"分工明确、统筹推进，全员动手、齐抓共管"的推进机制。创新制定旅游市场监管"1+1+10+N"工作机制及办法，有效净化旅游环境。通过优化"铁公机"交通网络和公共服务设施，提升旅游智慧化水平，夯实创建基础。通过政府杠杆资金撬动社会投资，吸引投资超过 50 亿元，全面提升旅游综合竞争力。2022 年，松潘接待游客总量达到 667 万人次，实现旅游收入 57 亿元，两项数据较 2021 年实现"双增长"。2023 年 3 月，松潘审议通过《创建天府旅游名县领导包片责任分工方案》和《天府旅游名县创建宣传工作专项方案》，全力争创"天府旅游名县"，助力现代化松潘建设。③

其次，建议阿坝州从各项在建项目出发，助推生态保护与生态产业协调发展，挖掘"两山"实践创新基地建设新路径。

一是以创建国家生态文明建设示范区为基础。在"创建国家生态文明建设示范区省级验收汇报会"上，阿坝州委、州政府表示将对标黄河流域生态"重在保护、要在治理，高质量发展"重要要求，对照创建标准，持续改善和提升生态环境质量。以创建国家生态文明建设示范区为契机，全面贯彻新发展理念，大力发展生态经济、循环经济、低碳经济，不断推动

---

① 《九寨沟县：绿色低碳环保 共享美好未来》，阿坝州人民政府网站，2023 年 2 月 23 日，http：//www.abazhou.gov.cn/abazhou/c101544/202302/a6d8f06fe32c4b9096bea0406af85fe3.shtml。

② 《阿坝州坚决筑牢长江黄河上游生态屏障》，松潘县人民政府网站，2023 年 5 月 23 日，http：//www.songpan.gov.cn/spxrmzf/zzfxx/202305/e82e4addbbb347e3b97cef7ec07e3b2b.shtml。

③ 《松潘县：锚定目标勇争先 旅游发展谱新篇》，松潘县人民政府网站，2023 年 5 月 23 日，http：//www.songpan.gov.cn/spxrmzf/c100050/202304/bd132c891602450596455aff5191fc6f.shtml。

"绿水青山"向"金山银山"转化。①

二是以"山水工程"为基础。阿坝州根据本地生态条件积极推进"山水工程"建设,也为创建"两山"实践创新基地提供了生态和经济效益基础。2022 年 7 月,阿坝县召开第十四届人民政府第 3 次全体会议暨 2022 年上半年经济形势分析会,就"山水工程"等重大项目提出要组建工作专班,压紧压实项目建设责任。② 2023 年 2 月,阿坝县召开第 7 次山水项目推进会,讨论了《阿坝县山水项目日常监督管理方案》,对各项目业主部门就"持续稳步推进山水项目落实落地"提出"明确目标,抓好进度;明白任务,抓好质量;明确责任,抓好廉洁"三项要求。③ 同年 8 月,《阿坝县山水工程 2023 年度实施方案》进入送审阶段。松潘县若尔盖草原"湿地山水林田湖草沙冰一体化保护和修复工程"入选第二批山水林田湖草沙一体化保护和修复国家示范工程项目。项目的持续实施将全面恢复高寒湿地生态系统功能,巩固提升生态固碳能力;有效改善 16.8 万名农牧民生产生活条件,预计带动实现生态产业产值 133 亿元,进一步推动黄河源区生态经济社会高质量发展。④

三是以对口合作为基础。2023 年 6 月,阿坝州茂县正式公布实施《茂县"绿水青山就是金山银山"实践创新基地建设实施方案(2023—2030年)》,积极构筑绿水青山、推动"两山"转化、建立长效机制。⑤ 同年 7

---

① 《阿坝州创建国家生态文明建设示范区省级验收汇报会召开》,小金县人民政府网站,2023 年 7 月 17 日,http://www.xiaojin.gov.cn/xjxrmzf/c101581/202307/5f6920b873e44c93b93ee54db8049828.shtml。

② 《阿坝县召开第十四届人民政府第 3 次全体会议暨 2022 年上半年经济形势分析会》,阿坝县人民政府网站,2023 年 7 月 22 日,http://www.abaxian.gov.cn/abxrmzf/c100050/202207/c012942afea941339b0505726984fbe9.shtml。

③ 《阿坝县召开第十四届人民政府第 3 次全体会议暨 2022 年上半年经济形势分析会》,阿坝县人民政府网站,2023 年 7 月 22 日,http://www.abaxian.gov.cn/abxrmzf/c100050/202207/c012942afea941339b0505726984fbe9.shtml。

④ 《若尔盖山水工程项目累计完成投资 16.79 亿元》,若尔盖县人民政府网站,2023 年 2 月 23 日,http://www.ruoergai.gov.cn/regxrmzf/c100050/202302/ab869a1edc834dcf8e23aa890e56c65d.shtml。

⑤ 《茂县"绿水青山就是金山银山"实践创新基地建设实施方案(2023—2030 年)》,茂县人民政府网站,2023 年 6 月 19 日,https://maoxian.gov.cn/mxrmzf/c101647/202306/ecb80820c7dd465d93b80539f0340e19.shtml。

月，茂县与浙江省平湖市签订《文旅共同发展战略合作框架协议》，开展对口支援工作。在乡村振兴专项建设中，茂县提出希望通过协作实现生态振兴，就茂县争创国家级"两山"实践创新基地得到平湖市支持。① 其他县（市）可参考茂县做法助推本地"两山"实践创新基地等生态项目的建设。

三 四川省"两山"实践创新的主要经验与政策建议

（一）主要经验

坚持山水林田湖草沙一体化治理，筑牢生态安全屏障。黄河干流流经阿坝州 165 公里，约占黄河总长度的 3.18%。裸露基岩治理是四川黄河上游若尔盖草原湿地山水林田湖草沙冰一体化保护和修复的有力举措之一。阿坝州接续开展退耕还林、防沙治沙、草畜平衡等行动，草原综合植被覆盖度达 82.9%，水土保持率达 88.2%，国家重点保护野生动物保护率达 95% 以上，"中华水塔"生态屏障更加牢固。

聚焦"两山"文化品牌，打造绿色生态"金名片"。依靠生态修复保值增值自然资本，发展生态文化旅游，体现绿色富民惠民。采用"特色镇+林盘+产业园""特色镇+林盘+农业园区""特色镇+林盘+景区"三种建设模式，统筹推进林盘保护修复，塑造"中国川西林盘聚落"，同时依靠传统川西林盘"田、林、水、院"生态格局优势，发展农旅融合产业和康养产业。"木头经济"拉开工业序幕，水电崛起发挥支柱作用，旅游腾飞调优产业结构，打造大熊猫世界级 IP，推动大熊猫国家公园落地挂牌，带动周边区域价值增长。

推动科技生态农业发展，挖掘产业升级新路径。以西北部现代草原畜牧业示范区、中部特色养殖及立体生态种植示范区、东北部和南部现代高效种

① 《平湖市—茂县对口支援工作联席会议召开》，茂县人民政府网站，2023 年 7 月 20 日，http: // www. maoxian. gov. cn/mxrmzf/c100050/202307/44512bdb9ce34ad9b54aa80d11a33849. shtml。

植及设施养殖示范区为核心，做优做强一批现代高原畜牧业，做精做细一批现代高原种植业，联合周围园区逐步形成农旅融合的全域体验空间。在深度上体现功能和产业的融合，在广度上体现区域和领域的融合，正是这种融合的多样性满足了市场的个性化需求，也体现了生态保护与农业农村的协调发展，有效支撑阿坝州"一州两区三家园"总体战略目标如期实现。

（二）政策建议

1. 加强生态空间管控，筑牢长江黄河上游生态屏障

（1）强化分类分区管控，优化生态安全格局

严格落实生态保护红线划定方案，建立健全监督管理协同机制，确保生态保护红线功能不降低、面积不减少、性质不改变。坚决落实最严格的耕地保护制度，进一步加大规划计划管控力度，严格建设占用耕地审批，加强耕地保护执法，坚守耕地保护规模底线。推进耕地和永久基本农田集中连片保护，确保耕地和永久基本农田规模总量、空间布局达到相关要求，充分发挥耕地和永久基本农田的规模生态效益和生态屏障作用。严格管理生态控制区内建设行为，保障生态空间只增不减、土地开发强度只降不升。聚焦生态保护红线、河道蓝线等生态空间，衔接国土空间规划分区和用途管制要求，统筹建设空间和山水林田湖草沙冰非建设空间，遵循用途主导功能原则，针对不同生态要素和生态空间分级分类制定建设活动管控要求。

（2）促进生态修复与建设，构建生态保护屏障

开展全省生态环境质量诊断工作，研究制定生态环境质量指数优化提升方案，围绕短板指标，落实生态环境质量提升措施及重点工程，推动生态环境质量指数稳步提升。精细化培育森林生态屏障，加强湿地保护与恢复，聚焦生态修复重点区域，加强金沙江上游高原区水源涵养与生物多样性保护修复、黄河上游若尔盖草原湿地水源涵养生态保护和修复、生态保护和修复支撑体系建设等10项重大工程。

（3）重视生物多样性保护，提升生物安全管理水平

完善生物物种保护体系，加强珍稀濒危特有野生动植物保护，摸清全省

现有的国家级和省级重点保护野生动植物，加大野生动植物保护力度，推动极小种群野生植物保育工作。同时，加强外来物种风险防控，开展外来入侵物种普查，摸清种类数量、分布范围、危害程度等，建立外来入侵物种管理名录。加强外来物种引入后使用和经营行为的监督管理，使用和经营单位或个人要采取安全可靠的防范与应急处置措施，防止引入外来物种逃逸、扩散造成危害。

2. 推动"绿水青山"与"金山银山"双向转化，实现绿色高质量发展

（1）发展绿色生态产业，促进生态产品价值实现

以贾洛镇、求吉玛乡草业集体经济，辐射带动县域经济向好发展。阿坝州全力打造"公园城市现代都市农业示范区"，以数字化带动农业现代化，着力建设集生产、生活、生态于一体，一二三产相融合的国家级现代都市农业核心示范区。围绕农业科技高地、都市农业典范、乡村振兴窗口、要素保障等给予政府补贴，构建具有独特优势和发展潜力的现代农业产业化体系。构建"天然草原+人工草地+适度放牧+圈养补饲+科技支撑+牲畜保险+大数据平台监管"产业发展模式。加强特色林盘经济发展，在不破坏森林资源、不改变林地用途的前提下，有序发展林药、林菜、林草、林花、林菌、林茶等林下种植和林禽、林畜、林蜂等林下养殖，促进特色生态林盘产业发展。强化特色农业品牌优势，争取实现品牌农产品质量标准体系全覆盖，努力打造在国内外享有较高知名度和影响力的四川农产品整体品牌形象。

（2）推进产业生态化转型，提高绿色发展水平

推动产业结构优化提升，严格执行新增产业的禁止和限制目录、工业污染行业生产工艺调整退出及设备淘汰目录，有序推动一般制造业企业疏解，重点实施集体产业用地减量。构建绿色智能制造体系，发挥绿色技术引领示范作用，支持企业加大绿色产品研发、设计和生产投入，构建绿色产业链。推动制造业企业智能化、绿色化转型升级，建设一批具有示范带动作用的绿色工厂。发展能源科技应用新模式，紧抓国家"双碳"战略发展机遇，深化人工智能等信息技术在节能低碳领域的应用，发展分布式能源、储能系

统、智能微电网等先进能源新业态,培育一批综合实力较强的能源可持续发展系统优化服务供应商,提升四川"双碳"工作推进技术能力。

(3)推动林盘产业融合发展,促进农民持续增收

推动农业与旅游业融合发展,大力发展林盘休闲农业。在休闲农业与乡村旅游重要节点,整合农副土特产资源,挖掘乡村民俗文化底蕴,推动农业与休闲旅游、文化体验、健康养老等深度融合,培育发展"林盘+乡土文化体验"、"林盘+传统农事体验"、"林盘+观光采摘"、"林盘+创意会展"和"林盘+亲子研学"等都市休闲农业新业态,形成一批特色林盘乡村旅游项目,支持具备条件的镇建设配套完善、特色突出、集中连片、多业态融合的休闲林盘区。

(4)激活乡村生态价值,推动全域生态旅游

激活乡村生态价值,促进农商文旅融合发展。依托川西林盘等特色生态资源,通过实施整田、护林、理水、改院,建设涵盖自然风景、冰雪运动、长征遗迹、藏羌民俗等多类型的景观体系,形成"产业围绕旅游转、产品围绕旅游造、结构围绕旅游调"的全域旅游发展格局。文、农、旅三位一体,以生态保护和环境可持续发展为原则,以市场经济区域协作为手段,以区域价值综合开发为核心理念,以文农旅融合为产业引擎,以打造新中产田园生活方式为核心吸引力推动传统农耕转型,构建"老区红、生态绿、现代灰并举"的旅游模式,形成具有阿坝特色的文旅融合全域发展之路,以生态产业发展引领农民致富和区域发展,带动乡村振兴。

3. 建立健全长效保障机制,助力"两山"持续转化

(1)强化绿水青山保护主体责任,长效保障"两山"转化

统筹全省水、森林、耕地和基本农田等生态资源,厘清河界、林缘、田边的界线范围,统一管理、统一部署、统一调度,强化山水林田湖草沙冰生命共同体整体保护。持续开展领导干部自然资源资产审计工作,纳入年度审计项目计划,有序推动领导干部自然资源资产离任(任中)审计全覆盖,深化审计内容,强化结果运用,发挥审计监督在自然资源资产管理、生态环境保护和生态文明建设中的积极作用。

（2）健全生态产品价值评价机制，促进生态产品价值增值

建立生态产品价值实现体系机制，探索将生态产品价值核算基础数据纳入国民经济核算体系，依据全省生态产品价值核算指标体系和技术规范，开展生态产品价值核算研究，推动生态优势向价值优势转化。构建生态产品价值实现支撑体系，加快完成自然资源统一确权登记，清晰界定自然资源资产产权主体，划清所有权和使用权边界，丰富使用权类型，合理界定权责归属。依托确权登记明确生态产品权责归属，开展生态产品基础信息调查。

（3）强化生态环境保护监管，提升监测监管能力和财政保障机制

构建完善生态监测网络体系，配合相关部门建设涵盖森林、河湖湿地、农田、草地等典型生态系统的地面生态监测网络，对重点生态控制单元生态系统开展常规化跟踪监测与评价。加强生态环境监测能力建设，推进生态环境监测机构能力标准化建设，提高监测信息化水平和数据综合分析等监测能力。建立财政长效保障机制，统筹资金保障"两山"实践创新基地建设，优先将各重点任务纳入年度预算统筹安排，加大资金整合力度，创新政府性资金投入方式，提高资金使用效益。完善多元化生态环境投融资机制，鼓励通过多渠道引入社会资金参与"两山"实践创新基地建设，大力发展绿色金融，鼓励金融机构对生态产业提供绿色信贷支持和保险服务。

甘肃省"两山"实践创新发展报告

黄蕊蕊　许丹阳　张建成·杨朝霞*

摘　要： 甘肃省作为黄河流域的重要水源涵养区、补给区以及国家"两屏三带"生态安全战略的重点保护区,沿着绿色发展、持续发展、统筹发展、一体发展的路子,立足区域特色,坚持因地制宜,通过实践与制度创新探索出了"两山"转化的有效机制。本报告立足甘肃实际分析省域绿色低碳发展、"两山"转化的情况,对古浪县八步沙林场、平凉市崇信县、庆阳市南梁镇等"两山"实践创新基地进行深入剖析,探索其创建经验和发展模式,总结其将"绿水青山"转化为"金山银山"的有效机制,以期为提高生态产品供给能力、推进绿色高质量发展、"两山"实践创新基地的持续创建及发展提供参考和借鉴。

关键词： 甘肃省　黄河流域　"两山"实践创新基地　绿色低碳

一　甘肃省黄河流域绿色低碳发展现状

甘肃省位于黄河中上游,地域辽阔,是黄河重要的水源涵养区。黄河在甘肃"两进两出",跨越9个市(州),流经913公里,占有1/5以上水量,流域面积14.59万平方公里。地处西北的甘肃省生态环境脆弱,自然条件恶劣。2017年以来,甘肃省致力于筑牢生态安全屏障,积极培育发展绿色生

---

* 黄蕊蕊、许丹阳,北京林业大学马克思主义学院博士研究生;张建成,中国生态文明研究与促进会创建部主任,高级工程师,研究方向为生态文明;杨朝霞,博士,北京林业大学生态文明研究院副院长、人文社会科学学院教授、博士生导师,研究方向为生态法治。

态产业，加快生态系统保护与修复，完善构建生态文明制度体系。截至
2022 年，黄河流域甘肃段 41 个国考断面水质优良，空气质量总体稳步改
善，土壤环境质量保持稳定，环境风险得到有效防控。计划到 2025 年，甘
肃省生态环境质量明显改善，清洁、高效、低碳生产将占主导地位。

（一）甘肃省绿色低碳发展的主要政策

甘肃省自 20 世纪 80 年代末和 90 年代初开始致力于绿色低碳发展。近
年来，甘肃省在践行"两山"理念的过程中，不断护绿、增绿、用绿、活
绿，努力实现生态效益、社会效益和经济效益的有机统一。

甘肃省于 2013 年出台了《甘肃省生态文明建设规划（2013—2020
年）》，明确"两山"理念的核心思想和总体目标，侧重于保护生态环境和
提高生态效益。2014 年，发布了《甘肃省建设国家生态安全屏障综合试验
区 2014 年实施方案》和《甘肃省生态保护与建设规划（2014—2020
年）》，两项规划重点推进林业工程、退耕还林、退牧还草等生态工程。
2015～2017 年，甘肃省相继发布《甘肃省推进生态文明建设实施方案
（2016—2020 年）》和《关于进一步加快推进生态文明制度建设的意见》，
提出践行"两山"理念的实施路径，侧重于制度体系建设、主体功能区划
分、生态安全屏障试点、扶贫攻坚、建设循环经济示范区、绿色产业和意识
培养等措施。2018 年，甘肃省发布《甘肃省生态保护红线划定方案》和
《甘肃省生态环境损害赔偿和生态环境损害评估办法》，明确了生态保护红
线的划定范围和保护要求，加强对生态环境损害的惩罚和修复措施。随后，
2020 年 1 月，新修订的《甘肃省环境保护条例》生效，采取最严格的制度
和最严密的法治方式来保护生态环境。2021 年 12 月，甘肃省发布《甘肃省
"十四五"生态环境保护规划》，再次提出实施生态环境保护的具体措施，
重点从体制改革、污染防治、生态安全屏障、黄河流域、绿色转型、环境安
全等方面着手实施。2023 年，出台《中共甘肃省委关于进一步加强生态文
明建设的决定》。该决定明确通过"转型""扩绿""减污""治沙""兴
水""防灾"等六大措施，推进植树造林，提升植被盖度，促进全省生态文

明建设、生态环境整体好转。这些政策文件及法规条例的出台发布，引领推动甘肃省生态保护、绿色能源、循环经济、环境污染防治和资源节约利用的积极实施，加强了经济与环境的良性互动。

（二）甘肃省绿色低碳发展的主要成就

近年来，甘肃省积极践行"两山"理念，全面推进夯实绿色根基，统筹生态环境保护、绿色产业结构调整及人居环境污染治理，协同推进降碳、减污、扩绿和增效，为成功创建"两山"实践创新基地奠定基础，产生积极示范作用。

1. 生态建设水平稳步提升，黄河国家战略深入实施

甘肃省通过退耕还林还草和生态修复等工程，综合保护和治理山水林田湖草沙，加大生态环境保护力度。2015 年，甘南州掀起"环境革命"，经历深入人心的洗礼，最终在 2018 年实现了雪域藏乡的"绿色蝶变"，成为全国生态文明建设的领跑地区。截至 2022 年，甘肃省新增造林面积达到 2392 万亩，完成 2278 万亩草原种草改良、1348 万亩的沙化土地综合治理以及 5386.4 万亩水土流失治理。[①] 基于以上的系统生态治理，全省森林覆盖率稳定在 11.33% 以上，活立木总蓄积稳定在 2.83 亿立方米以上，草原综合植被盖度达到 53.04%，湿地保护率达到 44.16%,[②] 14 个市（州）空气质量首次全面达到国家二级标准，国考断面水质优良比例达到 95.9%，荒漠化和沙化区域生态明显改善。[③] 2022 年以来，新增 1 处国际重要湿地、2 处国家生态文明建设示范区和 2 处"两山"实践创新基地。截至 2022 年 1 月，甘肃累计获批 5 处国际重要湿地（尕海、盐池湾、黄河首曲、张掖黑河、敦

[①] 《2023 年政府工作报告——2023 年 1 月 15 日在甘肃省第十四届人民代表大会第一次会议上》，甘肃省人民政府网站，2023 年 1 月 20 日，http://www.gansu.gov.cn/gssof/c100190/202301/49805904.shtml。

[②] 《甘肃国土绿化擦亮高质量发展底色》，"人民融媒体"百家号，2022 年 10 月 7 日，https://baijiahao.baidu.com/s? id=1745982502187938817&wfr=spider&for=pc。

[③] 《甘肃国土绿化擦亮高质量发展底色》，甘肃省林业和草原局网站，2022 年 10 月 8 日，http://lycy.gansu.cn/lycy/c105793/202210/2133950.shtml。

煌西湖），9 个地区获得国家生态文明建设示范区命名，6 个地区获评国家"两山"实践创新基地（古浪县八步沙林场、庆阳市华池县南梁镇、张掖市临泽县、陇南市两当县、平凉市崇信县、甘南州舟曲县）。其中，平凉市于 2022 年 11 月成为甘肃省首个获批命名的"国家森林城市"，这是继入选国家生态文明建设示范区、全国绿化模范城市等后，再获"国字号"荣誉。①

2. 绿色产业动能持续增强，深入落实"双碳"战略

甘肃省积极推动绿色产业发展，培育以新能源、节能环保、循环经济为主导的绿色产业集群。通过建设河西特大型新能源基地，推动"光伏+"多元化发展和光热示范项目建设，② 成为中国最大的风电（酒泉）和太阳能发电（敦煌）基地之一。据统计，2019 年，甘肃省能源综合利用效率达到了 38.5%，比上年提高了 0.5 个百分点。到 2020 年，累计实现节能减排量超过 1 亿吨标准煤，风力发电装机容量超过 50 万千瓦及太阳能发电装机容量超过 10 万千瓦。截至 2021 年 9 月底，全省新能源发电量达 332.74 亿千瓦时，同比增长 11.64%；风光电设备利用率达到 97.08%，同比提高 1.93 个百分点；全省风电、太阳能等清洁能源装机占比约 60%，是典型的"绿色电网"。③ 到 2021 年底，短短 3 个月时间，甘肃新能源年发电量达 408 亿千瓦时，首次突破 400 亿大关，约占全省年发电量的 26%。④ 截至 2022 年底，全省煤炭、原油、天然气产量分别达到 5875 万吨、1090 万吨、5.2 亿立方米，比 2017 年分别增长 57%、32%、190%；⑤ 新能源发电量 538 亿千瓦时，

① 《喜报！平凉成功创建"国家森林城市"》，"平凉日报"百家号，2022 年 11 月 4 日，https：//baijiahao.baidu.com/s？id=1748523186143120231&wfr=spider&for=pc。
② 《甘肃省人民政府关于印发甘肃省国民经济和社会发展第十四个五年规划和二〇三五年远景目标纲要的通知》，"中国甘肃网"百家号，2021 年 3 月 4 日，https：//baijiahao.baidu.com/s？id=1693296940638726792&wfr=spider&for=pc。
③ 《甘肃新能源建设快马加鞭》，人民网，2021 年 12 月 15 日，http：//gs.people.com.cn/n2/2021/1215/c183283-35051320.html。
④ 《"风光大省"风光无限 甘肃新能源建设快马加鞭》，"中国甘肃网"百家号，2021 年 12 月 15 日，https：//baijiahao.baidu.com/s？id=1719179515883392405&wfr=spider&for=pc。
⑤ 《2023 年政府工作报告——2023 年 1 月 15 日在甘肃省第十四届人民代表大会第一次会议上》，甘肃省人民政府网站，2023 年 1 月 20 日，http：//www.gansu.gov.cn/gsszf/c100190/202301/49805904.shtml。

发电量占比 27.3%，成为省内第一大电源，排名全国第二。[①]

3. 建设宜居宜业和美乡村，促进人与自然和谐共生

甘肃省通过鼓励各行业积极参与农村人居环境整治，推进厕所革命，治理生活污水垃圾，加速改善乡村生态环境质量。据统计，2017~2018 年，甘肃省建成 900 个省级"千村美丽示范村"、2000 个市县级美丽乡村示范村、8797 个"万村整洁"村。[②] 2019 年以来，陇南市康县、甘南州卓尼县入选国务院全国农村人居环境整治成效明显激励县，清水县、康县、两当县、积石山县、临泽县、卓尼县、崇信县、金川区、合水县、敦煌市、华池县等 11 个县（市、区）先后被中央农办、农业农村部评为全国村庄清洁行动先进县。[③] 2020 年，农村卫生厕所达到 162 万座，97.8% 的行政村建成卫生公厕，让"方便"更方便。甘肃省还成功开发了多项环保模式和技术，如"农膜有效回收与多元化利用模式"、"节水环保型生态农业建设模式"、"集约化蔬菜种植区农业废弃物循环利用模式"和"尾菜堆沤肥还田技术"，并在西北干旱半干旱区得到了推广和应用。截至 2022 年，废旧农膜回收率达到 84.7%，尾菜处理利用率达到 52%，畜禽粪污利用率达到 80%，秸秆资源化利用率达到 89%。与 2017 年相比，这些指标分别提高了 4.6 个、12.5 个、12 个和 6.8 个百分点。[④]

总体来说，甘肃省在践行"两山"理念的过程中，不断探索绿色经济和生态环境保护的协同发展与良性互动。"十四五"期间，甘肃省连续多年

---

① 《2022 年甘肃省新能源发电量 537 亿千瓦时　排名全国第二》，"中国甘肃网"百家号，2023 年 5 月 18 日，https：//baijiahao. baidu. com/s？id=1766162095144597321&wfr=spider&for=pc。

② 《绘出陇原美丽乡村新画卷——甘肃全力改善农村人居环境综述》，"中国甘肃网"百家号，2020 年 12 月 22 日，http：//gansu. gscn. com. cn/system/2020/12/22/012516877. shtml。

③ 《乡村蝶变　各美其美　向美而行——甘肃省推进美丽乡村建设综述》，农业农村部网站，2023 年 10 月 25 日，http：//www. moa. gov. cn/xw/qg/202307/t20230725_6432869. htm；《甘肃省推广"千万工程"经验　提升农村人居环境》，"每日甘肃"百家号，2023 年 5 月 31 日，https：//baijiahao. baidu. com/s？id=1767371400935796785&wfr=spider&for=pc。

④ 《筑梦田园织锦绣　乡村振兴谱新篇——张掖市创建全省乡村振兴示范区新闻发布会实录》，"每日甘肃"百家号，2023 年 7 月 20 日，https：//baijiahao. baidu. com/s？id=1771938084368794568&wfr=spider&for=pc。

超额完成生态环境保护各项任务，并不断吸取各项荣誉精华，总结经验，为绿色发展新路径提供参考和借鉴。

二 "两山"实践创新基地案例分析

甘肃省地处黄河上游，是我国唯一跨越西北干旱区、东部季风区和青藏高原三大自然区的省份。这里地形地貌复杂，高山、盆地、平川、沙漠和戈壁兼具，自然生态环境天然脆弱。如何协调生态保护与经济发展，是甘肃省走可持续、高质量发展必须思考的问题与面临的挑战。为此，甘肃立足省内区域特色，积极探索"两山"转化路径，打造"两山"转化的甘肃样本。截至 2023 年，甘肃省共有 60 个地区开展国家级、"省级"生态文明示范创建及"两山"实践创新基地建设工作，其中 9 个地区获国家生态文明建设示范区命名，6 个地区获"两山"实践创新基地命名。这些示范创建地区积极探索出符合省情和地域特色的生态文明发展新道路，创造了"两山"转化的新模式，总结了一批协同推进、高质量发展与高水平保护的鲜活事例，为推动全省生态文明建设实现新的跨越注入了强大动力，为贯彻落实习近平生态文明思想提供了示范亮点。

（一）古浪县八步沙林场：从"沙窝窝"向"金窝窝"转变的生态治理①

八步沙林场位于河西走廊东端、腾格里沙漠南缘的甘肃省武威市古浪县，20 世纪 80 年代，这里曾是当地最大的风沙口。1981 年，村民郭朝明、贺发林、石满、罗元奎、程海、张润元带头以联户承包的方式发起和组建了八步沙集体林场。经过近 40 年荒漠化防治，区域内林草植被覆盖率由治理前的不足 3% 提高到现在的 60% 以上。林场采用"公司+基地+农户"模式，

---

① 《甘肃古浪县八步沙林场：发扬当代愚公精神 把"沙窝窝"变成"金窝窝"》，中国共产党新闻网，2021 年 10 月 5 日，http://cpc.people.com.cn/n1/2021/1005/c164113-32245840.html。

建立"按地入股、效益分红、规模化经营、产业化发展"的公司化林业产业经营机制，探索发展多种经营模式，走出了一条"以农促林、以副养林、以林治沙、多业并举"的新路子，实现了将"不毛之地"转化为"绿水青山"和"金山银山"。

第一，接续治沙，推动荒漠变绿洲。自 1981 年"六老汉"组建八步沙林场，开始封沙造林治理万亩荒漠以来，八步沙林场三代职工百折不挠，持续治沙造林 21.7 万亩，管护封沙育林育草 37.6 万亩，建成了一条南北长 10公里、东西宽 8 公里的防风固沙绿色长廊，使 7.5 万亩荒漠得到治理，近10 万亩农田得到保护，八步沙变成了树草相间的绿洲，沙区前沿林草植被由治理前的 20% 恢复到 60% 以上。古浪县森林覆盖率由 2010 年的 9.6% 提高到 2018 年的 12.41%，大幅度增加了森林生态服务功能价值。八步沙人在风沙前沿建起了一道绿色长城，生动书写了从"沙逼人退"到"人进沙退"的绿色篇章，为筑牢西部生态安全屏障做出了重要贡献。

第二，巩固成效，推动荒漠变家园。首先，古浪县妥善开展生态移民工程，坚持把沙漠治理与生态移民、脱贫攻坚相结合，通过移民安置，使山区农民移居治沙沿线。2012 年以来，古浪县针对南部高海拔山区就地脱贫难的问题，大规模实施生态移民易地扶贫搬迁工程，沿八步沙林场治理的风沙线，先后建成绿洲生态移民小城镇和 12 个移民安置点，搬迁安置群众 1.53万户 6.24 万人，让治沙成果惠及千家万户。其次，稳固提升治沙队伍力量。在"六老汉"精神的感召下，古浪县防沙治沙工程建设进入历史上规模最大、数量最多、进度最快、群众参与程度最高的时期，形成了稳定和强大的治沙队伍。治沙团队大力开展农田林网和村庄绿化，扩大生态治理成果，基本控制了长约 132 公里的风沙线，生态环境持续好转，夯实了人们生存和发展的基础。

第三，发展产业，推动荒漠变金山。八步沙林场已形成"群众主动治沙—沙产业开发—收益用于治沙"的循环模式，特别是充分利用沙漠日光足、无污染的优势，培育出了更高品质的有机果蔬，使沙漠变废为宝，实现了沙漠区域的可持续发展。首先，主管部门积极探索"互联网+防沙治沙"模式，尝试引入社会资本，引进市场机制，众筹治沙造林，争取国内国际社会组织参与生态建设。林场实施了"小渊基金"造林绿化、"蚂蚁森林"、中国绿色碳汇基金会碳汇林等公益项目，重点发展以枸杞为主的经济林基地和梭梭接种肉苁蓉基地，提高了林场参与生态建设的市场竞争力。其次，打造"公司+基地+农户"的新模式。2009年，成立了古浪县八步沙绿化有限责任公司，建立"按地入股、效益分红、规模化经营、产业化发展"的公司化林业产业经营机制，探索发展多种经营，走出了一条"以农促林、以副养林、以林治沙、多业并举"的新路子，帮助贫困群众发展特色产业。

（二）平凉崇信："生态+"模式助推生态产业化、产业生态化①

崇信县位于陇东南经济带和黄河上游生态功能带，县域内有汭河、黑河、达溪河自西向东贯穿全境，森林资源丰富。依托"三北五期"防护林、新一轮退耕还林、天然林保护等重点生态工程，科学开展县域绿化行动。截至2022年底，全县有林地面积4.8万公顷、草地面积6111公顷，森林覆盖率达到46.64%，林草覆盖率达到56.53%。随着"生态"家底逐渐丰厚，绿色底色也越来越鲜明，在此基础上，开始探索"生态+"产业融合模式，实现了经济发展和环境保护协同共进。

第一，生态+农业，激发农业发展新活力。崇信县立足自身实际发展情况，因地制宜，坚持把蔬菜产业链发展作为实现乡村振兴的有效载体，确定"支部建在产业链上，党员聚在产业链上，农民富在产业链上"的发展思路，积极推动黑河、汭河川现代农业产业园建设，形成了"公司+合作社+基地+农户"的发展模式，走出了一条生态、绿色、链式发展的道路。目

---

① 《绿色发展示范案例（113）｜国家生态文明建设示范区——甘肃省平凉市崇信县》，生态环境部网站，2021 年 7 月 12 日，https：//www.mee.gov.cn/ywgz/zrstbh/stwmsfcj/202107/t20210712_846211.shtml；《崇信：3 "+" 模式助推生态产业化产业生态化》，新甘肃网，2022 年 11 月 14 日，https：//xgs.newgscloud.com/html/micro/contentDetail.html？id=146e6f001c4d4693a401ddcf9eab6b5a&ctid=146e6f001c4d4693a401ddcf9eab6b5a&ct=1。

前，已探索形成玉米种植、秸秆转化、肉牛养殖、牛粪加工、还田增收"五位一体"的生态循环产业链。崇信苹果、崇信红牛、崇信甜瓜已发展为特色地标产品，有效促进了农民增收致富。

第二，生态+文旅，盘活乡镇文化资源。崇信县重点挖掘小镇特色文化资源，依托华夏古槐王、森林地质公园、公刘农耕文化及其他旅游景区，以文化生态整体保护传承为目标，聚焦生态建设与乡村旅游多业态融合发展。打造出7个集古村落保护、红色文化传播、非遗文化传承、农耕农事体验、休闲娱乐于一体的农旅、文旅融合体，成功创建全国第25个泛户外体验基地。创建国家A级旅游景区7个、乡村旅游景点10个，旅游收入创新高。

第三，生态+工业，推动工业经济绿色高质量发展。崇信县不断加快县域煤炭企业"四化"改造和清洁生产，持续推动清洁能源产业发展，培育发展光电、风电、天然气等清洁能源产业集群。2022年生产原煤664.48万吨，发电55亿度，光伏发电装机容量1.27兆瓦，天然气管道入户1.02万户，清洁能源使用率达到62%，崇信电厂入围全国碳市场第一个履约周期重点排放单位，实现碳排放权交易收入1877.4万元。[①] 居民人均生态产品产值增加，进一步优化了县域经济结构，为县域经济发展注入了新的活力。

（三）庆阳市华池县南梁小镇的华丽转身[②]

南梁镇位于华池县东北部，20世纪30年代初，刘志丹、谢子长、习仲勋等革命先辈成功创建了以南梁为中心的陕甘边革命根据地，在此基础上形成的陕甘革命根据地，成为土地革命战争后期全国"硕果仅存"的革命根据地，为党中央和各路长征红军提供了落脚点。1986年，为纪念革命先辈

① 《擦亮绿水青山"底色" 提升金山银山"成色"——崇信县"绿水青山就是金山银山"实践创新基地建设工作纪实》，平凉市生态环境局网站，2023年10月27日，http://sthj.pingliang.gov.cn/xwdt/sjdt/art/2023/art_ 43bdf6ba2a3a4d1da34697d897ab4977.html。
② 《【美丽中国 生态甘肃】红色南梁的绿色发展》，每日甘肃网，2020年6月7日，https://gansu.gansudaily.com.cn/system/2020/06/07/017451183.shtml。

的丰功伟绩，南梁革命纪念馆建成。近年来，南梁镇政府依托丰富厚重的红色资源，继承和发扬"南梁精神"，把红色资源与经济发展有机融合，打造了特色鲜明的"红色南梁"文旅品牌，使南梁小镇脱贫致富，经济发展焕发新活力。

第一，"红""绿"结合，助推乡村振兴发展。南梁因红色而厚重，因绿色而秀美，依托红色大景区和特色小镇建设，将红色旅游产业作为县域经济新的增长极。按照"打造精品大景区，兴办农家乐，开发旅游产品，把旅游开发与乡村振兴结合起来，带动群众致富"的思路，积极整合生态和民俗文化资源，不断延长旅游产业链条，带动以旅游服务业为主的第三产业发展，鼓励群众发展农家乐、销售特色旅游产品，拓宽增收渠道。南梁镇把红色文化元素融入"吃、住、行、游、购、娱"的各个环节，逐步形成了以红色旅游业为主的产业发展格局，经济带动效应明显。

第二，特色发展，乡村发展添活力。南梁红色小镇依托景区沿线的区位优势和享有赞誉的"南梁梅家豆腐"，在荔园堡村发展壮大豆腐产业，建办南梁豆腐产业园。成立万嘉鸿农民专业合作社，以"示范带动+整村推进"为发展战略，按照"支部引领、全民参与、合作运营、循环发展"总体思路，分步推进，拓宽销售渠道，打造南梁豆腐品牌。目前，豆腐产业收入已经成为南梁村民收入的重要组成部分。与此同时，大力发展设施农业、苗林培育、中药材种植、生态养殖等高效农业，推动形成"生态+现代农业"产业，使得绿色、有机农产品产值稳定提升，实现了"绿水青山"与"金山银山"互促共进、融合发展。

第三，综合利用，实现"绿水青山就是金山银山"。2013年以来，南梁镇始终坚持生态优先、绿色发展理念，以"开窗山清水秀，出门鸟语花香"为憧憬，依托"三北"防护林、天然林保护、生态公益林、退耕还林、水土保持综合治理、再造一个子午岭工程等生态工程项目，每年发展苗林产业1万亩，全镇累计栽植苗林8.5万亩。实施南梁景区绿化提升、"草退花进"等项目，栽植围庄树15万株，有效改善了红色旅游沿线景观和村容村貌。完成新南公路沿线绿化、美化等工程绿色长廊建设项目，着力建设清新亮丽的绿色通道。截至 2022 年，南梁镇林草覆盖率已提高到 76%①，打造了水清岸绿的美丽小镇。

传承红色基因，南梁革命文化持续彰显。南梁小镇推进生态建设和红色旅游协同发展，坚定不移举生态旗、打生态牌、走生态路，奋力打造践行"两山"理念的南梁范本，为全省生态文明建设提供南梁经验。

三 甘肃省"两山"实践创新的基本经验与发展趋势

（一）甘肃省践行"绿水青山就是金山银山"理念的基本经验

甘肃省积极践行"绿水青山就是金山银山"理念，在借鉴国内其他地区"两山"转化经验的基础上，根据省内不同县域的实际发展情况，探索出符合甘肃省自身发展实际的"两山"转化模式，在生态扶贫、生态治理、产业发展、乡村建设等方面取得了明显成效，积累了重要经验。

1. 坚守生态底线，勇走绿色发展道路

甘肃省以习近平生态文明思想为行动指南，全面落实习近平总书记视察甘肃重要讲话和"八个着力"重要指示精神，着力加强生态文明建设，坚定不移践行"两山"理念。鉴往知来，在深刻总结祁连山生态环境破坏教训的基础上，举一反三，坚持走生态优先、绿色发展道路。全省各地因地制宜、分区施策，不断创新发展方式，在护绿、增绿、用绿、活绿上不断发力，有效推动绿色发展引领高质量发展政策落地，逐步探索实现生态效益、社会效益和经济效益有机统一。

2. 立足区域特色，促进乡村振兴

八步沙林场在坚持科学生态治沙的基础上，将光伏发电与荒漠治理相结合，将光伏建设与治沙工程相配套，走出一条生态效益与经济效益双赢的新路子。庆阳南梁依托红色旅游景区的区位优势和浓厚的文化底蕴，积极推出

① 陈发明、李琛奇：《红色南梁"三棵树"》，《经济日报》2022 年 5 月 5 日。

打造南梁豆腐品牌，以红色旅游带动特色农产品发展，实现"生态+现代农业"互促共进、融合发展的模式。两当同步发展"双百千万"长效产业和"三养一药"速效产业，推行地下有药、树上有果、林中有鸡、空中有蜂、棚中有菇、水中有鱼、四季有花、村中有客的"八有"山地立体农业新模式，走出了一条倚特色而立、向高效而行，提升农业质量效益和竞争力的发展新路子。在甘南舟曲，全县聚焦"一特二高四小"发展定位，坚持农业特色产业与传统优势产业"两条腿走路"，生态农业赋能"借绿生金"，全域旅游引流"守绿换金"，生态水电助力"减碳添金"。甘肃省始终坚持差异化主体功能定位和全省生态产业布局相结合，坚持生态环境治理和绿色产业发展相结合的发展思路。围绕构建生态产业体系，甘肃着眼整体发展，立足各地优势，积极推动"两山"转化实践。

3. 借力对口支援，注入强劲动力

为推动区域协调发展、促进共同富裕，党中央做出东西部协作和定点帮扶重大决策。甘肃始终坚持把东西部协作和定点帮扶作为巩固拓展脱贫攻坚成果和全面推进乡村振兴的重要力量，重点部署、及时推动，整个工作呈现"以协作促发展"的鲜明导向。结合长汀县在持续推进水土流失综合治理和生态文明建设过程中的重要经验，福州市在对口帮扶工作中，针对定西实际，在安定区南山培育出"福州林"，综合治理定西水土流失，陇中山区由黄到绿、由绿到富。青岛胶州对口协作在定西通渭实施青岛生态林项目，选聘公益性生态护林员为当地创造劳动岗位，带动农户发展育苗行动，惠及群众且促进了植绿护绿，增加了群众在植绿护绿中的产业增收。庄浪县优质梯田为产业发展提供持续动力，将苹果确定为县域发展的首位富民产业，加快产业转型，培育苹果良种苗木，大力推广有机苹果生产技术，创建梯田生态有机苹果示范基地。农村果业合作社的建立，为庄浪县苹果销售提供平台，优质果品送往市场，甚至通过口岸做出口生意。

（二）甘肃省践行"绿水青山就是金山银山"理念的发展趋势

甘肃省"两山"实践创新是以保护生态环境为核心，推动山水林田湖草沙系统治理和绿色发展的战略实践。基于"两山"理念的指导思想,甘肃省能源资源配置效率提高,碳排放强度不断降低,简约适度、绿色低碳的生活方式正在逐渐形成。① 为全面实现甘肃省绿色崛起,推进"两山"理念的深入践行,提出如下几点思考和建议。

1. 加强环境保护,争当"两山"实践创新基地建设示范区

生态环境保护是生态文明建设的核心内容,必须作为推进甘肃省"两山"实践创新的工作重点。一是通过强化法律法规的制定和执行,建立健全环境保护制度体系,加大对环境违法行为的监管和处罚力度。二是推动生态补偿机制的建立和完善,通过提供经济激励促进生态保护和修复,激发各方参与生态环境保护的积极性。三是加强生态环境监测和评估,建立完善的监测网络,及时获取生态环境质量状况,进行环境问题的预警和防控。四是严守生态保护红线,划定保护区和功能区,限制和规范开发利用。五是推进绿色发展,加大对清洁能源、循环经济、低碳产业等绿色产业的支持力度,鼓励企业采取绿色生产方式。六是加强环境教育宣传和公众参与,提高公众环保意识,培养环保责任感和行动力。七是推动科技创新,加强环保技术研发和应用,提高环境治理效率。八是加强协作与合作,与周边省区和国际组织开展环保合作,共同推动生态文明建设和可持续发展。

2. 加强生态产品价值转化,建设生态环境优美的居住环境

为提升生态产品的品质,首先,需要通过推广有机农业、生态旅游和生态工业等产业,开发具有地方特色和品牌优势的生态产品,提高附加值和市场竞争力。其次,加强生态产品的营销和推广,通过建立营销网络、拓展销售渠道和提高市场份额等方式提高产品的知名度和美誉度。再次,加强生态产品的宣传和推广,强化对消费者的教育和引导,提高消费者对生态产品的认知度和认可度。最后,通过改善居住环境,推行生态建筑、绿色交通及节能环保等措施,打造美观、环保的城市和乡村,提升人民群

---

① 《甘肃:祁连山生态保护修复治理要取得显著成效》,重庆市生态环境局网站,2021 年 12 月 10 日,https://sthjj.cq.gov.cn/zwgk_ 249/gndt/202112/t20211210_ 10139709_ wap.html。

众的生活质量和幸福感。

3. 加强"两山"成果共享，带动甘肃省生态产业发展

加强生态产业技术研发和成果转化。一是通过建立生态产业技术创新联盟，鼓励多方合作，促进生态产业的创新发展。二是加强"两山"成果共享和产业合作，建立生态产业合作平台，提高产业整体效益和附加值。三是加强人才培养和交流，建立生态产业人才培养和交流平台，提高人才创新能力和市场竞争力，推动生态产业人才队伍建设和发展。

4. 加强"两山"成果转化，持续推进乡村振兴大发展

加强生态产业发展和产业链协同。一是拓展生态产业链，推动生态成果的全面转化。二是通过生态扶贫，帮助贫困地区开发生态资源，提高经济收益和人民群众生活水平。三是加强特色小镇建设，促进乡村旅游和生态农业发展。四是加强生态文明教育和宣传，提高公众的环保意识，引导公众参与生态成果转化和乡村振兴。五是通过发展绿色农业和生态旅游，增加农业和旅游收益，推动"两山"成果转化和乡村振兴。

甘肃省需要加强政策支持和加大资金投入，以支持生态产品开发、生态环境建设、生态产业创新发展、生态成果共享转化与乡村振兴。例如，政府可以制定相关优惠政策和资金扶持措施，促进生态产业技术研发、生态扶贫产品推广和特色小镇绿色发展，这将有助于推动甘肃省的生态产品和生态环境实现全面发展。

宁夏回族自治区"两山"实践
创新发展报告

曹德龙　范庆辉　杨朝霞　薛瑶*

摘　要：　宁夏回族自治区地处中国西北内陆地区，是我国唯一全境属于黄河流域的省份。黄河流经的先天自然条件和特有地理地势，在让宁夏这片塞上沃土成为全国重要的生态节点、生态屏障和生态通道的同时，也给宁夏的发展带来了巨大的困难与挑战。近年来，宁夏回族自治区以黄河流域生态保护和高质量发展为统领，以贺兰山、六盘山、罗山自然保护区为战略支点，以转变发展方式、推动绿色发展为战略方针，以实施重大项目、重大工程为战略抓手，系统推进生态环境保护与经济发展，强化全境全域治理，走出了一条绿色低碳发展的宁夏道路。

关键词：　绿色低碳　"两山"实践创新基地　宁夏回族自治区　黄河流域

一　宁夏回族自治区黄河流域绿色低碳发展现状

宁夏回族自治区位于我国西北地区，总面积 6.64 万平方千米，是我国"三屏四带"生态安全战略格局中黄河重点生态区（含黄土高原生态屏障）和北方防沙带的交汇地带，生态地位十分重要。黄河从甘肃流出后，自南向

---

* 曹德龙，北京林业大学马克思主义学院博士研究生；范庆辉，北京林业大学马克思主义学院硕士研究生；杨朝霞，博士，北京林业大学生态文明研究院副院长、人文社会科学学院教授、博士生导师，研究方向为生态法治；薛瑶，中国生态文明研究与促进会高级主管，研究方向为生态文明。

北流入宁夏，在宁夏境内长 397 千米，自古以来黄河是宁夏用水的主要水源。受黄河流域水资源短缺、河湖生态功能严重不足的影响，宁夏回族自治区发展基础相对薄弱，资源环境约束趋紧，产业低碳绿色转型任务重，面临发展不足、质量不高的双重难题。2020 年以来，宁夏立足自身定位，积极探索建设黄河流域生态保护和高质量发展先行区，把住黄河安澜底线、守牢生态环境生命线，在高质量发展的道路上笃定前行，绘就了一幅生态良好、生产发展、生活富裕的塞上新画卷。

（一）宁夏回族自治区绿色低碳发展的主要政策

2016 年 7 月，习近平总书记在宁夏视察时指出，"要切实把新发展理念贯穿于经济社会发展全过程、落实到全面建成小康社会各方面"，并强调"以创新的思维和坚定的信心探索创新驱动发展新路"①。2020 年 6 月，习近平总书记再次来到宁夏视察并指出，"要发挥创新驱动作用，推动产业向高端化、绿色化、智能化、融合化方向发展"②。作为我国首个新能源综合示范区，宁夏深入学习贯彻习近平生态文明思想，以绿色为底色，全力布局光伏、新型储能、氢能等产业，高水平建设国家新能源综合示范区，积极实施碳达峰"十大行动"，有力推动能耗"双控"逐步向碳排放"双控"转变。

2022 年 1 月，宁夏回族自治区人民政府印发《关于加快建立健全绿色低碳循环发展经济体系的实施意见》（以下简称《实施意见》）。《实施意见》分两个阶段提出了工作目标。到 2025 年，绿色低碳循环发展的生产体系、流通体系、消费体系初步形成。全区制造业增加值占地区生产总值比重达到 25% 以上，服务业增加值占地区生产总值比重达到 53% 以上，战略性新兴产业增加值占地区生产总值比重达到 10% 以上；单位 GDP 能耗下降 15%，单位 GDP 二氧化碳排放下降 16%，单位 GDP 水耗下降 15%，非化石

---

① 《习近平在宁夏考察时强调：解放思想真抓实干奋力前进　确保与全国同步建成全面小康社会》，《人民日报》2016 年 7 月 21 日。

② 《习近平在宁夏考察时强调　决胜全面建成小康社会决战脱贫攻坚　继续建设经济繁荣民族团结环境优美人民富裕的美丽新宁夏》，《人民日报》2020 年 6 月 11 日。

能源消费占比提高到 15%；黄河干流断面水质保持Ⅱ类进Ⅱ类出，环境空气质量稳定达到国家二级标准。到 2035 年，绿色发展内生动力显著增强，绿色产业规模迈上新台阶，广泛形成绿色生产生活方式，主要污染物排放强度达到全国平均水平，碳排放达峰后稳中有降，水资源节约集约利用水平全国领先，单位 GDP 能耗降幅居西部地区前列，生态环境根本好转，基本建成天蓝地绿水美的美丽新宁夏。

2022 年 11 月，宁夏回族自治区生态环境厅发布《减污降碳协同增效行动实施方案》。根据该方案，到 2025 年，减污降碳协同推进的工作格局基本形成，减污降碳协同制度体系基本建立，重点区域、重点领域结构优化调整和绿色低碳发展取得明显成效，重点行业能源利用效率和主要污染物排放控制水平有效提高，形成一批可复制、可推广的典型经验，减污降碳协同度有效提升。单位 GDP 二氧化碳排放比 2020 年下降 16%。到 2030 年，减污降碳协同机制更加完善、协同能力显著增强，助力实现自治区碳达峰目标，碳达峰与空气质量改善协同推进取得显著成效，水、土壤、固体废物等污染防治领域协同治理水平显著提高，减污降碳综合效能大幅提升，经济社会发展全面绿色转型取得显著成效。

（二）宁夏回族自治区绿色低碳发展的主要成就

宁夏回族自治区牢固树立"绿水青山就是金山银山"理念，全面加强生态保护修复，协同推进降碳、节水、减污、扩绿、增长，深入实施全面节约战略，真抓生态、大抓生态、抓好生态，守好宁夏生态环境生命线。同时，深入贯彻新发展理念，积极培育特色产业，推动经济高质量发展取得新成就。2018~2022 年，宁夏地区生产总值由 3200 亿元提高到 5000 亿元以上，人均 GDP 由 4.6 万元增加到 6.8 万元以上，获批全球葡萄酒旅游目的地、国家农业绿色发展先行区等称号。[1]

---

[1]　张雨浦：《政府工作报告——2023 年 1 月 13 日在宁夏回族自治区第十三届人民代表大会第一次会议上》，《宁夏回族自治区人民代表大会常务委员会公报》2023 年第 Z1 期。

坚决打好全域"四水四定"主动战。始终把水资源作为宁夏生存和发展的第一资源,制定"四水四定"实施方案。切实抓好黄河大保护大治理,确保母亲河健康安澜。实施黄河河道三期治理,实现黄河堤防全域贯通目标。完善防洪减灾体系布局,实施贺兰山东麓和重点城市防洪工程,完成20座病险水库、15条河沟治理。加快现代水网体系建设,推行城乡供水一体化管理,打通中部干旱带各县域水网,全面建设"互联网+城乡供水"示范区。实施深度节水控水行动,城市再生水回用率达到35%,万元GDP用水量、万元工业增加值用水量分别下降3%、2%。实施灌区现代化改造、工业园区供水、数字孪生水网等工程,建成银川都市圈、清水河流域城乡供水等跨区域调水工程,让"天下黄河富宁夏"永惠子孙后代。

坚决打好蓝天碧水净土保卫战。实施水源涵养、国土整治、防沙治沙等重大生态工程,持续推进以"一河三山"为重点的生态保护修复,加强生物多样性保护,加快全国科学绿化示范区建设,争创贺兰山、六盘山国家公园。2022年完成营造林和草原修复120万亩,保护修复湿地20万亩,治理荒漠化土地60万亩、盐碱地等退化耕地10万亩、水土流失面积930平方千米。地级市空气质量优良天数比例达到84%,地表水国控断面水质优良比例达到80%,工业固废综合利用率达到45%,城市生活垃圾回收利用率达到32%。建立生态产品价值实现机制,完善生态保护补偿和损害赔偿制度,支持生态环境公益诉讼,用好生态环保督察制度"利剑"。全面加快中央生态环保督察反馈问题整改,力争国家污染防治攻坚战成效考核进入优秀等次,全力以赴守护好宁夏的绿水青山。

坚决打好绿色低碳发展整体战。坚持走绿色发展之路,既是宁夏解决生态脆弱问题的必然要求,也是宁夏发挥资源优势的必然选择。强化绿色GDP意识,不以牺牲环境换项目、不以损害生态换增长,加快构建绿色低碳循环发展经济体系。突出抓好绿色企业、绿色产业、绿色园区和绿色单位创建,大力推动产业生态化、生态产业化。加快发展节能环保和废旧物资循环利用产业,加大生态环保设施建设和绿色低碳产品采购力度,积极推广利用绿色技术,推动垃圾发电地级市全覆盖。积极实施"碳达峰十大行动",坚决遏制

"两高一低"项目盲目发展，坚决不上环保不达标项目，推动能耗"双控"逐步向碳排放"双控"转变，单位 GDP 能耗下降 3.2% 左右，单位 GDP 二氧化碳排放下降 3.4%。完善碳排放统计核算制度、碳交易制度，并于 2023 年 9 月成立中国气象局温室气体及碳中和监测评估中心宁夏分中心。

二 "两山"实践创新基地案例分析

宁夏回族自治区立足区情实际和地域特色，大胆探索实践，狠抓国家生态文明建设示范区和"两山"实践创新基地创建工作，先后创建石嘴山市大武口区、固原市泾源县、银川市西夏区镇北堡镇、宁夏贺兰山东麓葡萄酒产业园区、固原市隆德县和银川市永宁县闽宁镇等 6 个"两山"实践创新基地。以国家生态文明建设示范区创建成果为契机，宁夏不断挖掘"两山"转化路径和实践等经验，探索形成了生态优先、绿色发展、可复制可推广的宁夏经验与宁夏方案。

（一）石嘴山市大武口区[①]

大武口区是宁夏的"北大门"，东邻黄河，西依贺兰山，全年降雨量少，蒸发量大，属于典型干旱半干旱生态脆弱区。近年来，大武口区将"绿水青山"和城市转型发展有机结合起来，打"山水牌"、吃"绿色饭"、走"生态路"，探索出了一条资源枯竭型城市高质量绿色转型发展的新路子。

整合资源优势，促进农业转型发展。结合大武口区城郊型农村优势，以贺东庄园、八大庄生态农业、碧草洲生态园、龙泉村美丽家园等为抓手，打造贺兰山东麓特色休闲观光农业产业带，沟口区域多家休闲农业企业形成联合体，形成了沟口休闲生态观光园。全面推进乡村五大振兴，乡村振兴工作在 2022 年度自治区效能目标考核中取得第一名的好成绩，获评自治区"2022

---

① 《绿色发展示范案例（152）| "绿水青山就是金山银山"实践创新基地——宁夏回族自治区石嘴山市大武口区》，生态环境部网站，2021 年 9 月 16 日，https：//www.mee.gov.cn/ywgz/zrstbh/stwmsfcj/202109/t20210916_948449.shtml。

年度实施乡村振兴战略进位奖"和"实施乡村振兴战略先进集体三等奖"。

聚焦高新技术产业，转型发展、高质量发展"谱新篇"。大武口区以生态文明理念为统领、以转变经济发展方式为主线，贯彻落实新发展理念，改造提升传统产业，培育壮大新兴产业，推动产业向高端化、绿色化、智能化、融合化发展。截至2023年4月，大武口区共有工业企业183家，"六新"产业增加值占工业增加值比重达到62.6%，建成杉杉能源、维尔铸造等国家级、自治区级、市级绿色工厂18家，打造了一大批清洁能源企业、新型材料企业、装备制造企业和数字信息企业等。

转化生态环境整治成果，助推第三产业发展。大力发展生态工业文化旅游，持续推动生态建设与旅游业等产业发展紧密结合。以龙泉村为例，龙泉村结合"山、庄、田、泉"错落有致的地理形态，升级打造村容村貌景观，规划建设核心接待区、泉水养生区、泉耕生态区、民俗文化区、泉润枣树区等7个功能分区，满足不同游客的体验和需求。

（二）固原市泾源县①

泾源县位于六盘山东麓，是宁夏的"南大门"，因泾河发源于此而得名，素有"秦风咽喉、关陇要地"之美誉。近年来，泾源县持续围绕"生态立县、绿色崛起"发展战略，坚持生态保护、生态治理、生态建设"三管齐下"，生态环境质量在宁夏名列前茅，依托生态资源发展生态经济推动绿色发展基础更牢，人均收入明显提高，"绿水青山"与"金山银山"互促共进成效明显。

稳步提升生态环境供给保障能力。深入打好污染防治攻坚战，严控"四尘"污染排放，"散乱污"企业整治持续开展。2022年，全县环境空气质量优良天数比例达到95%以上，泾河出境断面水质稳定保持在Ⅱ类标准。科学推进国土绿化行动，不断加快林业修复。稳步实施年均降水量400毫米以上区域

---

① 《生态文明示范建设（299）｜"绿水青山就是金山银山"实践创新基地——宁夏回族自治区固原市泾源县》，生态环境部网站，2022年7月11日，https://www.mee.gov.cn/ywgz/zrstbh/stwmsfcj/202207/t20220711_988352.shtml。

造林、精准造林、新一轮退耕还林、生态移民迁出区生态修复、城乡绿化等一批林业生态保护与修复工程，森林覆盖率达42.24%，入选"全国绿化模范县""首批绿色发展优秀县"；持续加强流域生态环境综合治理，推进环保监管"363"长效机制，实施水资源监测与保护，持续推进水土流失治理。

加快构筑绿色低碳产业体系。大力构建以旅游为主，草畜、苗木、中蜂等协同发展的产业布局。积极推进全域旅游补短板建设，着力做靓"生态六盘、清凉世界、泾水文化、回乡风情、红色之旅"五大旅游名片。2022年，全县接待游客94万人次，实现旅游综合收入7.9亿元，成功创建全国首批"避暑旅游目的地"。充分发挥区位资源优势，总结形成了独具特色的"泾源肉牛发展模式"，初步形成了"市场牵龙头、龙头带基地、基地联农户"的产业发展新格局，培育形成"泾源黄牛"地理标志和地理商标；积极推进苗木产业转型，促进苗木产业从数量向质量、从质量向品牌发展。"十三五"期间，全县年均外销苗木2000万株以上，实现销售收入2亿多元，占农民人均可支配收入的14.7%。中蜂养殖推行"大手连骨干拉小手"运行机制，确定养殖经验丰富、示范带动能力强的"大手"蜂农，联结有一定养蜂技术的中坚骨干，帮带一般蜂农，做到所有养殖户技术指导全覆盖，初步形成了"合作社+养殖户+互联网"的模式，建成了西北最大的蜂蜜加工企业，培育稳固养蜂户1300余户。截至2023年6月，泾源县蜂群养殖规模达3.7万群，年产蜂蜜约30万公斤，实现年产值5000万元以上。

（三）银川市西夏区镇北堡镇①

镇北堡镇地处贺兰山东麓、银川市区西北郊，银川市西线贺兰山黄金旅

---

① 《生态文明示范建设（300）｜ "绿水青山就是金山银山"实践创新基地——宁夏回族自治区银川市西夏区镇北堡镇》，生态环境部网站，2022年7月12日，https://www.mee.gov.cn/ywgz/zrstbh/stwmsfcj/202207/t20220712_ 988365.shtml；《特色小镇 "特"在哪里》，宁夏回族自治区住房和城乡建设厅网站，2022年3月9日，https://jst.nx.gov.cn/hdjl/zxft/202203/t20220309_ 3369472.html；《镇北堡镇：践行"两山"理念 释放生态优势》，银川新闻网，2021年12月13日，https://www.ycen.com.cn/xwzx/xq/202112/t20211213_ 137783.html；《镇北堡镇昊苑村入选中国美丽休闲乡村》，宁夏新闻网，2023年11月13日，https://www.nxnews.net/ds/bwtj/202311/t20231113_ 8684721.html。

游带腹地。近年来，镇北堡镇积极践行"绿水青山就是金山银山"理念，坚持"生态立镇、产业兴镇、富民强镇"发展思路推进绿色发展，生态环境的保护带动镇北堡镇经济发展水平、质量不断提升，农村居民人均收入明显提高，生态环境保护与经济发展协同共进，"绿水青山"与"金山银山"互促成效明显。

推进生态环境治理，全力打造生态宜居的特色小镇。镇北堡镇着力在"绿化""治理""建设"上下功夫。开展银西生态防护林体系、贺兰山浅山区绿化工程和美丽乡村经果林庭院经济等植树绿化项目，切实逐步建立特色小镇绿色屏障；积极争取银行贷款和国家棚改专项资金，组织片区动迁工作，实施安置区建设项目、改善农村人居环境建设项目、美丽乡村及镇村卫生整治工程，实现了村民自来水入户率、村巷道路硬化率、网络通信覆盖率、镇区污水处理率、垃圾无害化处理率5个"百分百"。

推进特色产业绿色发展，全力打造产业富民新样板。抢抓自治区贺兰山东麓葡萄长廊政策机遇，大力推动葡萄种植集约化发展，并形成了"葡萄酒+旅游"产业融合发展格局。昊苑村作为西夏区以"酒旅融合"推动乡村振兴的缩影，目前已建成19座酒庄，种植酿酒葡萄1.8万亩，年产葡萄酒6000吨，2022年产值超4亿元；创新推进"砂坑生态修复（裸露土地）+旅游"生态环境和产业融合发展；持续放大镇北堡影视城5A级品牌效应，实施镇北堡村影视摄影棚项目建设，切实在影视旅游产业上延长链补全链；持续深化"农业+"产业融合发展，实施华西村农夫乐园日光温棚等现代农业产业项目建设工作。

扎实推进自发移民脱贫致富，全力打造东西协作扶贫典范。自1995年建立宁夏华西村（镇北堡镇前身）至今，镇北堡镇老百姓在贺兰山脚下种植防风林带、经果林等近万亩，大力发展贺兰山周边旅游资源。同时，建立新型特色产业，如枸杞产业、酿酒葡萄产业、旅游服务业等，与劳务移民经济和旅游业保持良好对接。镇北堡镇实现了从黄沙漫天到绿树成荫，从村民苦无收入到经济来源多元化，从出行难到交通便利的美丽蜕变。

（四）宁夏贺兰山东麓葡萄酒产业园区①

宁夏贺兰山东麓葡萄酒产业园区主要分布在银川、吴忠、中卫、石嘴山4个地级市和农垦集团，涉及12个县（市、区）和5个农垦农场。近年来，产业园区积极践行"绿水青山就是金山银山"理念，持续围绕"生态优先，绿色发展"战略，在实践中探索了一条产业发展与生态保护紧密融合之路。截至2022年12月，产业园区酿酒葡萄种植面积达到58.3万亩，超过全国总种植面积的1/3，年产葡萄酒1.3亿瓶，综合产值342.7亿元，为宁夏生态治理、脱贫攻坚和乡村振兴做出了突出贡献。

产业高质量发展促进生态产品价值提升。产业园区与西北农林科技大学葡萄酒学院合作，推动解决产业关键技术瓶颈问题。实施优新品种选育、栽培关键技术研究、酿造工艺关键技术研发等一批科技研发项目，集成推广多项关键技术，将酿酒葡萄种植的机械化率从原来的30%左右提升到70%。产区通过采用高效节水灌溉技术，灌溉水有效利用系数达到0.9，葡萄园年用水量仅260~280米³/亩，可节水50%左右，水资源利用效率大幅度提升。

品牌价值提升促进生态产品高值转化。宁夏围绕打造"世界葡萄酒之都"目标，提出打造区域品牌、推广"大单品"的发展理念，由宁夏贺兰山东麓葡萄酒产业园区管委会牵头，整合区内规模较大的5家酒庄，联合推出了"贺兰红"这一宁夏葡萄酒主打品牌，进一步提升宁夏葡萄酒产区影响力。宁夏"贺兰红"葡萄酒自上市以来，市场销售量逐年增长，由2018年销售额不足1000万元，到2021年销售额突破1亿元，呈现高速增长态势，市场范围已经覆盖京津冀、长三角、珠三角地区。

生态价值高效转化带动文旅产业发展。产业园区建设有酿酒葡萄园、葡萄酒参观品鉴区、植物科普园、生态观光园、餐饮、民宿等，探索并确定了葡萄酒、旅游、文化、科教等一系列相互融合促进的绿色产业发展之路，逐

---

① 《宁夏贺兰山东麓葡萄酒产业发展情况》，宁夏贺兰山东麓葡萄酒产业园区管理委员会网站，2022年12月7日，http://www.nxputao.org.cn/cqgk/hlsdl/202212/t20221207_4947107.html。

步形成了全链条、多元化的生态产业带，乡村旅游吸引力不断增强。目前，产业园区已有国家 4A 级旅游景区 4 家，2022 年接待葡萄酒旅游人数达 120 万人次。

（五）固原市隆德县[①]

隆德县地处宁夏南部、六盘山西麓，襟带秦凉，拥卫西辅，有"关陇锁钥"之称。近年来，隆德县立足建设宁夏南部水源涵养区功能定位，大力实施生态优先战略，统筹推进生态系统建设，加强生态环境保护，加快生态经济开发，争当"两山"理念的实践者和创新排头兵，成功走出一条生态效益与经济效益共赢、"高原绿岛"向"富硕绿岛"转变的高质量发展新路径。

深化生态环境治理，厚植绿色发展根基。按照"土不下山、泥不出沟"的治理原则，聚焦"四尘同治""五水共治""六废联治"，扎实推进各项污染防治工作，2022 年，隆德县空气质量优良天数比例达到 97% 以上，获评"2022 美丽中国·深呼吸小城"；整体推进国土绿化行动，立足南部水源涵养区功能定位，统筹推进生态系统建设，2022 年，地区森林覆盖率提高到 39%、草原综合植被覆盖度达到 86.6%，分别高于全区 20.33 个百分点和 31.03 个百分点；开展渝河综合治理，对渝河全流域自东向西分为生态景观、水质净化、自然修复 3 段进行疏浚净源、综合治理，2022 年，渝河国控断面水质稳定达到 Ⅲ 类以上，地表水质达到或优于 Ⅲ 类的比例达到 100%。

做好"生态+"文章，构建绿色发展体系。以打造西北生态经济示范区为定位，推进生态与农业产业、林下经济、文旅产业等深度融合，推动生态经济高质量发展。加大农牧业结构调整力度，实行封山禁牧、草原围栏，发展舍饲养殖。建立"长藤结瓜式"灌溉体系，建设高标准农田，发展高效设

---

① 《宁夏两地入选"绿水青山就是金山银山"实践创新基地》，宁夏回族自治区文化和旅游厅网站，2022 年 11 月 22 日，https://whhlyt.nx.gov.cn/xxfb/wlyw/202211/t20221122_3851880.html。

施农业；打造林下药材示范基地、林下养殖基地、林下菌菇基地等，截至2023年，隆德县种植林下中药材25万亩，养殖林下鸡2万只、林下蜜蜂1.19万箱；依托绿色生态、田园风光、民俗非遗等资源禀赋，探索建立"红色文化+避暑观光+民俗体验+休闲农业+特色餐饮"现代化全域旅游发展模式，2022年接待游客184.06万人次，实现文化旅游社会总收入5.98亿元。

创新完善制度机制，筑牢绿色安全屏障。推动完善生态考评科学化机制，将生态保护成效纳入干部考核评价体系，对各乡镇、部门考核实行分类管理，确保生态文明建设各项任务落实落地，形成"齐抓共管"的生态环境保护格局；探索建立全社会参与机制。引导社会力量参与，充分发挥群众主体作用，通过村民、村集体、返乡创业人员自发投工、投资等多种形式积极参与环境改善，有效形成共建共治共享的环境保护格局。

（六）银川市永宁县闽宁镇

闽宁镇地处贺兰山脚下，20世纪90年代以前曾是茫茫戈壁、连绵沙丘。多年来，闽宁镇认真践行"绿水青山就是金山银山"理念，始终坚持以人民为中心，坚持绿色发展理念，不断优化自然环境，强化产业发展，地区经济实现稳步发展，走出了一条东西协作的脱贫之路、产业支撑的致富之路、生态优先的发展之路，实现了昔日戈壁荒滩的生态蝶变。

生态移民，再造西海固山区和贺兰山下戈壁滩"双绿"。闽宁镇通过生态移民和生态修复，既使生态脆弱的西海固山区"复绿"，又在风沙肆虐的闽宁戈壁滩"造绿"，实现两片区域"双绿"。自生态移民以来，闽宁镇共接收了6.6万名西海固地区贫困民众，为西海固生态修复腾出了宝贵空间，通过全面开展生态修复，重筑生态屏障，昔日的西海固黄土高原如今已是满眼绿色，森林覆盖率已接近30%。同时，闽宁镇积极开展新驻地生态治理，通过黄河扬水、菌草固沙、改良土壤、植树造绿、环境整治，将昔日戈壁滩建设成了绿树成荫的新家园，森林面积超过1.2万亩。

东西协作，从"输血"到"造血"的生态蝶变。协作初期，两地更多考虑授人以鱼的脱贫直接需求，闽宁镇逐步引入福建项目、资金、技术和管理，实现从农耕式种植到庭院经济、从分散经营的小农经济到现代化生态农业转变。之后，闽宁两省区不断深化协作，创新协作方式，由单一的经济援助、单向的扶贫解困、单纯的政府行为，转向全方位生态产业和商业拓展、园区合作和双向联动发展。在闽宁协作支撑下，闽宁镇全年人均纯收入从刚开始移民开发时的 500 元左右增长到 2022 年的约 1.6 万元，实现了从"输血"到"造血"的重大转变。

生态富民，以生态优势赋能乡村振兴。近年来，闽宁镇大力实施"生态立镇"战略，全面推进乡村振兴，先后引进各类企业 34 家，培育形成了特色养殖、特色种植、光伏发电、商贸物流、文化旅游等支柱产业。双孢菇产业从小作坊搬到了智能化厂房，年产值达到 400 万元，并成功推广到宁夏和甘肃两省区；通过种植葡萄、建设酒庄、举办博览会，拓展"葡萄酒+"新业态，葡萄种植总面积近 10 万亩，产业产值超过 3 亿元；以生态为特色、文化为内涵、旅游为载体，挖掘整合自然资源，大力发展乡村生态旅游，着力打造集"休闲娱乐+旅游观光+文化体验"等功能于一体的"山海情"文旅园，推动旅游业从门票经济向产业经济转变。

三 宁夏回族自治区"两山"实践创新的主要经验和对策建议

（一）主要经验

一是推进生态环境保护与治理，提升生态环境供给保障能力。坚决打好污染防治攻坚战，通过开展大气污染防治攻坚行动、实施"四尘"（煤尘、烟尘、气尘、扬尘）同治、实施细颗粒物与臭氧协同控制，推动多污染物协同控制和区域协同治理等举措，改善空气质量；实施水资源节约和保护行动，积极开展水污染治理和水生态保护，统筹水资源、水环境、水生态治理，推动江河湖库生态保护治理，基本消除黑臭水体，提升水环境质量；持续开展国土绿化行动，依据自治区"一带三区"的战略布局，结合地区生态建设实际，将全区划分为北部绿色发展区、中部防沙治沙区、南部水源涵养区，分别采取不同的造林绿化和生态保护措施。

二是构建绿色低碳产业体系，打通"两山"转化通道。开展农业深度节水控水行动，发展循环经济和林下经济，实现农业资源严格保护和高效利用。减少农业化肥使用量，实现农业废弃物资源化利用，实施白色污染治理，保护农业产地环境，推动农业绿色发展；引导和支持企业运用自动化、数字化、网络化、智能化等新技术，加强先进节能节水环保低碳技术、工艺、装备推广运用，推动钢铁、石化、化工、有色、煤电、建材等传统产业绿色化改造提升。大力发展清洁能源、新型材料、电子信息等特色优势产业，同时严格限制"双高"产业，推动工业绿色转型；转化生态环境整治成果，主推第三产业特别是旅游业发展。加快生态旅游产业深度融合，推动生态旅游与乡村旅游、红色旅游、研学旅行、康养旅游、休闲度假等新业态发展，打造具有国际影响力的黄河生态旅游带。

三是深化闽宁对口协作，促进"两山"高质量转化。自 1996 年建立对口协作关系以来，闽宁生态扶贫持续推进，成为践行"绿水青山就是金山银山"理念的生动案例，探索出了一条共创绿色美丽家园、共奔美好小康生活的共富之路。一方面，借鉴福建生态建设经验，将自然环境不适宜居住地区的群众集中搬迁，按照生态要求建设新城镇，为生态修复留下空间，为集约发展打下基础；另一方面，因地制宜发展生态产业，在引导福建企业到宁夏发展污染少的劳动密集型产业的同时，闽宁齐心协力，利用宁夏特色资源发展生态农业、生态旅游业，推动生态产业化和产业生态化，真正实现从生态扶贫走向生态富民。

（二）对策建议

拓展"两山"转化路径。一方面，充分运用信息化手段，摸清生态资源存量底数，建设生态资源大数据平台。加快推进生态资源统一确权登记，界定各类生态资源产权主体，从根本上解决生态产品"归谁有"、"归谁管"和"归谁用"的问题。搭建生态资源运营管理平台，通过购买、租赁等方式整合分散于不同产权主体的生态资源，实现统一管理、规模化开发。另一方面，立足宁夏资源特色，为"两山"转化探索可行路径。按照"错位式发展、集群式打造、全域化推广"的思路，科学确定"两山"转化的路径和策略，避免区域同质化竞争和拥挤效应，推动产业链从低端向高端跃进，拓展延伸生态产品价值链，提高"两山"转化产品附加值。

提高"两山"转化效率。健全价值核算机制，为"两山"转化提供量化依据。建立符合宁夏地区实际的生态系统生产总值核算体系，为绿水青山及其所提供的生态产品贴上价值标签。同时，依靠科技创新助推"两山"转化。深化与高校、科研院所合作，推进枸杞、葡萄酒、肉牛和滩羊等产业现代化发展，提升产品附加值。加强先进节能节水环保低碳技术、工艺、装备的研发和推广运用，稳步推进以煤为主的能源结构、以能源化工为主的工业结构和以公路货运为主的运输结构的转变，支持电子信息、新型材料、绿色食品、清洁能源等产业发展。

建立"两山"转化长效机制。建立"两山"实践创新基地建设领导小组和专家智库，统一领导和统筹推进"两山"实践创新基地创建工作，指导督促各有关单位落实相关任务，为"两山"机制各项任务顺利开展提供保障；定期组织召开自治区"两山"实践创新专题研讨会，系统总结梳理"两山"转化模式，打造宁夏"两山"实践创新品牌；引导社会力量参与，充分发挥群众主体作用，通过城乡居民、社会组织、返乡创业人员自发投工、投资等多种形式积极参与改善环境与绿色发展。

G.10
内蒙古自治区"两山"实践
创新发展报告

王蕾 闫籽璇 吴明红 聂春雷*

摘　要： 内蒙古自治区统筹山水林田湖草沙综合治理，持续实施"三北"防护林体系建设等重点生态修复工程，落实退耕还林、退牧还草、草畜平衡、禁牧休牧，强化天然林保护和水土保持，加强荒漠化治理和湿地保护，推动传统能源产业转型升级，大力发展绿色能源，取得了显著成效。内蒙古黄河流域实现了森林覆盖率和草原植被盖度"双提高"、荒漠化和沙化土地"双减少"的好成绩。

关键词： 绿色低碳　"两山"实践创新基地　内蒙古自治区　黄河流域

一　内蒙古自治区黄河流域绿色低碳发展现状

内蒙古是中国北方面积最大、种类最全的生态功能区，也是荒漠化和沙化土地集中、危害严重的省份之一，又是国家重要的能源资源战略基地。内蒙古草原、森林和湿地面积分别占全国的20.5%、10.3%和8.6%，其中森林面积位居全国第一，草原面积位居全国第二。在建设祖国北疆安全稳定屏障方面，内蒙古横跨"三北"、地近京畿，边境线4200多公里，是祖国的"北大门"和首都的"护城河"。在建设国家重要能源和战略资源基地方面，

---

* 王蕾、闫籽璇，北京林业大学马克思主义学院博士研究生；吴明红，北京林业大学生态文明智库中心副主任，马克思主义学院教授，研究方向为生态文明；聂春雷，中国生态文明研究与促进会高级主管，研究方向为生态文明。

内蒙古风能资源位居全国第一、太阳能资源位居全国第二，承担的煤炭保供量超过全国的1/3，外运煤、外送电和新能源发电量均位居全国第一。①

黄河流经内蒙古自治区843.5公里，流域面积15.2万平方公里，沿黄地区包括7个盟市，地区生产总值达1.2万亿元，占全区的67%；常住人口1237万人，占全区的51%，是内蒙古重要的生态保护区、文化遗产富集区和经济活跃区。②

内蒙古统筹山水林田湖草沙一体化保护和系统治理，探索形成了行之有效、可复制推广的库布其、磴口、毛乌素等"内蒙古模式"，重点解决了黄河"几字弯"地区沙患、水患、盐渍化、农田防护林、草原超载过牧、河湖湿地保护六大生态问题，打造了新时代防沙治沙新高地。

（一）内蒙古自治区绿色低碳发展的主要政策

内蒙古自治区牢固树立和践行"绿水青山就是金山银山"理念，重点顶层设计、全面布局《内蒙古自治区环境保护条例》《内蒙古自治区建设我国北方重要生态安全屏障促进条例》，全面落实《黄河保护法》《黄河流域生态环境保护规划》《黄河流域生态保护和高质量发展规划纲要》《黄河生态保护治理攻坚战行动方案》，扎实推进黄河流域生态环境保护和高质量发展，印发《内蒙古自治区境内黄河流域水污染防治条例》《内蒙古自治区黄河流域生态保护和高质量发展规划》《黄河内蒙古段生态环境保护与修复行动计划》《内蒙古黄河流域生态环境综合治理实施方案》，推动黄河流域生态环境综合治理各项任务落地见效，让生态安全屏障建设有了法治保障。

坚持山水林田湖草沙一体化保护和系统治理，统筹生态环境保护、污染治理、应对气候变化、产业结构调整。深入打好污染防治攻坚战。颁布实施《内蒙古自治区大气污染防治条例》《内蒙古自治区乌海市及周边地区大气

---

① 《国务院关于推动内蒙古高质量发展奋力书写中国式现代化新篇章的意见》，中国政府网，2023 年 10 月 16 日，https://www.gov.cn/zhengce/zhengceku/202310/content_6909412.htm。

② 《内蒙古日报：呼和浩特谱写黄河流域生态保护和高质量发展新篇章!》，澎湃新闻，2021年 8 月 13 日，https://www.thepaper.cn/newsDetail_forward_14060074。

污染防治条例》《内蒙古自治区打赢蓝天保卫战三年行动计划实施方案》《内蒙古自治区重污染天气应急预案》，坚决打赢蓝天保卫战。颁布实施《内蒙古自治区水污染防治条例》《内蒙古自治区饮用水水源保护条例》《内蒙古自治区水污染防治三年攻坚计划》《内蒙古自治区重点流域断面水质污染补偿办法（试行）》，全力打好碧水保卫战。颁布实施《内蒙古自治区土壤污染防治条例》《内蒙古自治区土壤污染防治三年攻坚计划》，扎实推进净土保卫战。加强固体废物和新污染物治理，落实《内蒙古自治区固体废物污染环境防治条例》《内蒙古自治区新污染物治理工作方案》。

协同推进降碳、减污、扩绿、增长，持续深入打好污染防治攻坚战。实施《关于深入贯彻习近平生态文明思想推进全社会资源全面节约集约的指导意见》《新时期推进内蒙古绿色低碳高质量发展若干支持意见》《内蒙古自治区适应气候变化行动方案》《内蒙古自治区减污降碳协同增效实施方案》《"两高"项目低水平盲目发展管控目录》《内蒙古自治区石化产业调结构促转型增效益实施方案》。推动发展方式绿色转型，制定《内蒙古自治区绿色矿山建设方案》《内蒙古自治区矿山环境治理实施方案》《实施"三线一单"生态环境分区管控工作方案》。构建"1+N+X"政策体系，印发《内蒙古自治区碳达峰实施方案》《关于完整准确全面贯彻新发展理念做好碳达峰碳中和工作的实施意见》，科学有序推进碳达峰碳中和。

全面加强自然生态环境保护监管，制定《生态环境质量监测点位管理办法》《地表水水质自动监测站运行管理办法》《内蒙古自治区加强生态环境监测社会化服务机构质量管理暂行办法》。生态环保执法监管力度不断加大，制定《内蒙古自治区加强入河排污口排查整治和监督管理工作方案》《内蒙古自治区重点流域国考断面水质补偿办法（试行）》《内蒙古自治区"十四五"重点流域水生态环境保护规划》。加快构建现代生态环境治理体系，创新性建立《生态文明建设考核和保护责任制度》《内蒙古自治区生态文明建设绩效考核实施方案》《内蒙古自治区生态环境损害赔偿制度改革实施方案》。

规范各地区开展国家生态文明建设示范区和"绿水青山就是金山银山"

实践创新基地创建工作，制定了《内蒙古自治区创建国家生态文明建设示范区管理规程》和《内蒙古自治区创建国家"绿水青山就是金山银山"实践创新基地管理规程》。以生态环境高水平保护推动高质量发展，为筑牢我国北方生态安全屏障奠定优良生态环境基础。

（二）内蒙古自治区绿色低碳发展的主要成就

内蒙古把绿色低碳发展纳入全区经济社会发展全局，积极稳妥、有力有序推进生态文明建设取得显著成效。

一是生态环境质量持续改善。内蒙古自治区坚决贯彻落实习近平生态文明思想，坚持不懈保生态、治污染、促转型，让广袤草原"带薪休假"，在兴安林海"挂斧停锯"，对重点沙漠"锁边治理"，累计营造林 1.22 亿亩、种草 2.86 亿亩，年均防沙治沙 1200 万亩以上，规模均居全国第一位，全区草原植被盖度和森林覆盖率分别由 40.3% 和 20.8% 提高到 45% 和 23%，荒漠化和沙化土地面积持续减少，沙尘暴天数由每年 4.9 天减少到 0.6 天。空气质量优良天数比例达 92.9%，$PM_{2.5}$ 年均浓度 22 微克/米^3，重污染天气比例 0.1%。空气质量优良天数比例、$PM_{2.5}$ 年均浓度两项指标在全国分别为第十名、第八名。重点流域 121 个国考断面水质优良比例为 76%。扎实推进黄河流域生态环境保护，流域内国考断面优良水体比例为 74.3%，干流 9 个国考断面水质全部为 Ⅱ 类。[①] 创建 13 个国家生态文明建设示范区和 10 个"两山"实践创新基地。

二是经济产业发展水平提高。新能源产业快速发展，国家在内蒙古"沙戈荒"地区批复的大型风电光伏基地项目规模超过 1 亿千瓦，居全国第一位。内蒙古在全国率先提出源网荷储一体化、工业园区绿色供电、风光制氢一体化等 6 类市场化并网新能源项目实施细则。"1+N+X"政策体系基本构建。"双碳"目标提出以来，内蒙古印发《关于完整准确全面贯彻新发展

---

① 《2023 年内蒙古自治区政府工作报告》，人民网，2023 年 2 月 14 日，http：//politics. people. com. cn/n1/2023/0214/c449015-32623604. html。

理念做好碳达峰碳中和工作的实施意见》，出台科技、能源、工业、交通运输、住建、农牧等 17 项分领域分行业实施方案，明确了实现"双碳"目标的时间表、路线图和施工图，制定了氢能发展、能源保供、"一带一路"能源合作绿色发展等九个方面的配套政策措施，基本构建了框架完整、措施精准、机制有效的"双碳"政策支撑和保障体系。节能降碳与经济发展实现协同增长。2021~2022 年，内蒙古能耗强度累计下降 11% 以上，完成"十四五"目标进度 70% 以上，居全国前列。2023 年上半年，内蒙古能耗强度下降 3.5% 以上，固定资产投资和 GDP 分别增长 34.5% 和 7.3%，分别位居全国第二和第五，有力保障了扩大有效投资、稳定经济增长"动力源"，实现了节能降碳和经济发展协同并进。

三是生态保护新格局不断形成。资源节约集约循环利用水平不断提高。内蒙古在全国率先出台《关于深入贯彻习近平生态文明思想推进全社会资源全面节约集约的指导意见》，构建了以指导意见为主体，能源、土地、矿产、粮食等重点领域专项落实方案为配套的"1+N"政策体系，并围绕"能水粮地矿材"构建资源节约集约利用评价指标体系，推动资源节约集约工作标准化、数字化。编制完成自治区国土空间规划，着力构建"三山一弯，两带十区，一核双星多点"的国土空间开发保护总体布局。科学划定"三区三线"，划定生态保护红线 59.69 万平方公里，占全区土地面积的一半以上；划定耕地保护目标 1.7 亿亩、永久基本农田 1.33 亿亩；划定城镇开发边界 59 万公顷、城镇开发边界管控线 27.94 万公顷，把"三区三线"作为调整经济结构、规划产业发展、推进城镇化不可逾越的红线，着力构建生态保护新格局。

二 "两山"实践创新基地案例分析

内蒙古全区 12 个盟市、103 个旗县（市、区）在贯彻习近平生态文明思想、筑牢我国北方重要生态安全屏障的探索中立足自身资源禀赋、发展基础、功能定位，摸索出了以路治沙、锁边治沙等各具特色的鲜活经验，成功创建多个"两山"实践创新基地和国家生态文明建设示范区。较有代表性的有以沙漠治理为主的鄂尔多斯杭锦旗库布其沙漠亿利生态示范区、以流域和沙漠综合治理为主的巴彦淖尔市乌梁素海流域乌兰布和沙漠治理区以及县域生态治理的典范巴彦淖尔市五原县。

（一）鄂尔多斯市杭锦旗库布其沙漠亿利生态示范区①

库布其沙漠总面积1.86万平方公里，是我国第七大沙漠。亿利生态示范区是内蒙古自治区首个"两山"实践创新基地，也是全国第一个由民企实施的"两山"实践创新基地。示范区坚持"生态产业化、产业生态化"的绿色发展观，把沙漠作为资源，把治沙作为产业，坚持治沙30年，规模化治理沙漠6000多平方公里，固碳1830万吨，释氧1540万吨，创造生态财富超过5000亿元，带动10.2万人脱贫致富，创造就业超过100万人次。创造了"政府政策性支持、企业产业化投资、农牧民市场化参与、技术持续化创新"的可持续、可复制实践经验，走出了一条立足中国、造福世界的沙漠综合治理之路，从"全球沙漠生态经济示范区"到"中国样本"再到"两山"实践创新基地，成为世界治沙看中国的样板和典范。

一是企业带动谋发展。亿利集团从2010年开始在库布其创新探索立体光伏治沙，总结构建了板上双层发电、板下双层生态、板间双层养殖的"三双"立体生态光伏治沙模式。位于杭锦旗的亿利库布其沙漠1000兆瓦生态太阳能光伏光热治沙发电综合示范项目是我国首个沙漠"林光互补"示范项目，也是当时国内一次性建成的最大光伏发电项目之一。该项目构建了从一块板子到一条链子，新能源与治沙融合发展的生态圈子，包括风光氢储化治沙产业链、光伏治沙健康产业链、光伏治沙生态旅游产业链、光伏治沙节水农牧产业链。打造黄河"几字弯"立体生态光伏治沙绿色产业带，既可保卫黄河"几字弯"的生态安全，又能提升治沙综合效益。

---

① 《美丽中国先锋榜（18）｜内蒙古杭锦旗库布其沙漠治理创新实践》，生态环境部网站，2019年9月10日，https：//www.mee.gov.cn/xxgk2018/xxgk/xxgk15/201909/t20190910_733158.html。

二是科学治沙迎巨变。库布其沙漠的沙子由孔兑冲向黄河形成巨型沙坝,多次导致黄河断流,对当地人民生产生活造成极大破坏。20世纪50年代,杭锦旗人民政府在此设立了三个治沙站,沿着库布其沙漠北缘和黄河南岸全长近200公里,以沙枣、沙柳和怪柳为主要树种营造锁边林带,累计造林19.5万亩,有效遏制了库布其沙漠的北扩,大大减少了入黄河泥沙,保障了当地人民群众生命财产安全。库布其治沙护河锁边林的核心地带叫"那日沙",蒙古语意为太阳升起的地方。亿利治沙运用风向数据方法,让风削沙峰、林填沙谷,绿植包围并融合多种治沙技术和树种,形成了沙峰绿谷。几十年来,在各级党委政府与沙区企业、人民群众的共同努力下,库布其沙漠成为世界上唯一被整体治理的沙漠,实现了从"沙进人退"到"绿进沙退"的历史巨变。

在习近平生态文明思想的引领下,内蒙古自治区不断探索出"政府政策性支持、企业产业化投入、农牧民市场化参与、科学技术持续创新、生态成果共建共享"的库布其治沙模式,让库布其沙区成为"绿水青山就是金山银山"理念的实践地。

(二)巴彦淖尔市乌梁素海流域乌兰布和沙漠治理区①

巴彦淖尔市位于内蒙古自治区西部、黄河"几字弯"的顶端,总面积6.51万平方公里。地形地貌多样,山水林田湖草沙生态要素齐全,生态地位极其重要,是国家重要生态功能区。巴彦淖尔意为"富饶的湖泊",境内有大小湖泊300多个,在这些湖泊中,乌梁素海无疑是最闪亮的那个,被誉为"塞外明珠"。蒙古语意为"红柳湖"的乌梁素海,面积293平方公里,为全国八大淡水湖之一,也是黄河流域最大的湖泊、地球同纬度最

① 《绿色发展示范案例(125)|"绿水青山就是金山银山"实践创新基地——内蒙古自治区巴彦淖尔市乌兰布和沙漠治理区》,生态环境部网站,2021年7月29日,https://www.mee.gov.cn/ywgz/zrstbh/stwmsfcj/202107/t20210729_851979.shtml;《乌梁素海"塞外明珠"呈异彩:重塑生态"颜值"焕发耀眼光彩》,人民网,2023年7月17日,http://finance.people.com.cn/n1/2023/0717/c1004-40037037.html。

大的湿地，承担着黄河水量调节、水质净化、防凌防汛等重要功能，是我国北方多个生态功能交汇区及控制京津风沙源的天然生态屏障。乌兰布和沙漠位于巴彦淖尔境内乌梁素海流域的上游源头，是黄河流域的有机组成部分。

一是坚定理想信念，项目带动发展。巴彦淖尔市认真贯彻"绿水青山就是金山银山"理念，以生态治理产业化、产业发展生态化为方向，实行全要素、全流域综合治理。2018年国家林业和草原局将巴彦淖尔列为全国防沙治沙综合示范区。通过综合治理，乌兰布和沙漠东缘建起了大型防风固沙林带，营造黄河护岸防护林带，有效地遏制了沙漠东侵，保护了母亲河的安全。二是建立多元生态机制，水体保质保量。在河套灌区，营造农田防护林网，建立了灌区节水、黄河汛期补水、应急生态补水相统筹的多元化生态补水机制，以加强乌梁素海水资源优化调度，分时分量向乌梁素海进行生态补水，全力保障乌梁素海生态需水量。实行水生态治理，乌梁素海湖区整体水质已由2010年的地表水劣Ⅴ类，达到现在地表水Ⅴ类，局部水域已达Ⅳ类。三是产业融合发展，治沙致富双赢。乌兰布和沙区重点发展现代牧业、生态旅游、光伏治沙等产业。投入20多亿元，建成集饲草、有机牧场、加工厂、有机肥厂和无害化处理厂于一体的有机循环产业链，年加工产值46亿元。光伏发电装机容量达220兆瓦，年发电量3.6亿度，光伏板下发展设施农业、高效农业，开启了"借光治沙"新模式。以沙漠资源为依托，积极发展低空飞行等全域旅游，年接待游客143万人次，旅游综合收入达到10.4亿元，打造了"两山"实践创新"乌兰布和"样板。

巴彦淖尔市乌梁素海流域乌兰布和沙漠治理区以系统思维谋划和推动生态修复、综合治理、保护开发等工作，流域生态环境持续改善，有效保障自然资本更加保值增值，守住了"绿水青山"，做活了"金山银山"，积极为西北地区乃至全国生态文明建设提供可复制、可推广的"两山"经验。巴彦淖尔市乌梁素海流域乌兰布和沙漠治理区于2020年11月入选全国第四批"两山"实践创新基地。

（三）巴彦淖尔市五原县[①]

巴彦淖尔市五原县地处黄河"几字弯"最北端、河套平原腹地，总面积2544平方公里，拥有耕地230万亩，全部引黄河水自流灌溉，是典型的农业大县，太阳年平均辐射总量153.44卡/厘米^2，仅次于西藏、青海；年日照时数3263小时，平均气温6.1℃，积温3362.5℃，素有"塞外江南、河套粮仓"的美誉。五原县认真贯彻习近平总书记关于黄河流域生态保护和高质量发展、河套灌区发展现代农业的重要指示精神，深入践行"绿水青山就是金山银山"理念，全力争当河套全域绿色有机高端农畜产品生产加工服务输出基地、乡村振兴示范基地、河套全域农耕文化乡村旅游基地"三个排头兵"，全力推动生态优势、资源优势转化为产业优势、经济优势、品牌优势。

一是夯实自然生态基底，绿色做加法。五原县坚持"生态是生存之本，环境是发展之基"的发展理念，统筹推进污染防治、国土绿化、农村人居环境整治和耕地质量提升。打好污染防治攻坚战，重点聚焦乌梁素海流域综合治理，通过"四控两化"行动，实现了化肥利用率、农药利用率、水资源利用系数及残膜回收率稳定提升，减少了对乌梁素海的污染。筑牢生态安全屏障，坚持蓄水保土、适地适树，产业扶民、生态富民，重点实施"环城、环镇、环村、环路、环田"绿化工程，各级通道、各类园区、所有村组全部绿化贯通。扛牢粮食生产安全重任，"五万亩盐碱地改良"试验项目全国示范，建成高标准农田40.75万亩，全县230万亩耕地完成一轮配套，夯实粮食安全根基。二是构建生态融合产业体系，发展做乘法。做好"生态+现代农业"文章。"六大"优势特色产业实现园区化、产业化、融合化发展，肉羊、黄柿子、冷凉蔬菜等特色产业向全产业链条拓展，建设中国"向日葵城"、"塞外果蔬城"、国家级胡羊核心种羊基地。做好"生态+新

[①] 《五原县获评第六批"绿水青山就是金山银山"实践创新基地》，巴彦淖尔市人民政府网站，2022年11月21日，https：//www.bynr.gov.cn/dtxw/qqdt/202211/t20221121_490438.html；《五原县的县情概况》，中共五原县委员会网站，2020年4月6日，http：//www.bynrsw.gov.cn/sites/wyxwx/detail.jsp？id=1199。

型工业"文章。坚持有所为、有所不为，坚决不引进有污染的工业项目，突出农畜产品精深加工业，建设黄柿子汁、辣椒酱、羊肉小镇等原材料就地加工项目。把电商优势转化为生态产业发展优势，投资8000万元建成河套电子商务产业园，成为全国电子商务示范县、全国电子商务进农村示范县。做好"生态+全域旅游"文章。坚持生态、业态、文态"三态"融合，依托黄河"几字弯"旅游带，建成河套农耕文化博览苑、抗战纪念园、"天赋河套·五原印巷"文创园、黄河谣水镇、巴美湖国家湿地公园等一批特色景区，入选全国休闲农业和乡村旅游示范县。三是完善体制机制建设，制度做保障。强化组织保障，建立生态环境长效管理领导机制，将生态环境保护目标任务纳入"十四五"发展规划、党政领导班子目标管理实绩考核体系，全面实施林长制、河湖长制，出台责任清单、实施意见等配套措施。加强资金统筹，建立以绿色生态为导向的资金支持制度，每年安排专项财政资金，撬动建立企业资本、社会资本、工商资本积极参与的多元化投入保障机制。创新管理机制，建立完善农村人居环境整治村庄管理"437"机制、村民小组"微治理"、盐碱地改良等可持续推广的"两山"转化经验模式，入选全国首批农村幸福社区建设示范县、全区"十县百乡千村"工程示范县。

五原县深入践行"绿水青山就是金山银山"理念，生态文明建设成效显著，先后获得"国字号""区字号"荣誉208项，成功创建国家园林县城、国家卫生县城、全国文明城，成为中西部农耕地区开展生态环境保护和生态文明建设的先锋和典范，实现了县域生态效益、经济效益、社会效益多赢。2022年全县农村常住居民人均可支配收入25680元，同比增长7.3%，人均可支配收入高于自治区6039元。

三 内蒙古自治区"两山"实践创新的主要经验与政策建议

（一）主要经验

一是立足资源优势，积极稳妥推进碳达峰碳中和。全面实行矿产资源绿色勘查，推动地质找矿突破与生态环境保护协调发展。加快煤炭、煤层气一体化开发利用，提升煤炭清洁高效利用水平，加大油气资源勘探开发和增储上产力度。深入实施煤电节能降碳、灵活性和供热改造"三改联动"，印发《内蒙古自治区"十四五"煤电改造升级实施方案》，2021年、2022年两年累计完成节能降碳改造1128万千瓦、灵活性改造1290万千瓦、供热改造376万千瓦。全力支持新能源产业发展，优先保障新能源用地需求，鼓励国家和自治区大型风电光伏发电项目使用沙漠、戈壁等未利用地。2021年以来，累计获得国家及自治区批复新能源规模超1.7亿千瓦。其中，在"沙戈荒"地区批复超过1亿千瓦的大型风电光伏基地项目，居全国首位。

二是紧抓重点工程，形成良性示范带动效应。科学划定"三区三线"，划定生态保护红线59.69万平方公里，占全区土地面积的一半以上。组织实施了乌梁素海流域和科尔沁草原两个山水林田湖草沙综合治理项目，总投资102.08亿元，乌梁素海流域试点工程入选自然资源部与世界自然保护联盟联合发布的《基于自然的解决方案中国实践典型案例》。启动黄河"几字弯"重点生态区（鄂尔多斯）和北方防沙带—黄河重点生态区（呼和浩特）废弃矿山生态修复示范工程项目，总投资11.61亿元。

三是吸引企业加入，发动社会力量参与。以重点生态工程和示范项目为依托，吸引企业参与生态建设全过程，带动农牧民在生态建设的同时，实现生产发展、生活改善、生态恢复有机统一。如亿利集团经过30多年的坚持不懈在库布其沙漠打造全产业链项目，累计治理沙漠270多万亩，种植甘草200多万亩、肉苁蓉30万亩，带动3万多农牧民脱贫致富。伊泰集团实施百万亩碳汇林工程，探索以增加碳汇为主要目标的植绿护绿，把改善生态环境与促进经济社会可持续发展有机结合起来，累计固碳86万吨，直接或间接带动近9000户农牧民实现脱贫。

四是坚持生态建设和富民并重，促进实现共同富裕。按照生态建设产业化、产业发展生态化的思路，通过"反弹琵琶"实现"逆向拉动"，以经济利益杠杆撬动生态建设，让生态效益转化为经济效益、让生态优势转化为发展优势。突出用好用活生态保护补偿和生态建设工程资金，探索构建生态保护成效与补偿资金分配挂钩的激励机制，鼓励企业和农牧民通过植树造林、发展特色种养项目等，有效融入治沙和生态产业链条，在生态建设中致富、在致富中建设生态。

（二）政策建议

一是坚持山水林田湖草沙一体化保护和系统治理。内蒙古自治区是我国北疆重要的生态屏障，也是生态环境较为脆弱的地区之一，区域内生态环境复杂，有黄土高原，库布其、毛乌素、乌兰布和等沙漠，大兴安岭、乌拉山脉、贺兰山脉等山脉，呼伦贝尔草原、科尔沁草原、锡林郭勒草原等草原，以及黄河流域、河套平原等多种生态环境，也是我国重要的农牧产区，兼具山水林田湖草沙各种生态系统。要有系统思维，统筹好各个自然生态要素的整体保护、系统修复和综合治理，加强开发、利用、保护、修复之间的协同，加强治沙、治水、治山全要素协调和管理。在统筹兼顾的基础上突出重点治理，坚决打赢标志性战役，确保如期完成黄河"几字弯"攻坚战、科尔沁和浑善达克两大沙地歼灭战任务。要进一步优化国土空间布局，统筹安排生产、生活、生态空间，优化农林牧土地利用结构，严格实施国土空间用途管控，严守生态保护红线，给自然生态留下休养生息的时间和空间。

二是统筹处理好生态环境保护和经济社会发展的关系。内蒙古自治区是北方重要生态安全屏障，也是祖国北疆安全稳定屏障，是国家重要能源和战略资源基地，也是农畜产品生产基地，还是我国向北开放重要桥头堡，对于我国经济社会发展和安全稳定有着重要战略意义。同时，内蒙古自治区还面临水资源不足，空气、水体、土壤污染，荒漠化和水土流失等一系列生态环境突出问题，尤其是资源开发过程中对自然环境造成的破坏较为严重。目前来说，内蒙古经济社会的发展仍很大程度依赖传统能源行业的贡献，绿色转型尚在进行时，能源、经济、生态、环境的协调发展程度整体仍偏低，想要实现黄河流域生态保护和高质量发展，必须解决几者之间的协调问题，破解其中的矛盾和症结。

三是继续发动各方力量参与生态文明建设。生态环境治理不仅是政府的责任，也是全社会的共同事业。要积极引导全民有序参与生态环境治理，推动生态环境治理主体多元化发展，形成政府引导、企业出力、全民参与的生态文明建设氛围和格局。要加强政府、企业及各种社会主体之间的协调与合作互动，多方发力、互为补充。要强化政府生态职能，加强生态工作的执行效力，提高资源高效利用率。要继续发挥企业在重点生态建设项目中的带动作用，对贡献突出的企业进行支持和表彰，增强本土企业责任感和使命感。要充分发挥民众的广泛力量，增强全民生态环境保护的思想自觉和行动自觉，避免资源浪费与环境破坏，激发全社会共同呵护生态环境的内生动力。

G.11
山西省"两山"实践创新发展报告

王辉健　武思萍　杨雪坤　刘志媛　李成茂*

摘　要： 山西省作为黄河流域一员，是黄河生态保护治理的关键一环，多年来山西省坚决落实黄河流域生态保护和高质量发展战略，充分发挥资源优势，紧抓能源革命和重点工程建设，生态环境治理相关制度与政策体系不断健全，制定并实施碳达峰碳中和政策方案，积极推进右玉、沁水等全国"两山"实践创新基地创建，绿色低碳发展取得阶段性成就。山西未来发展仍需进一步学习借鉴"千万工程"经验提升全省村容村貌，加大环境治理力度，持续提高环境科技投入比例。

关键词： 绿色低碳　"两山"实践创新基地　山西省　黄河流域

一　山西省黄河流域绿色低碳发展现状

黄河流经山西4市19县（市），黄河山西段总长965公里，占黄河流域干流河道总长度的17.6%，且地处黄河中游黄土高原生态脆弱区，[①] 推进黄河流域生态保护和高质量发展是山西省推动高质量发展的一项重大课题。近年来，山西贯彻落实黄河流域生态保护和高质量发展战略，提出了建设黄河

* 王辉健，博士，中共山西省委党校（山西行政学院）社会和生态文明教研部副教授，研究方向为生态文明；武思萍，北京林业大学马克思主义学院硕士研究生；杨雪坤，山西省公安厅，研究方向为绿色行政；刘志媛，博士，中国生态文明研究与促进会高级主管，研究方向为生态文明；李成茂，博士，北京林业大学生态文明研究院副院长，马克思主义学院教授，研究方向为生态文明。

① 木遥：《打好生态保护治理攻坚战》，《山西日报》2023年7月5日。

流域生态保护和高质量发展重要实验区的目标任务,扎实推进全省的绿色低碳发展。

(一)山西省绿色低碳发展的主要政策

生态环境治理相关制度与政策持续推进。通过加强顶层设计、完善制度设置,依法依规推进生态环境保护,坚持绿色生产、绿色生活、绿色制度一体推进,使经济发展与生态保护协调互促。制定出台了《山西省生态文明体制改革实施方案》《山西省加快构建现代环境治理体系实施方案》《山西省汾河流域生态修复与保护条例》等生态环境保护制度,启动编制《山西省黄河流域生态环境保护条例》。开展领导干部自然资源资产离任审计,落实生态补偿制度,实行生态环境损害责任终身追究制,建立"三线一单"生态环境分区管控体系,推进生态环境损害赔偿制度改革。同时,加大力度保护生物多样性。山西省编制了《山西省生物多样性保护优先区域规划》,制作了《晋山晋水 万物共生》国际生物多样性日宣传片,发出生物多样性保护山西倡议。通过大力加强自然保护区建设,加强优先区域保护与监管,推动实施"一区一策",提升生物多样性管理水平。

碳达峰碳中和政策方案有效落实。制定《山西省碳达峰实施方案》,结合山西自身的能源及产业现状率先做出安排部署,制定减排目标和行动计划。明确实施碳达峰十大行动,包括实施传统能源绿色低碳转型行动、新能源和清洁能源替代行动、节能降碳增效行动、工业领域碳达峰行动、城乡建设碳达峰行动、交通运输绿色低碳行动、循环经济助力降碳行动、科技创新赋能碳达峰行动、碳汇能力巩固提升行动、全民参与碳达峰行动,加快实现生产生活方式绿色变革,实现降碳、减污、扩绿、增长协同推进,力争早日实现碳达峰目标,加快碳捕集、利用与封存(CCUS)技术研发,聚焦碳捕集与利用,逐步提升生态碳汇能力。

(二)山西省绿色低碳发展的主要成就

全省生态环境整体改善。经过多年生态文明建设,山西省空气、水、土壤环境质量有效提高，森林覆盖率持续提升。空气质量稳定达到国家二级标准，2022年全省环境空气质量综合指数为4.51，五年累计改善幅度达31.4%，空气质量优良天数比例为74.4%，细颗粒物（$PM_{2.5}$）浓度下降。[1]优化水资源配置，推动"一泓清水入黄河"工程建设，汾河水质稳定达到Ⅳ类以上，全面达到优良，全省地表水国考断面优良比例达90%以上，基本消除城市黑臭水体。[2] 加强土壤污染防治工作，通过实施全面的土壤环境调查和修复工程，建立土壤污染源监测网络和提升农业生产的安全标准，有效控制土壤污染的发展，减少或消除土壤污染源，提高土壤质量。全省建立以森林生态系统等为主要保护对象的自然保护区，加强天然林保护和退耕还林工程建设，增加森林面积和提高森林覆盖率，加快造林绿化步伐，全省森林覆盖率达到23.57%，提高了生物多样性和生态系统的稳定性。

绿色转型与能源革命持续推进。2013~2022年，山西省单位GDP能耗累计下降33.2%，节约能源约1.1亿吨标准煤，[3] 能耗强度有效降低。鼓励发展绿色低碳产业，支持传统产业的节能和减排技术改造，推动煤电清洁低碳发展、煤炭清洁高效利用。加快煤炭由燃料向原料、材料、终端产品转变，推动煤炭向高端高固碳率产品发展。推动智慧矿山建设，提升数字化、智能化、无人化煤矿占比，实现煤炭行业整体数字化转型。新能源装机量与发电量占比大幅提高，截至2023年第一季度末，山西省新能源发电量达207亿千瓦时，同比增长25.2%，利用率达到98.02%，[4] 有效推动了清洁能源的普及和应用。

① 《2022年山西多项生态环境指标再创历史最好水平》，澎湃新闻，2023年1月3日，https://www.thepaper.cn/newsDetail_forward_21403653。

② 《政府工作报告——2023年1月12日在山西省第十四届人民代表大会第一次会议上》，《山西日报》2023年1月19日。

③ 《山西这十年｜省能源局专场新闻发布会举行（第二十一场）》，"锦绣太原"百家号，2022年9月28日，https://baijiahao.baidu.com/s?id=1745200922264999740&wfr=spider&for=pc。

④ 《2023年一季度山西新能源发电量207亿千瓦时 同比增长25.2%》，"环球网"百家号，2023年4月25日，https://baijiahao.baidu.com/s?id=1764128437152390299&wfr=spider&for=pc。

二 "两山"实践创新基地案例分析

目前山西省共成功创建 5 个"两山"实践创新基地，分别是朔州市右玉县、晋城市沁水县、临汾市蒲县、长治市平顺县、运城市芮城县，各示范县利用自身生态资源优势，创新绿色发展模式，积极推动"两山"实践创新，取得了一定的成效。

（一）朔州市右玉县

右玉县地处晋蒙两省（区）交界，位于山西省的西北端，属黄土丘陵缓坡区，平均海拔 1400 米，年均气温 4.7℃，降雨量 412 毫米。新中国成立初期，右玉县生态环境恶劣，全县仅有 8000 亩残次林，绿化率不足 0.3%，土地沙化面积占比 76%。经过不断的植树造林改善生态环境、践行"两山"理念改革创新，右玉县的生态环境得到了极大的改善，截至 2020 年，右玉县林木绿化率达到 57%，草原综合植被盖度达 67%，城市建成区绿地率达43.7%，沙尘暴天数减少了 80%，地表径流和河水含沙量比造林前减少60%，[①] 90% 以上的沙化土地得到有效治理。

确立科学的思路，针对土地沙化环境，分阶段进行植树造林。从 20 世纪五六十年代针对防风固沙突出风沙治理进行植树造林，到 70 年代开始建设防护林体系，到 80 年代引进"三松"，进一步提高造林质量，再到 90年代乔灌混交，进行立体造林。进入 21 世纪，右玉开始推进退耕还林，"十三五"时期，右玉遵循"两山"理念，探索绿色生态发展道路。在绿化工程上，右玉因地制宜进行绿化，针对当地春季解冻迟的气候特征，实行春秋两季植树，秋季整地，来年春季适时栽植。并以风蚀严重地区为重点，工程措施与生物措施相结合，提高经济林、速生丰产林和灌木林的种

---

① 《山西右玉：绿色接力　生生不息》，"人民资讯"百家号，2022 年 2 月 22 日，https：//baijiahao. baidu. com/s？id＝1725474175884227373&wfr＝spider&for＝pc。

植比重，有效控制流域范围内的水土流失。同时，依托"三北"防护林等国家重点生态建设项目，整合林业、水利、农业综合开发等项目资金推进生态建设。

建立制度体系，保护绿化成果。制定《右玉县环境保护工作职责规定（试行）》，建立环境保护目标责任制度，严格项目环保准入，将环评作为新建项目备案的前置条件，在项目开发等环节将环评作为重要标准。出台《右玉县创新生态建设和管护机制改革工作方案》《生态保护红线划定方案》《森林资源管理办法》《关于进一步加强森林资源保护的决定》《关于实行封山禁牧的实施方案》等一系列文件，加大生态资源保护力度。

坚持"两山"理念，发展绿色产业。一是发展生态农牧业，开发苦荞、沙棘等绿色农产品产业，基本实现本地大宗农产品就地加工转化增值。同时，依托草场发展生态畜牧业，右玉羊肉成为全省第一个获得国家地理标志认证的畜产品，畜牧业收入占当地农民人均纯收入的65%。二是探索生态工业，吸引京能、国电等企业投资兴业，依托丰富的风能、光能优势，大力发展清洁能源产业。目前，全县清洁能源装机容量达130万千瓦，成为山西省最大的清洁能源基地。

（二）晋城市沁水县

沁水县位于山西省南部，地处太行、太岳、中条三大山系衔接处，全县地貌包括林地或林间草地为主的中山区、低山丘陵区和河谷平川区，县域四面环山，长期以来资源丰富但生态环境较差。近年来，沁水县通过生态文明建设和国家生态文明建设示范区、"两山"实践创新基地的创建，修复生态环境，促进绿色发展。依托历史文化古迹及高达48.6%的森林覆盖率、68.5%的林草覆盖率，入选国家园林县城、国家卫生县城、全国文明城市，"两山"实践实现新突破。

协同推进生态环境修复及人居环境整治工作。政府以防治环境污染为目标，实行减煤、降尘、管车、控油、治烟协同治理，统筹推进"五水共治"，实施水源涵养能力提升、生态系统保护修复、沁河流域生态保护与修复三项工程。针对人居环境治理问题，沁水县以改善沁河水质和农村人居环境为目标，实施了沁河沿线农村污水治理工程和农村人居环境"六乱"整治工作，进行入河排污口治理并修建大型污水处理厂，建立垃圾处理运转机制，开展拆违治乱、垃圾治理、污水治理、厕所治理等工作，治理成效明显。通过一系列治理，沁水县空气质量有了显著改善，2016年沁水县空气质量二级以上天数有291天，其中一级天数39天，全年空气综合污染指数为5.02。[1] 2022年沁水县空气质量综合指数为3.4，达标天数325天，优良率89%，$PM_{2.5}$平均浓度为$28\mu g/m^3$。[2]

着力发展特色生态农产品。实施了耕地质量提升、农水集约增效、旱作良种攻关、农技集成创新、农机配套融合、绿色循环发展等"六大工程"。在稳定粮食种植的前提下，建立现代农业产业园，发展地方特色农产品，打造特色农产品品牌，如沁水蜂蜜、中村香菇、土沃银耳等。同时，发展中药材种植，以连翘、杜仲、紫苏等中药材产业为基础，打造药茶品牌，在当地形成了一批具有较大影响的农副产品品牌和农副产品加工企业。

依托森林资源发展旅游康养。沁水县将生态环境治理与资源产业开发有机融合，探索"两山"转化大景区带动模式，打造太行洪谷大景区，通过引入医养、观星、保健、度假等多种形式康养业态，打造森林康养基地、青少年自然教育基地和开放式自由徒步路线等康养旅游产业，拓宽游客受众群体，发展绿色旅游。

（三）临汾市蒲县

蒲县地处吕梁山南端西麓，是黄河一级支流昕水河的发源地、黄土高原丘陵沟壑水土保持生态功能区，为"限制开发的重点生态功能区"。蒲县具

---

[1] 《沁水县2016年国民经济和社会发展统计公报》，沁水县统计局网站，2017年3月21日，http://xxgk.qinshui.gov.cn/xzf/qstjj/fdzdgknr/tjxx_ 36/tjgb_ 12/202206/t20220627_ 1620022.shtml。

[2] 《沁水县2022年国民经济和社会发展统计公报》，沁水县人民政府网站，2023年3月29日，https://www.qinshui.gov.cn/zwgk_ 372/jjfz_ 420/202303/t20230329_ 1772643.shtml。

有良好的自然生态基础优势，境内具有众多自然保护区和天然林。但因黄土残垣沟壑区地形地貌的不利条件，蒲县水土流失严重，生态环境脆弱。在近年来的生态文明建设中，蒲县实施了许多营造林项目和生态保护建设工程，有效改善了全县生态环境。2015 年，蒲县森林覆盖率为 36.92%，林木覆盖率为 53%；①2022 年，蒲县森林面积达 91.18 万亩，森林覆盖率提升至40.18%，林木覆盖率提升至 59%②。创造"垒石坑填土植树最多县"上海大世界吉尼斯纪录并入选"全国绿化模范县"。

创新植树造林模式。一是改变了原有植树方式，开创了垒石坑填土植树模式；二是将发动群众植树变为专业队栽植管理；三是将传统栽植方式变为采用营养袋分类育苗栽植；四是将无序用苗变为建立苗木基地；五是将阶段性验收结算变为 5 年总验收；六是将重栽轻管变为重栽更重管。这些转变大大提升了植树造林成活率和种植效果。蒲县先后实施了城区荒山绿化工程、沿昕水河百里绿色通道工程等，截至 2021 年，蒲县完成造林面积 35.5 万亩，其中在石头坡上垒石坑、客土回填种植方式植树量达 39 万株，保存率达到 98%以上。

发展当地特色绿色产业，取得经济与生态双重效益。整体规划连翘、构树、沙棘种植，推进药茶产业发展，出台相关政策，打造药茶品牌，发展药茶产业，促进农村经济发展和农民增收致富。刁口村种植野生连翘 2 万余亩，约占全县连翘产量的 1/3，每户每年人均连翘采摘收入达 3000 元以上，转化成效显著。发展经济林产业，扩大核桃产业，山中乡耕地面积为 23145 亩，核桃栽植面积达到 21000 亩，拥有 1000 户核桃种植户，亩均增收 2200 元。

挖掘资源，发展生态旅游。推出"一日乐游"精品线路，开发周边游、自驾游、亲子游、健身游、徒步游等旅游产品，加强旅游服务保障。围绕"生态+"发展方向，利用西戎故居、段云书艺馆等红色旅游资源，五鹿山

① 《蒲县 2015 年国民经济和社会发展统计公报》，县情资料网，2018 年 8 月 18 日，https：//m.ahmhxc.com/tongjigongbao/11549.html。
② 《蒲县 2022 年国民经济和社会发展统计公报》，蒲县人民政府网站，2023 年 5 月 6 日，http：//www.puxian.gov.cn/ggsj/tjxx/202305/t20230512_ 187253.html。

国家级自然保护区、昕水河湿地公园等自然资源，以及东岳庙4A级景区等文化资源，发展生态文旅产业，带动了当地经济发展、居民增收。

（四）长治市平顺县

平顺县立足生态资源优势，放大特色优势，做足生态文章，围绕一二三产和园区建设，提档做强农业"四大品牌"，提振做大工业"四大板块"，提速做优文旅"四大业态"，提质做好县域"四大园区"，"两山"实践走出新路子。

平顺县构建"生态+"特色农业体系。聚焦花椒、潞党参、马铃薯、旱地蔬菜四大农业品牌，做大规模、做优品质、做精特色、做响品牌，形成了"北有花椒、南有马铃薯、西有旱地蔬菜、中药材遍布全境"的农业发展格局。农业"四大品牌"带动全县70%以上群众持续稳定增收。通过举办首届大红袍花椒文化节、大红袍花椒公用品牌发布暨百名主播助椒农活动，以及首届潞党参文化节等大型宣传活动，擦亮叫响"特"字号品牌，助力花椒、潞党参、马铃薯、旱地蔬菜"四大品牌"的火热畅销。

构建"生态+"全域旅游体系。利用良好生态优势，提速做大做强风光游、红色游、古建游、乡村游四大文旅业态，生态文旅产业已成为平顺县发展的战略性支柱产业。全县拥有国家级文物保护单位15处、国家4A级景区3个、中国传统古村落27个、全国乡村旅游扶贫重点村82个、省级3A级乡村旅游示范村3个，发展服务企业673家，半山窑洞、王家庄园、悬崖居、东坪村居、花椒小镇等一批特色民宿开门迎客，岳家寨、井底、张家凹、虹霓成为远近闻名的"网红打卡地"。2021年接待游客369.56万人次，实现旅游综合收入28.19亿元，带动1万余人就业，4.6万人通过旅游增收致富。

构建"生态+"新型产业体系。成功引进世界500强中国电建集团建设风光蓄一体化项目。引进阿里巴巴标注基地，大国匠皮业、太行灵泉山泉水等企业建成投产。服装、制药、新能源、新材料"四大工业"板块让群众实现家门口就业。平顺县利用丰富的风、光、水和中药材资源，大力发展新

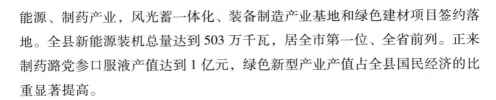

能源、制药产业，风光蓄一体化、装备制造产业基地和绿色建材项目签约落地。全县新能源装机总量达到 503 万千瓦，居全市第一位、全省前列。正来制药潞党参口服液产值达到 1 亿元，绿色新型产业产值占全县国民经济的比重显著提高。

（五）运城市芮城县

芮城县委、县政府坚持"生态固本、业态增效"发展理念，积极探索打通"绿水青山"向"金山银山"转化的通道，在推动生态价值转换为经济价值方面取得了显著成效。

建设"西侯度—大禹渡—圣天湖"黄河流域生态示范带。黄河在芮城风陵渡口掉头向东，在芮城留下了 81.15 万亩河滩农田，以及众多的黄河文化遗迹和西侯度、大禹渡、圣天湖等风景名胜区。近年来，芮城县在全省率先创新设立黄河流域生态保护和高质量发展促进中心，全面落实河长制、湖长制，全力建设"以系统保护为核心的黄河文明遗址公园、以休闲康养为核心的黄河风情体验园"。在圣天湖进行保护性开发，将圣天湖打造成黄河中游"一湖圣水、十里梅岭、百顷红荷、千亩花田、万只天鹅"的特色自然景观，每年吸引大量游客，实现了生态价值的有效转化。

打造荒山荒坡"农—林—光"互补示范区。中条山沿山一带土地贫瘠，生态脆弱，但有一面阳坡，光照充足，光能资源丰富。近年来，芮城县抢抓国家推进能源革命先机全力加快创建全国能源革命和碳中和示范县，在中条山沿山一带以"农—林—光"互补模式大力发展清洁能源。同时，延伸光伏板下种植的油牡丹和中药材深加工产业链，形成了新能源研学、休闲旅游观光带，成为推动乡村振兴的又一支柱性产业。2022 年，全县空气质量综合指数 3.74，优良天数 297 天，6 项污染因子同比全部下降，并达到国家二级标准；2 个入河排污口水质实现稳定达标排放，集中式饮用水水源地达标率 100%。完成荒山造林 12.06 万亩，退耕还林 2 万余亩，2021 年林草覆盖率为 45.1%。

打造南磑"猪—沼—粮—猪"生态循环示范镇。该项目充分利用芮城县南磑"万亩循环农业示范园区"内种植的玉米等农作物，形成"生猪养殖—养殖废弃物处理（沼气）—秸秆综合开发利用（肥料化）—标准化种植—生猪养殖"的区域生态循环系统。近年来，芮城县以发展生态、循环、绿色农业为方向，加大农村环境整治力度，全面推进乡村绿化、美化、亮化和精神文明建设工程。发展休闲农业和乡村旅游，逐步由单纯的农业观光采摘拓展到文化传承、涵养生态、农业科普等多个方面，形成以"农家乐"和聚集村为主的民宿休闲游，以自然景观、特色风貌和人文环境为主的生态文化游。

（六）其他

交口县地处吕梁山脉中段，海拔 830~2054 米，山地性高原地带的特性奠定了其香菇生产黄金纬度带的基础。境内森林覆盖率 42.41%，林木绿化率 65.43%，均居山西省前列。

以多元化经营为方向，促进造林合作社发展壮大。交口县气候资源为香菇种植提供了得天独厚的生态气候条件。近年来，交口县大力发展以夏季香菇为主的食用菌产业。截至 2023 年，全县形成制菌—栽培—分选—烘干—包装—冷藏—销售"一条龙"的产业格局，食用菌规模达 3200 万棒，年产值 3 亿元，带动全县 65% 的贫困户实现户均增收万元以上。全县涌现了一批像韦禾、天麟、双轩等食用菌龙头企业，巩固壮大了一批农民专业合作社和能人大户，菌棒、香菇相继出口日本、韩国，让交口夏菇成为全省乃至全国有一定影响力和市场知名度的区域特色品牌。

以提质增效为主导，全面推动经济林高质量发展。交口县坚持产业建设生态化、生态建设产业化，大力推动核桃经济林发展实现栽培优种化、生产集约化、管理园林化、质量规范化。依托本土核桃技术专家，广泛吸收具有劳动技能的贫困人口参与，全方位、多层次开展核桃树栽植、管护技术培训，提高农户管护水平和实际操作能力，实现了核桃栽植区技术服务全覆盖。推动核桃下游产业发展，引导核桃专业合作社、专业户发展以脱皮、清洗、晾晒、分级、包装为主的核桃初级加工产业，在县城、双池镇规划建设

1~2个综合农贸批发市场，积极推广网上订单、拍卖、配送等销售方式，拓宽销售渠道，做大做强核桃产业。

以森林质量提升为抓手，促进生态系统健康持续发展。全县拥有135万亩林地，其中集中连片的乔木林地80万亩，灌木林地40万亩，还有疏林地3.7万亩，未成林造林地4.7万亩，无立木林地和宜林地6万亩。县域内吕梁林局交口中心林场经营面积67万亩，县国有林场经营面积41万亩，森林经营潜力巨大。通过近自然经营，天然次生林树种结构进一步优化、立地条件进一步改善、林地生产力进一步增强，森林生长量与蓄积量大幅提高。坚持林菌循环发展，大力实施森林多功能经营20000余亩，在收获中间木和培育目标树的同时，全力保障全县食用菌产业原材料供应，带动745户林区贫困户户均增收5180元，间接带动2100户贫困户稳定增收。通过实施森林质量提升工程，每年可增加就业岗位2000余个，真正实现了森林增效、群众增收"双赢"目标。

三 山西省"两山"实践创新的主要经验及政策建议

（一）主要经验

一是发挥资源优势，推动能源革命。山西作为国家能源保供基地，持续推进煤炭行业增量提质与绿色发展，提升煤炭产业可持续发展能力。一方面，立足以煤为主的基本省情，保障国家能源安全、维护经济大盘稳定，持续发挥"压舱石"作用；另一方面，在产能配置上持续"优布局"，有序推进煤炭接续产能建设，适度布局先进产能项目，发挥煤电的供电价值和调峰价值，确保电力供应平衡。推进"五大基地"建设和能源产业"五个一体化"融合发展。加快煤矿绿色智能化改造，纵深推进能源革命综合改革试点。建设智慧矿山和绿色开采试点，提升煤矿矸石无害化处理能力，鼓励企业有效开发利用边角煤资源，提高煤炭资源回采率，打造全国绿色矿山示范基地和智能煤矿国家级试验创新基地。持续推动光伏、风电基地化发展，重点利用"身边可取"的可再生能源，因地制宜推广地热能利用，超前布局并网消纳体系。

二是紧抓重点工程，推动生态治理。实施"一泓清水入黄河"工程，持续推进"两山七河五湖"治理。严禁汾河临岸新建"两高一资"项目及相关产业园区，推动高耗水、高污染企业迁入合规园区，支持战略性新兴产业，深化入河排污口排查整治，推动建立"污染源—入河排污口—水体"的全链条监管体系。打好污染防治攻坚战，严格管控高污染高碳项目与工业城镇化建设，实施"三线一单"生态环境分区管控，明确生态环境管控要求，建立全省三级生态环境准入清单体系。

三是持续完善生态环保地方性法规和绿色低碳发展经济政策。山西省关于生态环保的地方性法规已有20余部，如2021年颁布的《太原市晋阳湖生态保护与修复条例》《山西省永久性生态公益林保护条例》等政策法规明确了各级政府与各部门的监督管理职责。相关政策法规的制定和实施，优化了生态环境监管机制和执法流程，建立了跨区域、跨部门的环境执法体制机制，努力克服地方保护主义，严肃查处了各种环境违法行为和生态破坏现象。

（二）政策建议

一是学习"千万工程"经验，提升村容村貌，治理农业污染。学习借鉴"千万工程"经验，建设美丽宜居的生态乡村。山西省平原面积占比仅有1/5，多数村庄割裂在山地、丘陵之间，没有连片集中，不适合建设联村污水处理站实现规模治污，要进一步探索山区丘陵地区污水治理的统筹模式，出台农村生活污水处理的相关制度，建立设施运维机制，规划建设符合地理环境和经济发展条件的农村污水处理设施。开展农村垃圾整治和村庄美化行动，提升全省的村容村貌。欠发达的山区农村，要先从花钱少、见效快的整治工作如垃圾处理、村道硬化、绿化亮化等入手提升村容村貌，实现农村生活垃圾的"零填埋"和"零增长"。进一步加大农业面源污染的治理力度，开展农业节肥节药行动。中国农药年平均有效利用率为38.8%，山西省的农药年平均利用率仅为 20%~25%，远低于全国平均水平。① 作为全国水土流失较为严重的省份之一，农药、化肥在施用中漂移和流失的部分会随着表土流入河中，引起山西的水体水质恶化。要减少饲料添加剂如瘦肉精、抗生素等使用，以及禽畜粪便中的有机质、细菌、病毒等对农村生态的污染。

二是优化提升相关政策，进一步加大环境治理力度。部分地区由于监管体系薄弱，执法不力，环境保护规定难以有效执行。从当前山西省基层生态环境执法队伍建设情况看，还存在不适应新时代发展要求的问题，环评队伍总体业务素质和工作质量与新时期的环评管理要求尚有差距，要加强环保工作队伍建设，不断提升生态环境保护工作治理体系和治理能力现代化水平。此外，生态环境保护法规、规章、司法解释和规范性文件应适应时代发展和当前生态保护工作要求，对不符合、不衔接、不适应法律规定、中央精神和时代要求的，要及时进行废止或修改，并制定新的政策措施。

三是加大环保科研投入，提高生态环境科技创新能力。山西在生态环境科技创新方面的研究投入相对较低，与一些发达地区相比，在科研机构数量和科研经费投入方面存在差距，解决环境问题的科技支持力度有限。需要进一步加大科研投入、加强人才培养、完善政策支持等，改善山西生态环境科技创新水平。

---

① 闫文雪、何淑青、王绍志：《山西省农药有效利用率现状分析与思考》，《中国农技推广》2020 年第 11 期。

陕西省"两山"实践创新发展报告

马明玄　高洁玉　薛瑶　吴明红*

摘　要： 协同推进黄河流域陕西段的生态环境保护与经济产业绿色低碳发展，是贯彻落实习近平生态文明思想和"两山"理念的关键内容。本报告主要研究陕西省黄河流域绿色低碳发展现状，深入分析该区域绿色发展相应的政策目标、立法体系、政策工具，凝练陕西省在绿色低碳发展中的政策取向，即坚持系统保护的底线思维、推动能源结构绿色低碳转型、建构兼顾保护与发展的系统性政策。分陕南、关中、陕北重点解析"两山"实践创新基地案例、主要经验等。

关键词： 绿色低碳　"两山"实践创新基地　陕西省　黄河流域

一　陕西省黄河流域绿色低碳发展现状

黄河流域陕西段流经榆林、延安、渭南 3 市 13 县（市、区），全长 719 公里，区域内输沙量在流域总输沙量中占比超过 60%，流域土地面积、人口、经济总量分别占陕西的 65%、76%、87%。"陕西生态环境保护，不仅关系自身发展质量和可持续发展，而且关系全国生态环境大局。"[1] 绿色发

---

* 马明玄，北京林业大学马克思主义学院博士研究生；高洁玉，生态环境部对外合作与交流中心高级项目主管，工程师，研究方向为生态文明；薛瑶，中国生态文明研究与促进会高级主管，研究方向为生态文明；吴明红，北京林业大学生态文明智库中心副主任，马克思主义学院教授，研究方向为生态文明。

[1] 《扎实做好"六稳"工作落实"六保"任务　奋力谱写陕西新时代追赶超越新篇章》，《人民日报》2020 年 4 月 24 日。

展是破解发展问题的靶心，习近平总书记一针见血指出了生态环境整体脆弱是以陕西为代表的陕甘宁革命老区脱贫攻坚和持续发展的明显制约，"深度贫困地区往往处于全国重要生态功能区，生态保护同经济发展的矛盾比较突出"。① 陕西省提出了一系列着眼于促进经济、社会与生态可持续发展，兼顾保护与发展的系统性政策。

陕西省黄河流域绿色低碳发展，是统筹黄河流域山水林田湖草沙综合治理的生态保护和高质量发展，要紧紧围绕秦岭山青，黄河、渭河、汉江、丹江水系水净，黄土高坡坡绿的目标推进生态环境保护，还要持续推进区域绿色发展、循环发展、低碳发展。

（一）陕西省绿色低碳发展的主要政策

2019 年 9 月 18 日，习近平总书记在河南主持召开黄河流域生态保护和高质量发展座谈会时，明确提出"坚持生态优先、绿色发展"② 的原则。以系统化思维推进秦岭—黄河—黄土高坡环境保护与经济发展协同，将绿色发展和清洁生产融入经济建设全过程，完善环境立法、生态文明制度等政治建设中的薄弱环节，真正实现黄河流域绿色低碳发展的和谐共生、和合共治、和美共富。

1. 绿色发展要坚持山水林田湖草沙一体化保护

陕西省围绕水净、山青、林绿的目标，推进生态环境保护政策网络持续搭建。

善治秦者必先治水。围绕建设美丽中国，实现中华民族永续发展的国家战略，通过系统化治理黄河流域的水问题，推动实现绿色发展、循环发展、低碳发展，真正实现"水润三秦、水美三秦、水兴三秦"。2022 年，陕西省出台《陕西省"十四五"节能减排综合工作实施方案》以及陕西省蓝天、碧水、净土保卫战工作方案，明确以黄河干流与重要支流为主体，通过河湖长制、

---

① 习近平：《在深度贫困地区脱贫攻坚座谈会上的讲话》，人民出版社，2017。
② 《习近平著作选读》（第二卷），人民出版社，2023。

重点区域污染物减排、国家公园体制试点等精准治理水生态环境问题。

广义上说，秦岭生态环境直接影响黄河流域的生态状况。秦岭不仅占有陕西省约50%的水资源，还是联通黄河流域—长江流域南水北调中线工程的重要水源涵养区，也是黄河第一大支流渭河的主要补给水源地。不能"越雷池一步"，这是习近平总书记在秦岭强调的原则问题。习近平总书记针对秦岭北麓山区林地矿区的乱采滥挖、污水污染物乱排乱放以及违建别墅的乱修乱建历史遗留问题6次做出批示指示，陕西省委、省政府组织开展专项整治工作，初步遏制了秦岭北麓区域水源地经济发展中污染环境和破坏生态的势头。

林绿正是绿色发展的"面子"工程。"三北工程建设是同我国改革开放一起实施的重大生态工程，是生态文明建设的一个重要标志性工程"①，取得了巨大生态、经济、社会效益，不仅有利于陕西区域性生态可持续发展，也有利于中华民族永续发展。2021年，陕西省绿化委员会按照秦岭生态区、北麓沟峪沿黄地区分区推进植被恢复。

2. 绿色发展是推动能源结构转型的内生动力

作为能源大省的陕西，煤炭仍是保障能源供给的主要资源，亟待加快新能源发展，实现能源消费结构向清洁、高效、低碳转型。陕西省制定2022年蓝天、碧水、净土保卫战工作方案，深入推进黄河流域工业污染防治，沿黄重点地区严控高污染、高耗水、高耗能项目，依法依规淘汰落后产能，黄河流域逐步开展重点行业强制性清洁生产。2022年，陕西省人民政府印发《陕西省碳达峰实施方案》，方案明确未来十年大力发展非化石能源，推进黄河北干流古贤、禹门口水利枢纽工程项目建设。

3. 绿色发展是黄河流域大保护与高质量发展的必然选择

绿色发展是破解发展问题的靶心，陕西省提出了一系列着眼于促进经济、社会与生态可持续发展，兼顾保护与发展的系统性政策。

在坚持保护优先的基础上，陕西省积极发挥黄河流域资源比较优势，颁布

---

① 《天蓝水清 大美三秦》，《陕西日报》2016年3月8日。

了一系列绿色产业政策。2019 年，陕西省人民政府办公厅发布《关于政协十三届全国委员会第二次会议第 0288 号（资源环境类 039）提案会办意见的函》，将黄河晋陕大峡谷生态经济带战略纳入晋陕豫黄河金三角承接产业转移示范区建设范畴，统筹沿黄县（市、区）在生态治理、环境保护、产业发展方面形成协同效应。2022 年，陕西省人民政府办公厅印发《陕西省"十四五"农业节水行动方案》，在黄河滩及主要支流渭河沿线养殖区推广渔业节水养殖模式。

陕西省以政策性开发性金融工具助力绿色发展。2019 年，陕西省人民政府办公厅发布《关于政协十三届全国委员会第二次会议第 0288 号（资源环境类 039）提案会办意见的函》，研究构建黄河流域生态补偿、资源开发补偿与生态产业激励机制，建立生态环境保护与建设审计制度。2022 年，《陕西省"十四五"节能减排综合工作实施方案》通过落实、规范和取消低效化石能源补贴的政策，构建绿色金融体系，通过电价、供热价格污水处理费用等征收标准强化环境保护、节能节水、资源综合利用税收优惠政策落实，引导金融机构开发适应建筑行业绿色发展的金融产品。《陕西省"十四五"农业节水行动方案》落实金融政策助力农业节水，争取亚行贷款支持黄河流域绿色农田建设项目。

（二）陕西省绿色低碳发展的主要成就

陕西省围绕减污降碳扩绿增长推动绿色低碳发展，促进经济社会发展全面绿色转型，推进生态文明建设由量变向质变转变，探索"绿水青山"向"金山银山"的转化机制，不断培育发展新动能，取得了令人瞩目的绿色成绩。

减污：陕西省建立"两大流域—3 个板块—25 个重点河流控制单元—111 个国控断面"管控体系，打响碧水保卫战。2022 年，全省水环境质量持续提升，111 个国控断面中，Ⅰ~Ⅲ类水质断面占 96.4%，同比提高 5.4个百分点。完成四项主要污染物排污权交易 275 笔，同比增长 84.6%。① 其

---

① 《汇聚绿色低碳的陕西力量》，《陕西日报》2023 年 8 月 15 日。

中，陕西黄河流域 65 个国控断面中，Ⅰ~Ⅲ类水质断面占比 93.8%，总体水质首次达优。①

降碳：陕西省推进能源绿色、清洁、低碳转型，发挥风光电伏等新能源的支撑作用。2023 年，截至 7 月 31 日，陕西新能源累计发电 245.64 亿千瓦时，同比增长 15.4%，其中风电发电量达 137.63 亿千瓦时，同比增长 20%，光伏发电量达 108.01 亿千瓦时，同比增长 9.9%。② 2022 年，生态环境部会同国家发展改革委等 9 部委批复西咸新区为全国第一批国家气候投融资试点城市，发挥气候投融资效能。国内首个"零碳"物流园区——京东"亚洲一号"西安智能产业园获得由北京绿色交易所和华测认证（CTI）颁发的碳中和认证双证书。

扩绿：陕西省打出扩绿"组合拳"，包括植被修复、水土保持、山水林田湖草沙综合治理等，将绿色版图向北推进了 400 公里，年入黄泥沙量显著减少。扩绿并不满足于人与自然的和谐共生，还为实现和美共富做出积极贡献。陕北黄土丘陵沟壑区建设以红枣、仁用杏为主的生态型经济林基地，兼顾林业发展带来的生态效益与经济效益。关中平原区"绿化、美化、香化、彩化"相结合，为区域经济社会全面协调发展提供生态保障。黄土高原蓄水保土能力显著增强，实现了"人进沙退"的治沙奇迹，生物多样性明显增加，滩区居民迁建工程加快推进，百姓生活得到显著改善。无定河畔的榆林用造林"拴牢"流动沙地，毛乌素沙漠即将从陕西版图"消失"，榆林也成为全国首个干旱半干旱沙区国家森林城市。

增长：陕西省目前已有 9 个县区被命名为国家"两山"实践创新基地，其中沿黄地区因地制宜，不断拓宽"两山"转化路径，打造了一批"两山"转化鲜活案例及样本。延安市一方面通过退耕还林加强生态治理，另一方面大力发展苹果产业，"延安苹果""洛川苹果"成为黄土地上的"金招牌"，实现了从荒山荒坡到绿水青山再到"金山银山"的蜕变。柞水县秦岭黄河

---

① 《陕西稳步推进高质量发展（高质量发展调研行）》，《人民日报》2023 年 10 月 28 日。
② 《汇聚绿色低碳的陕西力量》，《陕西日报》2023 年 8 月 15 日。

的绿水青山变成了把小木耳办成大产业的"金山银山"。位于老县镇蒋家坪村的女娲凤凰茶业现代示范园区,通过"党支部+龙头企业+贫困户"的模式,带动100多户贫困户年人均增收千元以上,因茶致富、因茶兴业,脱贫奔小康。

二 "两山"实践创新基地案例分析

近年来,陕西省深入贯彻习近平生态文明思想,认真践行"两山"理念,扎实推进"两山"实践创新基地建设工作,积极探索"两山"转化路径,形成了点面结合、多层推进、亮点突出的良好局面。截至2023年,陕西省获批"两山"实践创新基地11个,其中陕南8个、关中2个、陕北1个,涵盖了不同资源禀赋、区位条件、发展定位的县区,打造了一批践行习近平生态文明思想的鲜活案例及样本,为全国生态文明建设提供了更加鲜活生动、更有针对价值的参考和借鉴。

(一)陕南地区

陕南地区主要为秦巴山区,包括汉中、安康、商洛3市28个县区,总面积7.02万平方公里,占全省面积的34%。森林覆盖率接近70%,超过40%的面积属于秦岭生态环境保护范围,是国家生物多样性重点生态功能区。近年来,按照《陕西省秦岭生态环境保护条例》《陕西省秦岭生态环境保护总体规划》《"十四五"陕南绿色循环发展规划》,陕南地区坚决筑牢秦岭—巴山生态安全屏障,持之以恒加强生物多样性保护,在全力保障"一泓清水永续北上"的同时,以打造生态产品价值实现先行区为目标,大力发展绿色食品、新型材料、生态康养等生态产业,形成了生态保护与生态产业发展协同推进的生态文明建设陕南示范。

截至2023年,陕南地区共8个县获批"两山"实践创新基地:汉中市留坝县、佛坪县、宁强县,安康市镇坪县、平利县、岚皋县、石泉县,商洛市柞水县。下面以全国首批"两山"实践创新基地,同时是首批中西北五省唯一的入选地区——汉中市留坝县为例进行分析。

留坝县位于陕西省西南部秦巴腹地之间的汉中，总面积 1970 平方公里，山林面积占比大，森林覆盖率高达 91%，是陕西省林业县之一。因得天独厚的地理环境和自然风貌，其被誉为"西北小江南"，两汉三国文化积淀深厚，人文景观与自然景观交相辉映，独具魅力。

在"两山"实践创新基地建设中，留坝县在深化生态保护与修复的同时，坚持把用好生态资源作为重要支撑，积极探索生态产品价值实现路径，搭建生态资源运营平台，推进生态产品市场化交易。一是通过"两山公司"用活用好留坝生态资源资产，为乡村振兴增添动能、激发活力。创新开展"购米包地"，大力发展林下种植，通过建立联农带农平台、构建安全追溯体系、培育打造以"我的米"冠名品牌增值赋能生态产品。大力发展高效生态特色农业，坚持"药菌兴县"，围绕以西洋参为主的中药材，以香菇和木耳为主的食用菌，以生猪、土鸡和土蜂蜜为主的畜牧养殖，以板栗、核桃为主的经济林"四养一林"培育壮大特色产业。创新构建"全地域打造、全产业链融合、全民参与"的全域旅游发展模式。二是搭建生态资源运营平台，推进生态产品市场化交易。成立陕西省首家县级"两山公司"，把生态资源转化为优质的资产包，实现生态资源向资产、资本的有效转化。截至2023 年 6 月，"两山公司"累计获得授信 15 亿元，吸引直接新投资 20.59亿元，撬动社会资本 21.8 亿元。[1] 合作成立全国首家"两山联盟"，搭建"两山"平台研究中心，围绕自然资源、乡村振兴、农业农村主题定期研讨交流，合力构建"两山两化"生态圈。三是推行"八位一体"融资模式，畅通绿色发展金融通道。依托"两山公司"，采取政府搭台、企业运作、合作社参与、银行融资、运营保底、产权鉴证、农担担保、保险助力的"八位一体"投融资模式，先后推出集体经济组织贷、乡村振兴贷、乡村旅游贷等金融产品，畅通绿色发展金融通道。

---

[1] 《汉中市留坝县：给绿水青山贴上"价值标签"》，中国网，2023 年 6 月 26 日，http://stzg.china.com.cn/m/2023-06-26/content_42422491.htm。

通过合力构建"两山两化"生态圈，留坝县实现了"绿水青山"向"金山银山"高效转化，绿色转型取得显著成效。一是生态环境质量持续提升。2022年全年空气优良天数达363天①，空气质量综合指数始终稳居省市前列，全县辖区内主要河流断面水质均达到地表水Ⅱ类标准，林地面积不断增加，土壤环境质量总体保持稳定。二是生态经济有序升级。聚焦文化旅游和绿色食药两大产业链，借助数字经济、"双碳"等契机，以"生态+""+生态"构建乡村旅游、民宿产业、有机农业和精深加工等一体化的绿色循环产业体系。2022年接待游客524万人次，实现旅游综合收入28.17亿元，入选陕西省2022年度文旅高质量发展示范县和"2022健康中国·康养旅游百强县"，成为陕西省首批"全域旅游示范区""森林旅游示范县"。特色生态农业持续壮大，"四养一林"特色产业提质增效，改造特色经济林1.8万亩，建成特色中药材良种繁育基地230亩、西洋参有机认证基地1000亩，各类产业基地210个，培育产业大户253户，农业产业化水平大幅度提升，特色农业发展步入快车道，成功入选创建国家级农业现代化示范区。三是生态文化日益繁荣。生态文化品牌不断涌现，先后入选"国家级卫生县城""省级生态县""省级文明县城""省级园林县城""全国首批旅游强县""全省旅游示范县"等，生态文化品牌影响日益扩大。②

（二）关中地区

关中地区为陕西省中部区域，地处关中平原，由黄河支流渭河冲积和黄土堆积形成，地势平坦开阔，土质肥沃，水资源丰富，号称"八百里秦川"。包括西安、宝鸡、咸阳、渭南、铜川、杨凌5市1区，总面积5.5万

---

① 《2023年留坝县政府工作报告》，留坝县人民政府网站，2023年4月10日，http://www.hanzhong.gov.cn/hzszf/zwgk/ghjh/zfgzbg/qxzfgzbg/202304/d74060694e5b4b73aac239e00d9893b8.shtml。

② 《留坝：一业突破 富民强县》，汉中市人民政府网站，2022年3月21日，http://www.hanzhong.gov.cn/hzszf/xwzx/qxdt/202203/d17cdfa72e0443f69f0a44705adeb791.shtml。

平方公里，占全省面积的 27%。关中地区是国家确定的大气污染防治重点区域之一，当地始终将打好污染防治攻坚战作为重中之重，坚定不移推进秋冬季大气污染防治等生态环境保护工作，持续提升空气、水、土壤、森林等环境质量，努力培育优质特色产业示范基地，加快推动生态农业和战略性新兴产业发展，逐步形成宜居宜业宜游的生态文明建设关中示范。截至 2023 年，关中地区共 2 个县获批"两山"实践创新基地：宝鸡市凤县和麟游县。本部分以第五批入选"两山"实践创新基地，也是宝鸡市首个获批的地区——凤县为例进行分析。

凤县位于陕西西南部，地处秦岭腹地，嘉陵江源头，属于国家重点生态功能区中的秦巴生物多样性生态功能区。全县总面积 3187 平方公里，森林覆盖率达 80.4%，2022 年全年空气质量优良天数达到 359 天，[①] 空气中负氧离子单位含量达到 1.5 万个。凤县是林业大县、生态名县，同时是矿业大县。过去，凤县地区生产总值的 80% 以上靠的是工业，随着秦岭重点保护区内 38 家企业矿业权的全部退出，曾经的优势瞬间成为劣势。如何在生态效益与经济效益之间找到平衡，在产业结构转型中实现绿色高质量发展成为当地面临的发展难题。[②]

近年来，凤县以"两山"理念为引领，不断探索生态优势转化的科学路径。以全域旅游为切入点，从矿业一元独大到一二三产融合发展，形成了"全域旅游+特色农业+新型工业"多轮驱动的经济发展新格局，实现绿色转型发展。一是以康养旅游、红色旅游、生态旅游为重点，推动全域旅游发展。深度挖掘红色文化、羌文化、乡村民俗等旅游资源，形成了生态游、康养游、红色游、研学游、民俗游五大特色板块，入选中国康养休闲旅游名县、陕西省十大旅游强县。2023 年凤县持续推行"引客入凤"政策，暑期以来，累计

---

① 《2022 年凤县国民经济和社会发展统计公报凤县统计局（2023 年 4 月）》，凤县人民政府网站，2023 年 5 月 15 日，http：//www.sxfx.gov.cn/art/2023/5/15/art_3043_1626233.html。

② 《书写绿色高质量发展亮丽答卷——凤县 2022 年经济社会发展亮点扫描》，"西北信息报"百家号，2022 年 12 月 26 日，https：//baijiahao.baidu.com/s? id = 1753281925949346825&wfr = spider&for = pc。

接待游客 348.10 万人次，实现旅游综合收入 177354.1 万元，同比分别增长 43.26%和 42.55%①。二是以特色化、融合化为方向，推动特色农业增收增效。建成大红袍花椒、高山无公害蔬菜、中药材、中蜂养殖和林麝养殖"五大特色产业基地"，成为"中国花椒之乡""中国林麝之乡"。2022 年，林麝人工养殖产业带动群众就业 3000 余户 10000 余人，人均增收 4500 元。② 三是以生态化、新型化、集群化为方向，推动工业转型升级。以生态化、集群化为方向，引进高新技术企业，培育新兴产业；坚决关停不符合环保要求的矿企，推进矿山技改、绿色矿山建设，实现了工业"转型升级"。如今凤县已成为以文化旅游促乡村振兴的典范，将资源环境优势转化为生态经济优势，用自身的发展和实践，走出了一条兼顾经济与生态、开发与保护的发展新路。

（三）陕北地区

陕北地区位于陕西北部，主要包括延安、榆林 2 市 25 个县区，总面积 8.2 万平方公里，约占全省面积的 40%。陕北地区地处黄土高原腹地，是洛河、延河、无定河等黄河支流的发祥地，整体生态脆弱。北部毛乌素沙漠南缘地带，遍布沙性黄土，丘陵沟壑区土壤侵蚀剧烈，黄河 90%的泥沙来自于此，是我国土地沙漠化最为严重的地区之一，也是全国乃至全世界水土流失最严重的地区，陕北地区的生态状况对黄河中下游的生态安全影响巨大。近年来，通过持续实施退耕还林还草、小流域综合治理、荒漠化治理、淤地坝建设等生态保护工程，黄河水沙治理成绩显著，毛乌素沙漠面积不断缩小，"人进沙退"使得绿色版图向北推进 400 公里。③

陕北黄土高原丘陵沟壑地区属于国家水土保持重点生态功能区，作为典

---

① 《"旅游+"持续唱响"七彩凤县"文旅品牌》，"陕西科技传媒"百家号，2023 年 6 月 29 日，https：//baijiahao. baidu. com/s？id=1770046356402188334&wfr=spider&for=pc。
② 《凤县"林麝"——靠山吃山，不同吃法结局迥异》，"陕西科技传媒"百家号，2023 年 7 月 20 日，https：//baijiahao. baidu. com/s？id=1771944941292361956&wfr=spider&for=pc。
③ 《陕西省长：陕西绿色版图向北延伸四百公里》，中评网，2021 年 6 月 10 日，http：//bj. crntt. com/doc/1061/0/9/6/106109618. html？coluid=151&docid=106109618&kindid=11512&mdate=0610161547。

型资源型城市和国家重要的能源化工基地，生态环境保护领域所面临的问题，是推动高质量发展的瓶颈制约。陕北地区以建设黄河流域生态保护和高质量发展先行区为奋斗目标，将生态保护与生态治理作为第一要务，统筹推进山水林田湖草沙综合治理，不断推进传统产业转型升级和绿色接续产业发展，积极打造生态保护修复与经济高质量发展的陕北示范。截至 2023 年，陕北地区仅延安市安塞区获批"两山"实践创新基地。

安塞区位于陕西省北部，地处黄河流域延河上游，总面积 2949.4 平方公里，地形地貌复杂多样，丘陵沟壑密布，自然条件较差，是陕西省水土流失防治重点地区、全国生态环境最为脆弱地区之一，同时是黄河流域生态保护和高质量发展的重点区域。该区油气资源丰富，是典型的资源型县区，同时，人文资源独具特色，被国家授予"腰鼓之乡""剪纸之乡""民间绘画之乡""民歌之乡""曲艺之乡"五张文化名片。

在"两山"实践创新中，安塞区聚焦生态环境、发挥生态价值、凸显绿色转型，不断推动生态保护系统化、环境治理精细化、生产方式绿色化，切实把"两山"理念转化为安塞生动实践和具体成果。一是以巩固提升良好生态本底为基础，持续筑牢生态屏障。扎实推动以蓝天、碧水、净土保卫战为主体的污染防治攻坚战，坚持山水林田湖草沙整体规划、系统保护与修复，加快拓展造林绿化空间，实现了荒山秃岭到绿水青山再到金山银山的转变。二是深入探索"两山"转化路径，加快壮大绿色经济体系。立足区域经济三产占比"中间大、两头小"现状，优化调整产业布局，强力调整经济结构。大力发展生态循环农业，主推山地苹果、设施蔬菜为巩固脱贫攻坚成果、实现乡村振兴的主导产业。通过优化产业结构、配套基础设施、强化经营销售，推动农业特色化、生态化、高效化、品牌化。同时，依托红色革命文化、黄土民俗文化、绿色生态文化元素，打响"黄土风情文化"旅游品牌，提升文化旅游产业效益。三是突出文化特色优势，打造生态文化品牌。充分依托文化资源厚重优势，把发展文化旅游产业作为产业振兴的有效抓手，将文化植入旅游、用旅游承载文化，着力构建文旅融合发展新格局，有力推动乡村文化振兴。

通过"两山"实践探索，安塞区实现了"保护环境、修复生态"与"发展产业、群众增收"的有机结合，"两山"转化成效不断凸显，获习近平总书记肯定①。一是生态环境质量持续改善。2022年全年空气优良天数达到328天，治理水土流失面积101.7平方公里，延河水质稳定达到地表水Ⅲ类标准，3个国控断面稳定达标。② 二是绿色经济富民强区。苹果产业规模稳定扩大，成功注册"安塞山地苹果"地理标志证明商标，实现年产量28万吨，产值突破15.7亿元，成为农民增收致富的支柱产业。设施蔬菜全产业链快速发展，建成蔬菜分级包装点3个、蔬菜净菜加工生产线2条，建起果蔬预冷保鲜库1.8万立方米，年净菜加工能力达1000吨以上，实现产值2400万元。③ 三是文化旅游深度融合。依托特色文化资源，深度挖掘和培育文化产业，打造具有安塞特色的文化旅游产业链，以文化旅游助推乡村振兴。目前已开发腰鼓、剪纸、农民画三个系列的30多种文化旅游产品，建成国家一级文化艺术馆1个、国家4A级景区1个、红色旅游景点5处，2023年上半年全区接待游客64.37万人次，实现旅游综合净收入3.21亿元。④

三 陕西省"两山"实践创新的主要经验与政策建议

（一）主要经验

一是加强顶层设计，健全落实机制，为"两山"实践保驾护航。强化

---

① 2022年10月，习近平总书记在安塞区高桥镇南沟村考察时称赞道"你们找到了合适的产业发展方向"，对安塞区产业发展带动百姓增收致富的做法表示肯定。参见《全面推进乡村振兴 为实现农业农村现代化而不懈奋斗》，习近平系列重要讲话数据库，2022年10月29日，http：//jhsjk．people．cn/article/32554479。

② 《政府工作报告》，安塞区人民政府网站，2024年2月23日，http：//www．ansai．gov．cn/ztzl/zxzt/2024lh/1764920118007148545．html。

③ 《安塞：蔬菜产业"链"起绿色新希望》，陕西省乡村振兴局网站，2023年3月14日，http：//xczxj．shaanxi．gov．cn/newstyle/pub_ newsshow．asp？chid＝10005&id＝1133173。

④ 《延安市举行"全面深化'三个年'活动 着力推动高质量发展"新闻发布会安塞区专场》，安塞区人民政府网站，2023年8月17日，http：//www．ansai．gov．cn/xwzx/bdyw/1691978722317488129．html。

标准规范，完善生态文明制度体系建设，确保"两山"实践工作更具指导性。省级层面出台《陕西省生态文明建设示范区管理规程》《陕西省生态文明建设示范区建设指标》，县级层面出台《黄龙县践行"两山"理念改革创新试点方案》等。强化责任落实，坚持"党政同责""一岗双责"，构建突出绿色发展的考核体系，针对领导干部进行考评和责任追究。如黄龙县将生态文明考核权重提高到 30% 以上，夯实生态文明建设责任。优化财政支出结构，加强专项资金整合，有力推动生态文明建设各项重点任务的落实。如石泉县将一般公共预算支出的 16% 以上资金用于生态环保工作，为常态常效抓好生态保护工作提供了强保障、硬支撑。

二是坚持生态优先，推动生态环境质量持续好转，将"两山"理念落到实处。在深入推进"两山"实践创新基地建设工作中，陕西省始终坚持以习近平生态文明思想为指导，全面落实党中央、国务院的重大决策部署，稳步推进美丽陕西建设，切实做好秦岭生态保护、黄河流域生态保护、汾渭平原大气治理重点工作。随着国家生态文明建设示范区和"两山"实践创新基地数量逐步增多、区域逐步扩大，实践创新工作已经成为区域生态环境质量持续改善的有力抓手和探索生态文明发展路径的重要平台。经过持续努力，全省生态环境质量明显改善。2022 年全省森林覆盖率达 46.84%，秦岭生态环境状况评价为"优"，黄土高原成为全国增绿幅度最大的区域，10 个国考城市 $PM_{2.5}$ 平均浓度 39 微克/米^3，优良天数 279.7 天。[①]

三是增进绿色福祉，因地制宜发展特色产业，让百姓共享"两山"转化红利。陕西省关中、陕北、陕南三大区域自然地理特征迥异，资源禀赋差异较大，经济社会发展水平参差不齐。针对这一现实情况，陕西省在"两山"实践创新基地实践中，突出统筹谋划、分类指导，助力各地区将生态优势转化为发展优势。推动关中地区持续打赢打好汾渭平原秋冬季大气污染防治攻坚战，转变依靠要素驱动的低效经济发展方式；引导陕北地区突出抓

---

① 《陕西生态环境质量进一步提升 秦岭生态环境达"优"黄土高原增绿幅度全国最大》，陕西省生态环境厅网站，2023 年 2 月 24 日，https://sthjt.shaanxi.gov.cn/html/hbt/dynamic/zhongs/1628956071275417601.html。

好水土流失等生态治理工作，加快传统产业绿色低碳转型，构建以黄河流域生态保护和高质量发展为引领的生态文明建设路径；支持陕南地区发挥秦巴山区生态资源优势，探索和创新生态产品价值实现机制。各地区坚持因地制宜、扬长补短，推动"绿水青山"向"金山银山"高效转化，真正实现生态美、产业兴、百姓富。

（二）政策建议

陕西省持续推动黄河流域生态保护和高质量发展，牢固树立"绿水青山就是金山银山"理念，已有十分丰富的、可借鉴可扩散的成果经验，一定程度破解了区域经济发展与生态保护的矛盾。基于对陕西省"两山"实践创新基地案例的研究分析发现，省域陕南、关中、陕北不同区域资源禀赋、区位条件、发展定位等存在差异，为更好践行习近平生态文明思想，推动黄河流域高质量发展、创造高品质生活、实现高效能治理，促进全国生态文明建设多点开花和全面进步，仍需提供更有针对价值的、促进区域耦合发展的政策指引。

1. 突出"生态"站位

坚持生态优先、绿色发展，继续加大黄河流域生态环境保护和治理力度，引领黄河流域生态安全与绿色发展。倡导黄河流域各级政府和部门、企业、专家、社会组织等多主体形成黄河区域发展的战略定位及生态价值共识。围绕完善共建共治共享的社会治理制度，通过系统性、科学性的顶层设计，建立统筹黄河流域上中下游省级联席会议制度、重大项目会商制度等，形成权责明晰、协同联动的体制机制，系统解决黄河流域陕西段生态环境保护和绿色发展的关键问题。统筹经济发展和环境保护，常态化、长效化推进黄河流域自然保护地建设，落实治理主体责任制度和责任追究制度；打造生态产品价值实现先行区，探索搭建政府引导、企业主导的生态产品交易平台、金融平台、物流平台等，推动产业生态化、生态产业化。

2. 增强生态农业优势互补

不同区域立足优势资源禀赋，以农业园区为抓手，重点打造土地规模化经营示范，打造中药、茶、食用菌、果业、蔬菜、畜牧等产业优势集聚、市场竞争力强的特色农产品优势区，打造优质绿色农产品基地。充分发挥技术、科技等新要素对农业绿色转型发展的促进作用。

抓住县一级承上启下的关键作用，准确把握县域资源优势及治理特点和规律，申报特色农产品地理标志，推动区域特色农产品价值的显著提升。结合优势县区现有的成功经验，构建特色化差异化农业绿色化道路，发挥绿水青山的造血机制作用。

3. 补齐传统工业、能源产业绿色短板

重视传统工业绿色低碳发展，摆脱发展新动能培育过程中的传统路径依赖，推动自然资源向生态资产、产业资本、发展资金有效转变。以产业园区、生产基地为抓手，推动传统制造业高端化、绿色化、智能化转型。推进镇巴油气田、页岩气资源勘探开发，提升清洁能源占比。

依托黄河—秦岭的山水人文等优势资源，发展文旅康养等第三产业，推动一二三产融合发展。深挖黄河的历史底蕴与生态优势，打响康养文旅品牌。

G.13
河南省"两山"实践创新发展报告

耿 飒 孟芮萱 王立平 李成茂 胡勘平*

摘 要： 河南沿黄9市1区在黄河流域生态保护和高质量发展全局中占有极为重要的战略地位，更是河南省全面实施绿色低碳转型战略的主战场。河南省积极制定绿色低碳发展政策，形成"东西南北中"绿色低碳产业矩阵布局，积累了"两山"实践创新的有益做法。未来，河南省应推动"文化+经济+生态"一体化发展，确保"产品+特色+生态"的生态产品供给，加强"数字+经济+生态"融合赋能，形成"金融+产业+生态"的绿色金融体系。

关键词： 绿色低碳 "两山"实践创新基地 河南省 黄河流域

一 河南省黄河流域绿色低碳发展现状

河南沿黄9市1区在黄河流域生态保护和高质量发展全局中占有极为重要的战略地位，更是河南省全面实施绿色低碳转型战略的主战场。河南省地跨淮河、长江、黄河、海河四大流域，地处黄河中下游，黄河干流在河南全长711公里，流经三门峡、洛阳、济源、焦作、郑州、新乡、开封、濮阳8市24县。

---

* 耿飒、孟芮萱，北京林业大学马克思主义学院博士研究生；王立平，北京林业大学马克思主义学院硕士研究生；李成茂，博士，北京林业大学生态文明研究院副院长，马克思主义学院教授，研究方向为生态文明；胡勘平，中国生态文明研究与促进会研究部主任，编审（正高），研究方向为生态文明。

习近平总书记提出,"共同抓好大保护,协同推进大治理,推动黄河流域高质量发展,让黄河成为造福人民的幸福河"。① 近年来,河南省沿黄地区加强生态环境保护,深入推进产业绿色发展和重点行业绿色升级,产业节能降碳持续增效,能源资源利用效率不断提升,黄河流域生态保护机制更加健全,绿色低碳循环经济体系雏形初显,呈现黄河流域"生态产业化、产业生态化"的新格局。

(一)河南省绿色低碳发展的主要政策

1.河南省生态文明建设主要政策

2021 年,中共中央、国务院印发《关于新时代推动中部地区高质量发展的意见》,对中部地区坚持绿色发展提出要求:共同构筑生态安全屏障,加强生态环境共保联治,加快形成绿色生产生活方式。《河南省"十四五"生态环境保护和生态经济发展规划》明确:"'十四五'时期,是以降碳为重点战略方向、推动减污降碳协同增效、促进经济社会发展全面绿色转型、实现生态环境质量改善由量变到质变的关键时期。"2023 年,河南省人民政府办公厅印发《河南省推动生态环境质量稳定向好三年行动计划(2023—2025 年)》,全面落实省委、省政府关于实施绿色低碳转型战略、深入打好污染防治攻坚战的安排部署,着力解决制约生态环境质量改善的结构性、根源性问题,以重点突破带动整体提升,突出抓好"十大行动"。河南省生态环境保护委员会印发的《河南省贯彻落实〈关于推动职能部门做好生态环境保护工作的意见〉若干措施》对全省各级各部门履行好生态环境保护职责提出了坚决扛起生态环境保护政治责任、明确生态环境保护具体事项牵头部门、强化生态环境保护履职尽责等要求。

2.河南省生态环境保护发展主要政策

为了保护和改善环境,防治污染,2022 年河南省印发《关于深入打好污染防治攻坚战的实施意见》,明确了大力实施绿色低碳转型战略、深入打

---

① 习近平:《论坚持人与自然和谐共生》,中央文献出版社,2022,第 82 页。

好蓝天保卫战、深入打好碧水保卫战、深入打好净土保卫战和坚决守牢生态环境安全底线五大任务。

河南省在水污染防治、土壤污染防治和大气污染防治方面分别制定了有关政策。在水污染防治方面，制定了《河南省水污染防治条例》《河南省南水北调饮用水水源保护条例》《河南省"十四五"水安全保障和水生态环境保护规划》《河南省2023年水污染防治攻坚战实施方案》《河南省地下水管理办法》《河南省黄河流域水污染物排放标准》等政策法规，多角度推进水污染防治工作。在土壤污染防治方面，制定了《河南省土壤污染防治条例》《河南省"十四五"土壤生态环境保护规划》《河南省2023年土壤污染防治攻坚战实施方案》《河南省污染地块土壤环境管理办法（试行）》《河南省省级土壤污染防治专项资金管理办法》等有关政策，切实解决土壤污染防治问题。在大气污染防治方面，出台了《河南省大气污染防治条例》《河南省"十四五"大气生态环境保护规划》《河南省2023年大气污染防治攻坚战实施方案》《河南省大气污染防治考核办法》等法规和政策，提升大气污染防治能力。

河南省在林草资源保护和发展方面出台了一系列政策。地方性法规和政府规章有《河南省林地保护管理条例》《河南省森林防火条例》《森林病虫害防治条例》《河南省公益林管理办法》《河南省省级森林城市管理办法（试行）》等。政策文件有《河南省"十四五"林业保护发展规划》《河南省"十四五"国土空间生态修复和森林河南建设规划》《"十四五"林草产业发展规划》《河南省全面推行林长制实施意见》《河南省高级人民法院河南省人民检察院 河南省公安厅关于办理森林和野生动植物资源刑事案件若干问题的规定》等。

3. 河南省绿色发展主要政策

在绿色发展和碳中和方面，河南省出台了《关于加快建立健全绿色低碳循环发展经济体系的实施意见》《河南省碳达峰试点建设实施方案》《河南省"十四五"现代能源体系和碳达峰碳中和规划》《河南省碳达峰实施方案》《河南省减污降碳协同增效行动方案》《河南省2023—2024年重点领域节能降碳改造实施方案》《河南省制造业绿色低碳高质量发展三年行动计划（2023—2025 年）》等政策文件，加强碳达峰、碳中和与生态环境保护工作统筹协调，推动绿色低碳转型发展，确保如期实现 2030 年碳达峰目标。

（二）河南省绿色低碳发展的主要成就

1.生态环境质量明显改善

得益于生态文明建设的不断推进，河南省大气环境质量、水环境质量、土壤环境质量、城市声环境质量持续改善。2022 年全省 PM_{10}、$PM_{2.5}$ 浓度分别较 2015 年下降 37.8%、37.7%，空气质量优良天数较 2015 年增加 42 天；国家考核河南省的 160 个水质断面中，Ⅰ～Ⅲ类占 81.9%，全省水环境质量处于有监测记录以来历史最好水平。[1] 农村受污染耕地、重点建设用地安全利用率以及地下水质量稳定达到国家目标。省辖市及济源示范区昼间声环境等效声级平均为 53.3 分贝，质量评价等级为二级（较好）。[2] 2018～2022 年，河南累计完成造林 1407.48 万亩，完成矿山生态修复 72 万亩，森林覆盖率达到 25.07%。[3]

2.绿色低碳产业持续壮大

全省上下加大建设绿色低碳能源体系力度，绿色能源供给能力显著增强。2022 年，全省风能、太阳能、生物质能等清洁能源发电量同比分别增长 16.2%、51.7%、42.8%，清洁可再生电力（水电、风电、光电）发电量占规模以上工业发电量的比重已超过 15%。在电动汽车、光伏、锂电池产业领域，河南新能源汽车产量增长 31.8%。绿色低碳产业规模不断壮大，产业绿色化水平显著提升。全省规上节能环保产业增加值增长 9.4%。[4] 2022 年河南省林业总产值达 149.5 亿元。

---

① 李哲：《走出走好生态大省绿色发展新路子》，《河南日报》2023 年 8 月 15 日。
② 赵一帆：《河南生态环境质量实现新提升》，《河南日报》2023 年 6 月 3 日。
③ 《过去五年极不寻常》，《河南日报》2023 年 1 月 16 日。
④ 陈辉：《绿色制造满中原》，《河南日报》2023 年 8 月 15 日。

3.形成"东西南北中"绿色低碳产业矩阵布局

第一，建设豫中都市圈。充分发挥郑州作为国家中心城市的引领作用，构建高效节能、先进环保和资源循环利用的绿色产业体系，加快与开封、许昌、新乡、焦作、平顶山、漯河等6个地市融合发展。第二，建设豫东产业转移示范区。支持商丘、周口等城市对接长三角一体化发展，构建绿色产业链供应链，重点规划发展各项新材料产业。第三，建设豫西转型创新发展示范区。提升洛阳副中心城市能级，培育全省高质量发展新的增长极，与三门峡、济源协同发展，聚焦高端装备制造业和新材料产业，推进制造业绿色转型升级。第四，建设北部跨区域协同发展示范区。推进安阳、鹤壁、濮阳等城市传统产业绿色化改造，延伸产业链条，与京津冀地区产业协同发展，发展新能源等产业。第五，建设豫南高效生态经济示范区域。加强南阳、信阳、驻马店与长江经济带对接协作，大力发展现代农业、生态旅游、生物医药、农产品加工等特色产业及配套产业，实现生态富民。

二 "两山"实践创新基地案例分析

河南省在践行"两山"理念方面进行了很多有益的实践和探索。截至2023年，河南省已创建国家"两山"实践创新基地7个，分别为：洛阳市栾川县和宜阳县、信阳市新县和光山县、安阳市林州市、南阳市邓州市一二三产融合发展试验区、驻马店市泌阳县。其中，处于黄河流域的有洛阳市栾川县、宜阳县与安阳市林州市。

（一）洛阳市栾川县

栾川县位于河南省洛阳市西南部，豫西伏牛山腹地，地处伊河上游，地势西南高、东北低，属暖温带大陆性季风气候，自然资源丰富，被誉为"中原肺叶"，是"洛阳的后花园"。20世纪80年代，栾川县在"有水快流，强力开发"的指引下，实施掠夺性地开采矿产、砍伐树木等行为，生态环境严重受损。据统计，到2007年底，栾川县因矿产资源开发所破坏的土地面积就有161.4公顷。① 2008年,栾川县确立"生态立县"的路子,切实开展环境治理行动,以生态美、产业兴、百姓富为目标,探索拓宽"两山"转化路径。2018年,栾川县入选全国第二批"两山"实践创新基地。

1. 打造生态美

栾川县走出一条森林抚育经营的新模式。一是优化顶层设计。2017年栾川县印发《栾川县生态环境建设体系林业生态行动计划(2017—2020年)》,着力构建现代生态林业、打造现代富民林业和现代人文林业。同年,颁布《栾川县生态环境建设体系碧水行动计划》,全力打造"奇境栾川·自然不同"品牌,为构建区域大生态格局,打造生态文明建设的"栾川样板"提供顶层指导。二是注重团队建设,注重提高领导小组的技术能力与效率。三是各大绿化工程规范流程,保证工程质量,优化美化居民生活环境,提高居民生活质量。

2. 专注产业兴

历年来,栾川县坚持"谁破坏,谁治理"的原则,持续开展专项治理活动,封停矿口、整顿企业,其中洛钼集团在2012年被国土资源部确定为第二批国家"绿色矿山"试点单位。2016年栾川县颁布旅游产业集聚区企业入驻优惠政策,为区域旅游项目添砖加瓦。2017年栾川县颁布加快旅游业发展奖励扶持政策,确保栾川县实现"河畅、水清、岸绿、景美"的目标。栾川县大力发展生态旅游,2016~2018年,实施旅游业项目总投资120亿元,成功打造2个5A级景区与6个4A级景区,利用各大旅游资源将优质农产品开发为"栾川印象"农产品,让万余群众获得了实质性就业增收。

3. 实现百姓富

2016~2022年,栾川县地区生产总值连年增长,全年全县完成地区生产

---

① 《看河南栾川县如何发力生态文明建设——"中国钼都"的新"桃花源记"》,自然资源部网站,2018年2月5日,https://www.mnr.gov.cn/dt/dfdt/201810/t20181030_2314035.html。

总值从 164.37 亿元增加至 291.90 亿元，① 其中三次产业结构中第二产业占据一半以上。2016 年 2 月，栾川县被认定为首批国家全域旅游示范区创建单位以来，持续推进经济社会转型发展，走出了一条"绿水青山就是金山银山"的栾川路径。2019 年，全县接待游客 1638.1 万人次，实现旅游总收入 963 亿元，旅游业增加值占 GDP 比重达 16.5%。栾川县正确处理经济与生态的发展关系，努力将生态优势转化为经济优势，牢固树立"绿水青山就是金山银山"的理念，充分展现自身生态价值，增强人民幸福感、获得感。

（二）安阳市林州市

林州市位于河南省西北部，地处太行山东麓，晋豫鲁交界处。林州市境内多山，地势西北高东南低。20 世纪 60 年代，面对林州市因十年九旱而贫困交加的艰难境况，林州人民在太行山上开凿了举世瞩目的红旗渠。2021年 9 月 22 日，林州市入选全国第五批"两山"实践创新基地。林州市始终坚持以建设福美山水林州为主线，依托生态资源优势，着力发展特色生态产业，积极探索"两山"转化模式。

1. 突出重点任务，完善工程项目

在水资源方面，林州市对现有自然保护区、湿地公园等进行摸排调查，确保保护区内无非法排污口，高标准建设水源地保护设施。在林业方面，提高荒滩绿化率，开展廊道绿化工程，抓好太行山绿化、财政造林补贴等国省重点林业工程。建设以构建"大交通"格局为目标的生态廊道，加快矿山整治工作，努力建设绿色矿山。

2. 发展特色生态旅游，推动文旅深度融合

林州市以红旗渠景观为依托，建设全国红色旅游经典景区。2020 年，林州市共接待游客 904.02 万人次，实现旅游综合收入 46.57 亿元。开创"菊花产业+旅游"发展模式，不断扩大菊花种植规模，延伸菊花产业链条，

---

① 2017~2023 年《河南统计年鉴》。

发展菊花生态旅游。太行山景区断崖式山貌形成的滑翔伞基地等也成为林州市的特色旅游项目。

3. 打造生态农业品牌，实现生态惠民

持续推进生态镇和生态村创建，努力完善生态农业的荣誉品牌。2021年"五一"小长假，全市接待游客102万人次，旅游综合收入达到10.83亿元，分别较2019年同期增加65.02%和78.35%。此外，在生态农业方面，林州市注重发展生态农业的多样性。林州市盛产各类特色农产品和林果，主要特产有小米、菊花、花椒、柿子、核桃、板栗等。

培育新时代"红色精神+研学旅游"模式。2019年林州市红旗渠景区接待国内外游客100万人次，旅游综合总收入2.5亿元，同比增长12.98%。各类红色培训基地年接待培训人数6万余人次，从业人数达1万余人，培养了大量的研学人员。

壮大农业"产业基地+特色产品"发展模式。通过探索市场化运作方式，让洪河小米成为群众的"钱袋子"。探索利益联结机制，促进群众共同增收，洪河小米带动农户1.2万余户，使3万余人走上致富道路，产生了较大的经济效益和社会效益。

（三）洛阳市宜阳县

宜阳县在"两山"转化过程中，坚定不移走绿色发展道路，形成了三个具有宜阳特色兼具代表性和可推广性的"两山"模式和转化路径，实现"三荒三变"。

1. 沟域经济模式：昔日荒沟变金沟

结合境内自然荒沟众多的地域特点，以"沟"为单元，按照"一沟一产业，一域一特色"要求，对山、水、林、田、路和产业发展进行整体科学规划，推进"沟谷文旅业、半坡林果业、山顶生态林"，以沟域经济示范带为引领，以赵老屯村、王莽村等为代表，建成15个集特色农业、农事体验、休闲娱乐、科教示范于一体的田园综合体，带动相关产业年产值达到6亿元，农民收入年均增幅达到10%以上，"一沟生四金"的发展模式让昔日

荒沟变成了金沟。

2. 生态修复模式：昔日荒滩变百里画廊

利用穿境而过的 65 公里洛河河段，通过洛河水系综合治理和修复洛河滩涂荒地，恢复河流、湖库、湿地水生态功能后，建成 7000 亩休闲旅游项目"洛水昌谷"和国家级水上运动竞技基地，打造县域"旅游+体育"生态型经济发展新名片，洛河两岸产业兴旺，昔日荒滩成为广大群众的百里画廊。

3. 生态工矿模式：昔日荒山矿山变青山银山

洛阳黄河同力水泥有限责任公司位于樊村镇，是中国建材集团和省投集团骨干企业。黄河同力与樊村镇联合打造"生态工矿+循环经济"模式，坚持走生态恢复与生态产业融合发展之路，将周边废弃矿山及荒山建成林果药园，拓展生态资源价值展现途径。宜阳县通过将该模式在韩城镇、花果山乡、上观乡等乡镇推广应用，建成了桃、苹果、冬枣、猕猴桃、花椒和中药材等基地 30 多个，形成合计 5 万亩的林果药基地，年特色林果药经济产值在 8 亿元以上，实现了企业与属地、生态与经济的"双赢"。

（四）其他

在河南省黄河流经区域之外的"两山"实践创新基地有：新县、光山县、邓州市一二三产融合发展试验区、泌阳县。这些县区虽然不属于黄河滩区，但在广义上仍是黄河流域的范畴。

1. 新县

新县位于信阳市南部大别山腹地，鄂豫两省交接地带。全县总面积 1612 平方公里，新县生态环境优美，全县植被覆盖率 93%、森林覆盖率 71.2%。2019 年，新县入选全国第三批"两山"实践创新基地。

（1）积极打造生态扶贫创新模式，实现生态价值向经济价值的转换

新县建立了"合作社+生态景区+惠民"的生态扶贫模式，重点创新了"全域旅游+产业融合"的经济与生态发展模式，突出建设"山水红城健康新县大别山旅游公园""九镇十八湾全域游新县"两大旅游品牌。

（2）厚植绿色，用活特色，大力推进生态与产业相互转化

新县政府积极宣传"绿水青山就是金山银山"的生态理念，建立生态红线，严格制度约束，积极推进生态产业化与产业生态化。在"两山"理念的指引下，2018~2022年，新县居民人均可支配收入较上年增长率平均为7.34%。[①]

2. 光山县

光山县地处豫东南鄂豫皖三省交界地带，南部为浅山区，中部为丘岗区，沿河为平畈区。光山资源丰富，素有豫南"鱼米之乡"之美称。2019年，习近平总书记到光山县考察调研，嘱托乡亲们要"发扬自力更生、自强不息的精神，继续在致富路上奔跑，走向更加富裕的美好生活"。[②] 2020年10月9日，光山县入选全国第四批"两山"实践创新基地。近年来，光山县坚定走生态优先、绿色发展之路，大力推进产业结构转型，走出一条豫南大别山区生态与经济"双提升"高质量发展之路。

（1）积极建设绿色生态家园，打造特色生态示范区

光山县立足国家生态功能区定位，积极建设豫东南"水—气—绿"共提升示范区、淮河流域产业绿色发展示范区、大别山区城乡人居环境建设示范区，系统推进山水林田湖草沙系统治理，加强五岳水库、仙居国家农业公园和大苏山国家森林公园等的综合治理与保护，推进"无废城市"和国家资源循环利用基地建设。

（2）七个"一"促进生态产业化

光山县依靠七个"一"将贫困帽子摘除又跻身"两山"实践创新基地。"一壶油"，打造"中国油茶之乡""中国油茶北缘强县"；"一群鸭"，羽绒产业已发展成为光山县的支柱与富民产业；"一个节"，将农事活动与特色民俗文化融为一体，提升农产品的附加值和农民收益；"一座寺"，将寺庙旅游与茶叶观赏融为一体；"一亩茶"，已培育中国茶叶行业综合实力百强

---

① 数据来源于2018~2022年新县政府工作报告。
② 《光山县情》，光山县人民政府网站，2023年9月1日，http://www.guangshan.gov.cn/zhgs/gsgk/。

和国家三部委边销茶业品牌 12 个；"一块田"，虾和稻互助共生，创建"虾稻米"品牌；"一座城"，实施"拥河发展"战略，建设休闲、旅游、创业、宜居的新城区。

3. 邓州市一二三产融合发展试验区

邓州市一二三产融合发展试验区成立于 2017 年 3 月，位于南阳市西北部，包括 3 个建制镇、74 个行政村、367 个自然村。2021 年 10 月，邓州市一二三产融合发展试验区入选第五批国家生态文明建设示范区和"两山"实践创新基地。试验区融合一二三产特色，形成了"农林游采观宣"（生态农业、林果花卉、生态旅游、采摘体验、休闲观光、科普宣教）一体化的建设示范区。

（1）优化完善一产结构，种植特色农业产品

试验区大力推进乡村振兴，一产发展杂交小麦、特色杂粮、红高粱、猕猴桃等优质林果种植，学习国内外优秀技术，建设智能温室大棚，建成养殖基地、低温冷藏库，大力推进农业供给侧结构性改革，探索现代化农业发展道路。

（2）持续推动二产升级，打造特色产品项目

邓州市促进土地、金融、财政、就业、税收等协同发展。围绕龙头企业，促进传统企业加工转型，推动农产品加工升级。开展猕猴桃、杂粮深加工和芝麻油、黄酒生产等，形成"邓帮"牌手工小磨油、"邓云"牌传统黄酒、邓菊深加工等项目。

（3）积极提高三产比例，促进农文旅联动发展

邓州市大力发展观光休闲农业。建成国家级农业综合体、猕猴桃展厅、邓十线乡村画廊，开办油菜花季双周游活动等。发展休闲创意产业区、智慧农业示范区、立体高效农业示范区、农产品加工区、中草药种植示范区、生态经济林果产业区和现代农业产业区。

4. 泌阳县

泌阳县位于驻马店市西南部，地处长江和淮河分水岭、伏牛山与大别山交汇处。林业用地面积 172 万亩，森林覆盖率 43.3%。2022 年 11 月，泌阳

县入选全国第六批"两山"实践创新基地。泌阳县以习近平生态文明思想为指导,坚持生态优先、绿色发展,通过创新河湖治理、生态扶贫、循环农业三个模式,探索出了"绿水青山"向"金山银山"转化的"泌阳样板"。

(1)加强顶层设计,推进生态扶贫

该县采用生态扶贫模式,将水土流失区和废弃矿山变成青山,再将青山变成万亩林果园。大力发展绿色产业和培育绿色文化,持续走好生态环境和经济发展的"两山"实践创新之路。

(2)发展循环生态产业,提高河湖治理水平

第一,依托夏南牛特色产业,创新循环农业模式。构建"种养加"循环农业产业链,形成一体化循环经济模式,带动农业废弃物利用和增值增效,让"一头牛拉动一条产业链"。第二,创新河湖治理模式。开展美丽河湖建设活动,积极开展河道治理,提升两岸绿化率,沿河发展"夜经济"和商贸服务业,提升城市生活品质。

三 河南省"两山"实践创新的主要经验与发展趋势

(一)主要经验

河南省坚持"在发展中保护,在保护中发展",中游"治山"、下游"治滩"、受水区"织网",生态环境不断改善,绿色低碳循环产业格局逐步形成。

1. 保护绿色生态空间,抚育绿色生产空间

河南省大力推动解决黄河流域突出生态环境问题。打好碧水保卫战,统筹推进水资源、水环境、水生态保护和四大流域污染治理,严守饮用水环境安全,加强城市黑臭水体治理。打好净土保卫战,协同推进建设用地、农用地和地下水污染风险管控及修复。在持续推进中央生态环境保护督察整改的同时,大力开展省级生态环境保护督察,坚持推行河湖长制、林长制、生态补偿制度,大力实施生态环境分区管控、环保信用评价、生态环境损害赔

偿、绿色发展评价，良好的生态环境为绿色低碳产业体系的发展提供了生态空间。

2. 培育壮大特色产业，推动一二三产融合发展

河南作为人口大省和农业大省，"两山"转化与乡村振兴紧密结合，农业与加工业、服务业等协调发展，推进农村产业高质量融合发展。挖掘乡村特色生态农产品优势，以全产业链思维建立特色农产品基地和产业集群，做大做强特色农产品优势区。依托自然地理条件，建设苗木花卉种植休闲观光园区，发展文化创意、观光旅游和休闲服务产业。全省以"做强一产、做优二产、做大三产"为目标，优化农村产业结构、产品结构和经济结构，推动农村产业链延伸、产业范围拓展、产业功能转型，打造农村产业融合新载体，培育产业融合新业态，走出了一条特色鲜明、产出高效、产品优质、资源节约、环境友好的农村一二三产融合发展道路。

3. 持续加强区域协同保护与治理

构建区域绿色发展格局，形成"东西南北中"绿色低碳产业矩阵布局。加强与京津冀、长三角、粤港澳大湾区等合作，推动郑洛西高质量发展合作带建设。深化晋陕豫黄河金三角区域合作，协同推进淮河生态经济带、汉江生态经济带建设，打造中原—长三角经济走廊。坚持境内黄河流域系统观念、协同增效，强化多污染物协同控制和区域协同治理，不断改善生态环境质量，提升城市环境治理的科学性、精准性和有效性。

（二）发展趋势

1. 深入挖掘黄河文化，推动"文化+经济+生态"一体化发展

对于黄河的认识，不仅应强调黄河作为自然河流的独特性及其重要的生态功能，还需重视黄河所孕育的文明形态及其体现的文化价值，更要强调黄河在所流经区域经济社会发展中的关键作用。实现黄河流域生态保护和高质量发展，需对黄河生态、文化和经济进行一体化考量。一是强化生态安全和生态保护修复，以此作为高质量发展的生态基础。二是构建现代化产业体系，推动高质量发展，为生态保护修复和文化保护传承弘扬提供物质保障。

三是加强黄河文化的保护、传承、弘扬和黄河文明的传承创新，为生态保护修复和高质量发展提供精神动力和发展支撑。

2. 拓展黄河流域生态产品价值实现途径，增强"产品+特色+生态"的生态产品供给能力

一是依托黄河流域特色生态资源、文化资源和产业基础，推广新县、光山县、泌阳县等"两山"实践创新基地经验做法，借鉴淅川县生态产品价值实现机制案例，以黄河生态带为重点推动生态产品价值实现机制试点工作，打造区域协同联动的生态产品价值实现合作平台，在优质生态物质产品供给和文化服务产品价值实现上取得新突破。二是做优农产品品牌，以"黄河鲤鱼""新郑大枣""河阴石榴""铁棍山药""原阳大米"等传统优质农产品品牌建设为引领，大力发展现代特色生态农业，持续提高农产品生产和加工的技术水平，打造各地市特色农产品知名品牌，不断提高附加值和综合效益。三是发展沿黄"山水文化"、古都文化产业，推动生态文旅融合发展。以黄河国家湿地公园、黄河国家文化公园和黄河国家地质公园为主要平台，实施"黄河生态+""黄河文化+"战略，推动不同文化业态、旅游产业形态的融合发展。协同黄河三门峡、小浪底、花园口等黄河治理文化，联动洛阳、郑州、开封古都文化和焦作"太极拳"、濮阳"帝都""杂技"等地方特色文化，促进文化旅游与康养、生态农业融合发展，提升生态文化旅游开发价值，打造更多具有沿黄地方文化元素的研学、寻根、文化遗产等专题文化旅游线路，推动传统技艺、表演艺术等非遗项目进旅游景区、度假区，加快文化资源向旅游产品转化，不断丰富沿黄文化旅游产品供给。

3. 加强"数字+经济+生态"融合赋能，加快推动黄河流域产业体系数字化转型

数字化、智能化是引领产业绿色低碳转型升级的关键驱动力，同时是河南黄河流域产业高质量发展的方向之一。一方面，为进一步推动河南黄河流域绿色低碳转型，应加强数字赋能，构建数字服务基础，加速双碳信息服务平台和碳排放监测平台的建设，同时提升超算中心在绿色低碳管理方面的算力服务能力。另一方面，大力发展企业绿色低碳数字化解决技术和方案，鼓励沿黄工业企业、建筑业主等市场主体广泛应用智能化温室气体排放、能耗在线监测设备，建设能源和碳排放权过程智能管控与评估平台，建立全生命周期智能化管理体系。同时，引导和鼓励第三方提供智能化绿色低碳技术服务，加快推动黄河流域产业体系数字化。

4. 加大财政金融政策支持力度，推动形成"金融+产业+生态"的绿色金融体系

一是为符合政策方向和要求的相关项目积极争取中央预算内资金和专项债支持，这些资金是推动项目实施的重要保障。二是向金融机构推荐黄河流域清洁低碳发展重点项目，积极争取绿色信贷支持，为黄河流域低碳发展注入更多资金。三是采取财政补贴、税收优惠等措施，鼓励企业采取清洁能源和低碳技术，促进绿色经济发展。四是加强金融机构、产业和生态环境保护主体之间的合作，推进绿色金融发展形成"金融+产业+生态"的良性循环体系，实现黄河流域的可持续发展。

山东省"两山"实践创新发展报告

柳映潇 张云帆 李永利 李成茂*

摘 要: 党的十八大以来,山东省贯彻落实习近平生态文明思想,牢固树立和践行"两山"理念,实施黄河流域生态保护和高质量发展重大国家战略,加快推进人与自然和谐共生的现代化,高位推动绿色低碳高质量发展先行区建设。本报告对山东省黄河流域绿色低碳发展状况、德州市乐陵市及齐河县、济南市莱芜区雪野街道房干村、临沂市蒙阴县、济南市历下区等"两山"实践创新基地创建情况进行分析,总结了山东省"两山"实践创新的主要经验包括构建全域覆盖的生态保护体系、形成多元生态产业体系、加快数字化平台建设,未来山东在推动"两山"实践方面要以产业结构转型升级为抓手,与高校、科研院所加强合作,加大宣传教育力度。

关键词: 绿色低碳 "两山"实践创新基地 山东省 黄河流域

一 山东省黄河流域绿色低碳发展现状

黄河奔腾入鲁,滋养着山东大地,孕育了齐鲁文化。黄河山东段长628公里,占黄河总长度的11.5%,从东明县入境,流经菏泽、济宁、泰安、聊城、济南、德州、滨州、淄博、东营等9市,最终在东营市注入渤海。山东是黄河流域唯一的河海交汇区,地区生产总值、进出口总额等经

---

* 柳映潇、张云帆,北京林业大学马克思主义学院博士研究生;李永利,中国生态文明研究与促进会创建部主管,研究方向为生态文明;李成茂,博士,北京林业大学生态文明研究院副院长,马克思主义学院教授,研究方向为生态文明。

济指标在沿黄省区中居首位，在动能转换、产业发展、科教文化等方面占据优势，是下游区域生态保护和高质量发展的主阵地。2022年2月，山东省委、省政府印发的《山东省黄河流域生态保护和高质量发展规划》是山东推动黄河流域生态保护和高质量发展的重要指导性文件。其中指出，到2030年黄河流域生态保护和高质量发展取得重大进展，基本形成节约资源、保护环境的空间格局和高质量发展的产业体系、生产方式、生活方式。发挥好山东半岛城市群在黄河流域的龙头作用，实现山东省黄河流域绿色低碳发展，是落实黄河重大国家战略，实现经济发展转型，实现生态文明建设与经济建设、政治建设相融合的关键所在，[①] 是山东的重要政治责任与重大历史机遇。

（一）山东省绿色低碳发展的主要政策

建设绿色低碳高质量发展先行区是山东省当前和今后一段时期的重大战略任务与发展机遇。2022年8月，国务院印发《关于支持山东深化新旧动能转换推动绿色低碳高质量发展的意见》，支持山东以深化新旧动能转换为中心任务，赋予山东建设绿色低碳高质量发展先行区的重大使命。这是全国第一个以绿色低碳高质量发展为主题的战略布局，也是第一个以国发文件赋予山东的重大战略任务，为建设社会主义现代化强省注入发展动力。近年来，山东省出台了一系列推动省域绿色低碳发展的指导性政策文件，以加快探索新旧动能转换路径，形成节约资源与保护环境的生产生活方式、社会发展模式。

山东是经济与人口大省，在保持经济较快发展的同时，人均资源占有量小、资源利用率低、环境污染问题日益突出。从2000年起山东省开始注重发展循环经济，2001年修改的《山东省环境保护条例》提出发展循环经济，加强生态保护和生态建设。2003年8月，山东省入选全国生态省建设试点省份，开启了生态省建设工作。同年12月，山东省人民政府印发了《山东

---

① 孙萍：《黄河流域山东段绿色低碳高质量发展实施路径》，《环境保护》2023年第13期。

生态省建设规划纲要》，提出建设"大而强、富而美"的生态省，经济体系建设以循环经济理念为指导。2005 年 6 月，山东发布了《关于发展循环经济建设资源节约型社会的意见》，强调发展循环经济，建设资源节约型社会是一项长期的系统工程，涉及工业、农业、服务业等领域。该意见提出，当前和今后一个时期，要突出抓好节能、节水、节材、节地、节矿五个方面重点工作，并根据不同行业特点，抓好资源开采、资源利用、社会消费、土地利用四个环节。该意见对进一步推进循环经济与生态省建设做出了战略指导，初步勾画出以企业"点"上的循环、行业"线"上的循环、社会"面"上的循环为山东特色的"点、线、面"循环经济发展体系。经过2003~2020 年近二十年的建设，山东生态省建设指标总体达到《生态县、生态市、生态省建设指标（试行）》要求。①

党的十九大提出，到 2035 年建设美丽中国目标基本实现，要求各省在生态省建设基础上启动美丽省市建设工作。为推进美丽山东建设，2017 年山东省人民政府印发《山东省低碳发展工作方案（2017—2020 年）》，明确"美丽山东、绿色转型、低碳引领"的整体工作定位，将低碳发展理念贯穿经济社会发展的各方面和全过程。2022 年 6 月，山东省委办公厅、省政府办公厅印发了《美丽山东建设规划纲要（2021—2035 年）》，成为指导未来 15 年美丽山东建设任务的纲领性文件，指出落实黄河流域生态保护和高质量发展战略，以碳达峰碳中和目标为引领，积极实施绿色低碳发展战略。"十四五"时期我国步入了以降碳为重点推动减污降碳协同增效的关键时期，"两高"行业是碳排放的主要来源，为推动"两高"行业绿色低碳高质量发展，2022 年 5 月山东省政府办公厅发布《关于推动"两高"行业绿色低碳高质量发展的指导意见》，实施能效改造升级，推动"两高"行业绿色低碳高质量发展。2023 年是山东建设绿色低碳高质量发展先行区的开局之年，2023 年 1 月山东省委、省政府发布《山东省建设绿色低碳高质量发

---

① 《立足 17 年实践基础"生态山东"开启"美丽山东"转型》，中国新闻网，2022 年 6 月 28 日，https://www.chinanews.com.cn/gn/2022/06-28/9790980.shtml。

展先行区三年行动计划（2023—2025 年）》，从十个方面对深化新旧动能转换推动绿色低碳高质量发展进行全面部署，包括构建现代化产业体系、引领农业农村现代化、推进降碳减污扩绿增长、推进共同富裕、统筹发展和安全等方面。

（二）山东省绿色低碳发展的主要成就

产业转型升级，经济高质量增长。2022 年山东省地区生产总值为 87435 亿元，比上年增长 3.9%，全年规模以上工业增加值同比增长 5.1%。[①] 全省围绕"十强"产业培育新产业"雁阵形"集群 180 个、总规模达 8.9 万亿元，做优做强 7 个国家级、50 个以上省级战略性新兴产业集群。[②] 作为拥有全部 41 个工业大类的大省，促进制造业向高端化、智能化、绿色化转型升级，构建先进制造业为主导的现代化产业体系，是山东推动高质量发展的重要方向。2023 年 2 月，山东省委、省政府召开全省加力提速工业经济高质量发展大会，提出要加快建设制造强省、数字强省，培育工业经济发展新动能新优势，目前山东已经形成富有特色的工业高质量发展体系。

淘汰落后产能，提升传统动能。2017 年以来，全省累计关停散乱污企业 11 万多家、化工企业 2300 多家，省环保企业数量居全国首位；化工园区由 199 家缩减到 84 家；压减退出钢铁产能 1840 万吨、炼油产能 2696 万吨、电解铝产能 321 万吨、焦化产能 3095 万吨、水泥熟料产能 1663 万吨、轮胎产能 2380 万条。创建国家级绿色工厂 281 家、绿色工业园区 16 家、绿色供应链管理企业 25 家，工业产品绿色设计示范企业 40 家、绿色设计产品 343 项。[③] 在推进废弃物综合利用、能量梯级利用、水资源循环利用方面努力打

---

① 《解读：2022 年全省经济高质量发展取得新进展》，山东省统计局网站，2023 年 1 月 20 日，http://tjj. shandong. gov. cn/art/2023/1/20/art_ 6227_ 10302645. html。
② 《山东：产业结构稳步提升，新兴产业正成为工业经济新支柱》，大众日报网，2023 年 8 月 15 日，https://dzrb. dzng. com/articleContent/1176_ 1175998. html。
③ 王比学、姜赟、侯琳良：《山东推动高质量发展取得有效进展（高质量发展调研行）》，《人民日报》2023 年 8 月 19 日。

造全链条绿色制造体系。此外，山东着力塑造高质量发展新优势，培育壮大战略性新兴产业，在新能源汽车、节能环保、集成电路等领域推动全产业链发展。在国家"双碳"战略布局下，积极推进碳达峰碳中和战略，2023 年上半年山东新能源和可再生能源发电装机容量 8382 万千瓦，占比达 41.8%，"十四五"前两年万元 GDP 能耗累计下降 11.1%，[①] 有力地推动了新旧动能转换与高质量发展。

环境质量改善，民生福祉增进。自生态省建设以来，山东省先后实施了"绿色山东""生态山东"等重大战略，生态环境质量取得了明显改善。全省划定并严守生态保护红线面积 3100 万亩，占全省土地面积的 10.3%。根据《2022 年山东省生态环境状况公报》数据，2022 年全省国控地表水考核断面优良水体比例达到 83%，同比改善了 5.2 个百分点；细颗粒物（$PM_{2.5}$）浓度 36 微克/米³，较 2017 年改善 33.3%，空气质量优良天数比例达 73.2%；全省海域水质优良面积比例为 93.3%。此外，积极推动黄河流域生态保护，开展黄河流域生态保护"十大行动"，打造黄河下游生态廊道，创建黄河口国家公园，成立了黄河三角洲生态环境观测研究站和 10 个生物多样性养护观测站，对固体废物非法堆放、贮存、倾倒和填埋点位开展大排查，建设人工湿地 40 多处，2022 年黄河流域优良水体比例首次达到 100%。在全省 16 个市全面启动"无废城市"建设，人民群众对生态环境的总体满意度连续两年超过 93%。[②] 农村人居环境综合整治作为打造乡村振兴齐鲁样板的重要内容，全省各市积极开展农村生活污水和农村黑臭水体治理，累计完成 3.6 万个行政村生活污水治理，打造 2500 个美丽乡村省级示范村。[③] 山东通过对河湖、水体、大气、土壤等各类生态要素进行全方位的生态治理，为低碳发展提供了良好的自然生态本底，营造了人民群众满意的人居环境。

---

① 王建等：《向新、向绿、向未来——聚焦山东绿色低碳高质量发展先行区建设》，《大众日报》2023 年 8 月 28 日。

② 《满意度连续两年超 93%！美丽山东底色越来越靓》，齐鲁网，2023 年 6 月 2 日，http：//news. iqilu. com/shandong/yaowen/2023/0602/5440528. shtml。

③ 《山东打造 2500 个美丽乡村省级示范村》，《农村大众》2023 年 3 月 10 日。

二 "两山"实践创新基地案例分析

习近平总书记指出,"试点是改革的重要任务,更是改革的重要方法"。① 生态文明示范建设就是把习近平生态文明思想的深刻内涵落实并转化为具有区域特色的地方实践,把宏伟蓝图转变成人民群众可感知的阶段性目标。长期以来,生态环境部以示范建设为载体和平台,大力推动生态文明建设试点示范工作,打造了一批生态文明建设的鲜活案例和实践样本。截至 2023 年 10 月,山东省建成国家生态文明建设示范区 32个、"两山"实践创新基地 11 个,总数居全国第一方阵。

(一)德州市乐陵市

2021 年 10 月 14 日,山东省德州市乐陵市入选全国第五批"两山"实践创新基地,成为山东省县域生态文明建设的典型样本和德州市绿水青山建设的"重要窗口",在"两山"实践创新方面进行了开创性探索。

1. 紧抓生态环境治理,保护自然生态本底

"十三五"以来,乐陵市 $PM_{2.5}$、PM_{10} 等空气质量环境指标逐年改善,2020 年 $PM_{2.5}$、PM_{10} 浓度分别较 2015 年下降 44.44%、40.94%,水环境、土壤环境等指标居德州市前列,生态红线总面积(2.21 万亩)保持稳定。"十三五"以来,乐陵市在生态环境保护领域投入达 20.8 亿元,在实践中探索出"消滞活水、清源洁水、正本治水"的"三水共治"模式,实现碧水绕城工程;开展生态湿地修复,构建"水美全境"的水系景观。② 2021年,乐陵市创新性开展生态环境区域协同治理试点工作,成立生态环境协同治理委员会,对"两山"实践创新基地建设过程中遇到的重大问题给予统

---

① 慎海雄主编《习近平改革开放思想研究》,人民出版社,2018,第 358 页。
② 《乐陵荣获第五批国家"绿水青山就是金山银山"实践创新基地的背后》,乐陵市人民政府网站,2021 年 10 月 19 日,http://www.laoling.gov.cn/n30203422/n30204100/c65464847/content.html。

筹指导，进一步完善生态环境治理体系。

2. 进行体制机制创新，助力"两山"实践

通过建立自然资源资产价值核算评估应用等机制，建立 GDP 与 GEP 两套综合评价体系，[①] 完善水生态、森林生态效益补偿机制。编制完成相关"两山"实践创新基地各类实施方案制度，并建立领导机构和运行机制。以全市资源环境承载能力、现有开发强度为依据，区分优化开发区域、重点开发区域以及禁止开发区域，实行错位发展、互补发展、协同发展，进一步优化和拓展发展空间。

3. 优化"三生"空间布局，推动可持续发展

乐陵市坚持优化规划空间布局，在对区域国土空间功能统筹安排的基础上，划分生态、生产、生活等不同的空间单元，强化主体功能定位，明确产业主导区位，提高区域协调发展和可持续发展水平。培育新型农业经营主体，引导其发挥引领带动作用，带动农民发展调味品加工、特色农业种植、休闲农业等特色优势产业，并加强规范管理，以"三产融合促增收"的理念转活农业、转富农村。

坚持惠民富民，发展"绿色"民生。以景区的理念规划全市，打造生态宜居的区域中心城市，全市城市建成区面积 30 平方公里，规划建设了人民广场、元宝湖公园等多处公共休闲场所，建成 15 处城区公园、5 处游园、4 处枣林湿地。作为金丝小枣原产地，乐陵市拥有 30 万亩金丝小枣基地，已被列入国家原产地地域保护范围。

（二）德州市齐河县

2022 年 11 月，德州市齐河县入选全国第六批"两山"实践创新基地。[②] 此前，齐河县已入选国家生态文明建设示范区、山东省生态文明十强县。作

---

① 《"绿水青山就是金山银山"实践创新基地——山东省德州市乐陵市》，生态环境部网站，2022 年 5 月 17 日，https：//www.mee.gov.cn/ywgz/zrstbh/stwmsfcj/202205/t20220517_982359.shtml。

② 《齐河入围第六批"绿水青山就是金山银山"实践创新基地拟命名名单》，闪电新闻，2022 年 11 月 7 日，https：//sdxw.iqilu.com/share/YS0yMS0xMzY2NjY4NQ==.html。

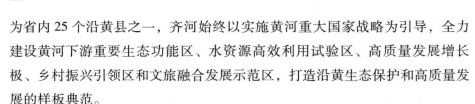

为省内 25 个沿黄县之一，齐河始终以实施黄河重大国家战略为引导，全力建设黄河下游重要生态功能区、水资源高效利用试验区、高质量发展增长极、乡村振兴引领区和文旅融合发展示范区，打造沿黄生态保护和高质量发展的样板典范。

1. 紧抓黄河流域生态保护与污染治理

齐河实施山水林田湖草系统治理，河湖长常态化巡河，大力清理涉河"八乱"，实现 22 条骨干河流水系相连，推进饮用水源、黑臭水体、工业废水、城镇污水、农村排水"五水共治"，国控断面水质稳定在 IV 类标准以上。通过构建微循环，万亩湿地植被恢复 230 万平方米，生物多样性显著提升。围绕增添"绿能量"，打造百里黄河绿色生态廊道，建成百余处公园游园，成为山东省首个县级国际花园城市。

2. 充分利用环境红利，引领高质量发展

齐河以新发展理念引领高质量发展，以动能转换塑优势。坚持"龙头带产业、产业延链条、链条成集群、集群建园区"，推动龙头企业层级跃升、新兴产业延链聚合，打造千亿级钢铁智能制造生态圈、300 亿级绿色化工产业集群。与此同时，齐河积极做好"文旅+"文章，集群布局泉城海洋极地世界、欧乐堡梦幻世界、中国驿·泉城中华饮食文化小镇等标志性项目，建成国家 A 级景区 7 处，全面配套 200 余家名品名店，带动形成近千亿元的文旅康养产业集群。

（三）济南市莱芜区雪野街道房干村

房干村位于济南市莱芜区雪野街道，自然资源、旅游资源丰富，生态优势得天独厚，是国家 4A 级旅游区、全国首批农业旅游示范点、全国森林康养基地试点建设区，[①] 享有"中华生态第一村"的美誉，被国际环保专家称为"绿色天堂""山区明珠"。2020 年 12 月，济南市莱芜区雪野街道房干

---

① 《"绿水青山就是金山银山"实践创新基地——山东省济南市莱芜区房干村》，生态环境部网站，2022 年 5 月 17 日，https：//www.mee.gov.cn/ywgz/zrstbh/stwmsfcj/202205/t20220517_982408.shtml。

村获得山东省第一批省级"两山"实践创新基地称号。2021年11月，房干村入选全国"两山"实践创新基地。①

在近年的建设实践中，房干村总结出了绿色低碳发展经验。

1. 提高生态产品供给能力，引领乡村生态振兴

房干村通过实施乡村绿化、道路防护林建设、河流防护林建设、加强饮用水污染防治、完善给排水系统、进行土壤污染防治等措施，加强农村人居环境整治，从根本上为绿水青山建设提供环境保障。

2. 大力发展绿色产业，促进高质量发展

房干村优化第一产业，依托原有传统作物生姜，采用先进科技，打造片区化生姜种植基地。研发特色姜酒等产品，提升村庄品牌影响力，扩大产业规模，加强宣传，疏通市场渠道，形成品牌特色。依托优美的自然风光打造特色旅游业，进一步开发房干风景区，在旅游旺季开展各类节庆活动。

3. 丰富"两山"文化，丰富旅游产品体系

莱芜区深入挖掘房干村丰富的革命历史和文化资源，深化"房干精神"内涵研究，发掘红色资源。以"房干精神"展馆为依托，加强革命历史文化教育基地建设，推动红色旅游与民俗旅游、生态旅游、研学旅游等深度融合。基于当地的深厚传统文化，探索新时代旅游发展路径，实现文旅深度融合，开发各类具有房干特色的传统工艺品，推动当地民俗文化发展，拓展当地农民的增收领域。

4. 建设现代化园艺新农村，拓宽"两山"转化路径

房干村坚持生态优先原则，基于当地生态环境承载力，探索多样化模式和路径，推动生态产品价值的实现，将丰富的"绿水青山"生态资源变为"金山银山"。房干村建成"十大旅游景区"与近百处景观节点，打造了生态环境良好的新型乡村景观，以入股、分红等方式保证当地村民的利益，实现了"生态环境持续改善、生态文明意识持续提升、产业结构持续升级的多重目标"。

---

① 黄文：《"两山"理论引领乡村振兴的路径探析——以济南市莱芜区房干村为例》，《广东蚕业》2022年第12期。

（四）临沂市蒙阴县

2018年12月，蒙阴县入选全国第二批"两山"实践创新基地，2020年10月又入选国家生态文明建设示范区，成为全省唯一拥有两块"金字招牌"的县。蒙阴县在多年的实践中总结出了卓有成效的生态文明建设经验。

1. 持续治理生态环境，守护青山绿水

通过"网格化、专班化、标准化"开展大气污染防治攻坚，有效整治扬尘、散煤、机动车、油烟、工业污染；实施县域内水污染全过程防治，有效落实河长制、湖长制；探索农村生活污水治理新模式，因地制宜开展农村生产、生活污水治理；在全省率先推进林长制改革，森林覆盖率达54.69%。[①]

全县生态环境质量稳中向好、各项环境指标逐步改善，6项污染物指标浓度逐年削减；44条河流全部优良达标，3处城镇饮用水源地水质稳定达到Ⅲ类标准，河流断面水质达标率100%；全县90%的水土流失面积得到有效治理，形成了绿水滋润青山、青山涵养碧水的良性循环。

2. 发展生态经济，促进生态产品价值实现

坚持产业生态化、生态产业化，实现生态与发展的有机融合。通过提升种植技术水平以及林果等产业质量，依托多所高校建立产品研发基地；充分依托长毛兔、肉兔养殖以及蜜桃种植等原有优势产业，实现生态循环农业模式；推广"生态+""旅游+""互联网+"等文旅融合模式，在山东卫视播出"崮秀天下、世外桃源"县域形象宣传片，积极争创全国全民运动健身模范县，着力打造国际长寿养生旅游目的地，将绿水青山生态福祉不断转化为老百姓"看得见，摸得着"的"金山银山"。

3. 完善政府体制机制改革，保障"两山"实践可持续发展

通过建立生态保护一体管护机制，加快推进林权、水权等农村产权制度

---

① 《蒙阴县：实现"绿水青山"颜值和"金山银山"价值》，蒙阴县人民政府网站，2021年6月18日，http://www.mengyin.gov.cn/info/1601/108085.htm。

改革，健全公益林管护、水资源保护、城乡一体管护等制度，对县域内的生态重要功能区、生态环境敏感脆弱区域进行有效管理和保护；充分引导民间资本和社会资本参与"两山"转化。①

（五）济南市历下区

济南市是山东省的政治、经济、文化、金融和旅游中心。历下区总面积100.89平方公里，作为济南市的核心城区和重要窗口，泉城济南的三大名胜千佛山、趵突泉、大明湖齐聚于此，有着融"山、泉、湖、河、城"为一体的特色。历下区处处展现千年历史文化名城的丰富内涵和底蕴，是一座富有魅力、充满活力、极具潜力的生态靓区。②

近年来，历下区深入践行"绿水青山就是金山银山"理念，通过生态修复和生态保护，厚植绿水青山本底，实现守绿换金；通过保泉护泉和历史文化街区提升，守护泉城独特风貌，文旅商共生共荣，实现点绿成金。通过探索绿色动能与节能减排措施，实现绿色发展。

1. 加强城市生态环境建设，探索山水相容的城市建设模式

通过高标准实施破损山体治理、生态修复与提升工程，打造开放式山体公园典范，还山还绿还景于民，夯实可持续发展的生态根基、增值生态资本。实施大明湖扩建与生态治理工程，修复城市水生态系统，打造城湖融合城市绿心样板，探索公园城市建设模式。创新城市夜间旅游模式，通过"明湖秀"等文旅特色活动，辐射周围产业发展，将湖光山色绿色财富变为绿水青山。

2. 保护自然泉水，形成文旅商共生共荣模式

历下区通过创新"河长+检察长"协作机制、封停自备井、进行海绵城

---

① 张彦丽、丁萃华、张亚峰：《乡村绿水青山转化为金山银山实践路径研究——以蒙阴"两山"实践创新基地为例》，《中国生态文明》2020年第6期。

② 《济南市历下区人民政府关于印发济南市历下区"绿水青山就是金山银山"实践创新基地建设实施方案的通知》，济南市历下区人民政府网站，2022年6月9日，http://www.lixia. gov.cn/gongkai/site_ lixiaqulxqrmzfbgsb/channel_ 63899ae33759918282622156/doc_ 638e05af053 8052f6b05b9b7.html。

市改造建设等节水保泉措施，有效保护自然泉水，同时建设 100 余处泉水直饮点，为游客带来了良好的游览体验。对百花洲等历史街区进行规划与整改，深入挖掘泉水文化、历史文化、名士文化、红色文化，为旅游发展提供"生态价值+文化内涵"双引擎。①

3. 探索气候投融资，节能减排实现绿色低碳发展

全面落实"双碳"战略，充分发挥历下"金融+""新总部经济"优势，成功发行全国首笔"碳中和·乡村振兴"双贴标债券和山东首单"可持续发展债"等产品，构建绿色金融体系。聚焦新旧动能转换，关停济钢二分厂高污染企业，②打造 CBD 中央商务区，成为齐鲁金融新地标。挖掘城市发展潜力，导入高技术含量、高附加值优质产业。建设济南 CBD"集中供冷"等优质项目，③ 每年减少约 12 万吨碳排放。构建"产融结合""科融结合"的气候投融资模式，为省、市实现碳达峰碳中和提供良好条件。

三 山东省"两山"实践创新的主要 经验与发展趋势

（一）主要经验

山东省自然资源丰富、土地利用类型多样，在各地的"两山"实践中，因地制宜探索出了丰富的经验。

1. 构建全域覆盖的生态保护体系，守护自然生态本底

山东省注重生态环境保护与经济发展的协调，积极推进绿色发展，采取

---

① 《"泉世界·看历下"！济南市历下区以泉水文化 IP 为媒打造旅游新标杆》，"闪电新闻"百家号，2023 年 9 月 13 日，https：//baijiahao. baidu. com/s？id＝1776917520912835478&wfr＝spider&for＝pc。

② 《济钢党委书记薄涛：关停钢铁主业 6 年来，济钢碳排放从 2000 万吨降至 300 万吨》，"泰山财经"百家号，2023 年 9 月 28 日，https：//baijiahao. baidu. com/s？id＝17782927619 35242884&wfr＝spider&for＝pc。

③ 《济南重要片区，"集中供冷"覆盖 210000m²》，"鲁网"百家号，2023 年 8 月 13 日，https：//baijiahao. baidu. com/s？id＝1774123903472407125&wfr＝spider&for＝pc。

了一系列措施来保护和修复生态系统，提高资源利用效率，实现经济增长与环境保护的良性互动。例如在泰安、济南等地建设的"泰山区域山水林田湖草生态保护修复工程"推动了当地自然生态环境的修复与提升，[①] 为建设"黄河下游生态走廊"提供了良好的蓝绿空间；大力推进东营、滨州黄河三角洲区域生态保护与盐渍化治理，评估流域生态系统服务价值。[②]

2. 形成多元生态产业体系，拓展"金山银山"实现路径

以乡村振兴战略为引领，注重实施农村产业革命和乡村振兴行动计划，提高农民收入和生活质量，推动农村经济社会全面发展。德州市乐陵市、齐河县，济南市莱芜区雪野街道房干村，临沂市蒙阴县都将本地特色产业与新兴文旅相结合，通过发展农家乐、红色旅游、民俗游等方式，加强旅游服务建设，区域内的基础设施建设水平、信息化程度、医疗卫生条件等也得到了很大程度的改善，将生态优势转化为富民惠民的经济增长点。

3. 加快数字化平台建设，以科技助力"两山"实践

通过建立"两山"实践创新智库、价值核算评估应用、绿水青山保护机制，建立 GDP 与 GEP 两套综合评价体系核算生态产品价值量，同步构建生态信用制度体系。例如，蒙阴县与中国环境科学院合作，在省内率先开展县乡村三级 GEP 核算，进而推动了全省域尺度的 GEP 核算。

（二）发展趋势

山东省的"两山"实践在中国生态文明建设中具有一些特点，作为沿海的发达省份之一，山东省在推动"两山"实践方面积极探索创新，并取得了一些重要进展。

1. "两山"实践与产业结构转型升级协同推进

山东省在大力推进生态环境保护的同时，大力推动地方特色产业（林果业、创意文旅、红色旅游、文旅综合体）发展。下一步，山东要积极发

---

① 许晓彤、常军：《基于"山水林田湖草泉"系统的济南市生态安全格局构建》，《水土保持通报》2022 年第 1 期。

② 王娜娜等：《黄河三角洲湿地生态系统服务价值评估》，《山东农业科学》2022 年第 2 期。

掘一二三产中的绿色潜力,将生态模式巧妙地融入所有产业,真正实现提高经济效益与建设生态文明的统一。[①] 将信息产业、智慧文旅等与生态文明实践相结合将成为山东省"两山"建设的新发展趋势。

2. 推动"两山"实践的体制机制持续创新

山东省的"山水林田湖草沙"生态保护与修复工程至关重要,例如泰山区域(泰山、沂蒙山、莲花山)生态保护与修复工程、黄河三角洲湿地保护工程等。近年来,环境质量考核体制机制不断创新,从动态化、常态化角度对生态建设与生态修复进行监管与考核。日后将创新环境治理体制机制,建立完善的生态补偿机制,引导民间资本与社会资本参与生态建设和环境修复,将生态效益转化为经济效益,充分发挥市场经济在生态文明建设中的作用。

3. 促进"两山"实践与高校、科研院所的交流合作

山东省作为我国东部地区教育大省,拥有山东大学、中国海洋大学等多所实力较强的综合性院校以及山东农业大学、青岛农业大学、山东理工大学等多所专业性院校。近年来,山东省"两山"实践与高校、科研院所的合作更加密切,为生态文明建设提供知识储备与技术性保障,从根本上解决生态文明建设领域人才缺乏的问题。将"产—学—研"有机结合,能够充分发挥高校的优势,探索更多将"绿水青山"转化为"金山银山"的实践路径。

4. 加大"两山"实践的宣传教育力度

在当前信息高速融合传播的背景下,新媒体成为"两山"实践创新基地建设的重要宣传窗口。在未来的发展中,利用媒体的特殊优势,将山东省历史悠久的文化与创新基地建设结合为全新独特的文化载体,将会产生重要的文化价值。[②] 依托电商直播、抖音等新媒体渠道进行宣传,为文化产品与特色农产品拓展销路,为当地文旅产业树立良好口碑,吸引外地群众购买特色产品或前来旅游,获得的经济效益反哺生态文明建设,从而形成良性循环,最终打造具有山东特色的生态文明建设道路。

[①] 赖馨:《"两山"实践创新基地建设与发展策略》,《资源节约与环保》2023年第6期。

[②] 《山东文化"两创"奏响新时代文化"强音"》,搜狐网,2023年7月5日,https://www.sohu.com/a/694894483_121332524。

Abstract

High-quality development is the hard truth of the new era, but also the Yellow River Basin ecological protection and high-quality development of the major national strategies. Greenization and low-carbonization are the key links of high-quality development. The theme of *Report on the construction and development of ecological civilization in the Yellow River Basin 2023* is "Green, low-carbon and high-quality development of the Yellow River Basin". It is divided into one general report, four thematic reports and nine regional reports.

Based on the overall evaluation and analysis of the ecological, economic and social development of the Yellow River Basin, the general report evaluates and analyzes the green and low carbon innovation level, green total factor productivity, ecological contribution and "economic-social-ecological" coupling coordination degree of 36 cities in 9 provinces in the basin from 2012 to 2021. Research shows that the first decade of the new era the green low-carbon innovation level, green total factor efficiency and ecological contribution of the Yellow River Basin as a whole and the upper, middle and lower reaches of the Yellow River Basin show a fluctuating upward trend, but the gap between regions is obvious and the spatial imbalance is significant. The coupling degree of 'ecological-economic-social' in the basin has been steadily improved, basically reaching the stage of 'barely coordinated' or 'primary coordination'.

The four special reports studied and analyzed the green, low-carbon and high-quality development of the first, second and third industries in the Yellow River Basin and the high-quality development of soil and water conservation. The primary industry is the core of green, low-carbon and high-quality development in the Yellow River Basin. The green, low-carbon and high-quality development of the primary industry in the Yellow River basin has entered a stage of steady improvement, but the development gap between regions is becoming more and more prominent, and coordinated development has become an inevitable choice for the green, low-carbon and high-quality development of the primary industry in the basin. The secondary industry is the top priority for the green, low-carbon and high-quality development of the Yellow River Basin. The green development level of the secondary industry in the Yellow River Basin has been improved, the utilization efficiency of water resources has been greatly improved, and the degree of water pollution and air pollution has been significantly improved, but the prevention and control of solid waste pollution still needs to be strengthened. Energy conservation and emission reduction has achieved remarkable results, but it is still not as good as the national level, and there is a lot of room for improvement. We should strengthen the adjustment of industrial structure and transformation and upgrading, promote green manufacturing technology and management mode, and strengthen corporate social responsibility. The tertiary industry is the key pillar of green, low-carbon and high-quality development in the Yellow River Basin. The overall development trend of the tertiary industry in the Yellow River Basin continues to improve, but the development gap between the upper, middle and lower reaches is huge. It is necessary to establish a coordinated development mechanism for the three industries in the Yellow River Basin, strengthen cultural and tourism empowerment, smooth transportation and logistics, and make up for financial shortcomings, so as to help its green, low-carbon and high-quality development.

The nine regional reports focus on the main policies and achievements of green, low-carbon and high-quality development in the nine provinces (autonomous regions) of the Yellow River Basin, especially analyze the practice and innovation bases of "lucid waters and lush mountains are invaluable assets" in various provinces, summarize the main experience of these "two mountains" practice and innovation bases.

Keywords: High-quality Development; Green Low Carbon; "Two Mountains" Practice and Innovation Base; The Yellow River Basin

Contents

I General Report

Abstract: Green, low-carbon and high-quality development in the Yellow
River basin is a complex systems engineering. Based on the overall evaluation and
analysis of the ecological, economic and social development of the Yellow River
Basin, this report evaluates and analyzes the green and low carbon innovation
level, green total factor productivity, ecological contribution degree and
"economic-social-ecological" coupling coordination degree of 36 cities in 9
provinces in the basin from 2012 to 2021. The research shows that in the past 10
years, the green and low-carbon innovation development level, green total factor
efficiency and ecological contribution degree of the whole and upper, middle and
lower reaches of the Yellow River basin have been all fluctuated and increased,
while the gap between the reaches is obvious and the spatial imbalance is also
serious. And the degree of "ecological-economic-social" coupling in the basin has
progressed steadily, basically reaching the stage of "barely coordination" or
"primary coordination". Based on the research results, this report puts forward

countermeasures and suggestions for green, low-carbon and high-quality development in the Yellow River basin from the aspects of ecological protection, infrastructure, industrial transformation, scientific and technological innovation, metropolitan circle construction, rural revitalization and other aspects.

Keywords: The Yellow River Basin; Green Innovation; Green Total Factor Productivity; Ecological Contribution Degree; Coupling Coordination

Ⅱ Special Reports

G.2 Report on the Green, Low-carbon and High-quality Development of the Primary Industry in the Yellow River Basin   *Xue Yongji, Zhu Lei, Yao Yiran and Li Ximei* / 106

Abstract: The primary industry is the core content of green, low-carbon and high-quality development in the Yellow River basin. According to the overall development summary of the primary industry in the upper, middle and lower reaches of the Yellow River basin from 2012 to 2021, this report makes a systematic analysis of its green development level, mechanization level, water saving and low-carbon agricultural construction level. Research shows that since the 18th National Congress of the Communist Party of China, the primary industry in the Yellow River Basin has developed rapidly in green, low-carbon and high-quality. With remarkable results, it has entered the stage of steady improvement. At the same time, the development gap between reaches is increasingly prominent, and coordinated development has become the inevitable choice of green, low-carbon and high-quality for the primary industry in the basin. Accordingly, this report puts forward targeted countermeasures and suggestions based on the development pain points of the primary industry in the Yellow River Basin, in order to help its green, low-carbon and high-quality development.

Keywords: The Yellow River Basin; Primary Industry; Green; Water-Saving; Low-carbon

G . 3   Report on the Green, Low-carbon and High-quality
Development of the Secondary Industry in the Yellow
River Basin

Wang Hui, Yang Guang, Liu Ting and Liang Xiaomeng / 142

Abstract: The secondary industry is the priority of green, low-carbon and high-quality development in the Yellow River basin. This report analyzes and evaluates the overall development level, green development level, low-carbon development level and high-quality development level of the Yellow River basin from 2012 to 2021, and makes a systematic analysis of the green, low-carbon and high-quality development level of the secondary industry. The results show that the secondary industry in the Yellow River basin has shown a growing trend in ten years, but there is a large development gap between reaches, especially between the upper reach and the middle and lower reaches. Its green development level has been improved, the utilization efficiency of water resources has been greatly improved, and has a significant improvement in water pollution and air pollution, but the prevention and control of solid waste pollution still needs to be strengthened. It has achieved significant results in energy conservation and emission reduction while there is a large improvement space to reach the national level. The high-quality development level also shows a fluctuating upward trend, and the Shandong province, located in the lower reach, is far ahead. Accordingly, this report puts forward the countermeasures and suggestions for the green, low-carbon and high-quality development of the secondary industry in the Yellow River basin from the aspects of adhering to the concept of sustainable development, promoting the adjustment of industrial structure, strengthening policy support and guidance, and improving the awareness of corporate social responsibility.

Keywords: The Yellow River Basin; Secondary Industry; Green, Low-carbon and High-quality Development

G . 4 Report on the Green, Low-carbon and High-quality Development of the Tertiary Industry in the Yellow River Basin

Xue Yongji, Yan Shaocong, Zhang Jingran and Ye Fanghui / 206

Abstract: The tertiary industry is the pillar of green, low-carbon and high-quality development in the Yellow River basin. Based on the green and low-carbon attributes of the tertiary industries, this report makes a systematic analysis of the overall development status, the green level of the urban environment, income and living standards in urban and rural areas, and the level of financial services in the upper, middle and lower reaches from 2012 to 2021. The research shows that the overall development trend of the tertiary industry in the Yellow River basin continues to improve, but the development gap between the upper, middle and lower reaches is huge. The living environment quality in the basin area has been improved significantly, and the middle and lower reaches have become the improvement focus. The income gap between urban and rural residents in the basin area has been effectively controlled, while the consumption gap also has a significant improvement. The financial service in the basin area has shown an obvious regional differentiation, and the service holding function has a significant enhancement. Accordingly, this report proposes to establish a coordinated development mechanism of the tertiary industry in the Yellow River basin, strengthen the empowerment of cultural tourism, smooth transportation and logistics, and make up for the financial weaknesses, in order to help its green, low-carbon and high-quality development.

Keywords: The Yellow River Basin; Tertiary Industry; Urban Environment; Income Welfare; Financial Service

Abstract: Ecological protection and high-quality development in the Yellow River basin is a major national strategy. Water and soil erosion is a prominent ecological environment problem in the Yellow River basin, and the high-quality development of water and soil conservation is the key link of ecological protection and high-quality development in the Yellow River basin. The report systematically summarizes the status and influence factors of water and soil erosion in the Yellow River basin, the achievements and problems of water and soil conservation, and sorts out the problems from the focus and key sciences of overall ecological protection and restoration. It also put forward the countermeasures and suggestions on high-quality and precise control of water and soil erosion in key areas, strong supervision over water and soil conservation in production and construction activities, improvement of water and soil conservation monitoring capacity, the supporting role of water and soil conservation science and technology, in order to provide reference for the high-quality development of water and soil conservation in the Yellow River basin.

Keywords: Water and Soil Conservation; High-quality Development; The Yellow River Basin

Ⅲ   Area Reports

Abstract: As an ecological highland, resource-intensive and strategic location in China, Qinghai province has obvious ecological advantages while the ecological economy is relatively backward. At present, it is facing challenges such as fragile ecological environment, tight supply and demand of water resources, and prominent security risks. In order to promote high-quality development and high-level protection, Qinghai has given top priority to ecology, promoted the green and low-carbon development of the Yellow River basin in Qinghai based on the actual conditions of the province, and achieved remarkable results. In the next step, Qinghai province should continue to earnestly practice the important concept of lucid waters and lush mountains are invaluable assets, build a solid Chinese water tower, focus on promoting green ways of production and life, improve the support and guarantee capacity, and comprehensively promote the transformation of "two Mountains".

Keywords: Green and Low-carbon; "Two Mountains" Practice Innovation Base; Qinghai Province; The Yellow River Basin

G.7 Sichuan Province "Two Mountains" Practice and Innovation Development Report

Zhao Yao, Zang Teng, Nie Chunlei and Wu Minghong / 289

Abstract: Sichuan province keeps up with the significant speech spirit of General Secretary XI Jinping released during his Sichuan trip, sticks to the function orientation of "build a Beautiful China pilot area", firmly establish the concept of "lucid waters and lush mountains are invaluable assets", actively promote the green and low-carbon development work, takes "Two Mountains" practice innovation base construction as the gripper, strives to build an ecological city in the upper reach of the Yellow River with soft wind, lucid water, blue sky and lush mountains. As a littoral province along the Yellow River basin, this report suggests Sichuan to increase attention and construction efforts to the green and low-carbon policies and the "Two Mountains" base in the future.

Keywords: Green and Low-carbon; "Two Mountains" Practice Innovation Base; Sichuan Province; The Yellow River Basin

Abstract: Gansu province as an important water conservation area and supply area of the Yellow River basin, is also the key reservation area of the national "Two Screen Three Belt" ecological security strategy. Along the path of green development, sustainable development, overall development, integrated development, Sichuan province stands on its regional characteristics, adheres to adjust measures to local conditions, and explores an effective mechanism of the transformation of "Two Mountains" through practice and system innovation. Based on the reality of Gansu province, this report analyzes the situation of provincial green and low-carbon development, and Two Mountains transformation. It deeply analyze the "Two Mountains" practice innovation base at the Gulang Babusha, Pingliang Chongxin, and Nanqing Nanliang, explores their establishment experience and development pattern, summarizes their effective mechanism transforming "lucid water and lush mountains" to "gold and silver mountains". In order to provide reference for Gansu province to improve the supply capacity of ecological products, promote its green and high-quality development, and the continuous establishment and development of the "Two Mountains" practice base.

Keywords: Gansu Province; The Yellow River Basin; "Two Mountains" Practice Innovation Base; Green and Low-carbon

黄河生态文明绿皮书

G.9　Ningxia Hui Autonomous Region "Two Mountains"
　　　　Practice and Innovation Development Report

Cao Delong, *Fan Qinghui*, *Yang Zhaoxia and Xue Yao* / 317

Abstract：Ningxia Hui Autonomous Region is located in the inland region of northwest China, and is the only province in China where the whole territory are belonging to the Yellow River basin. This innate natural conditions and unique geographical terrain have not only made Ningxia an important ecological node, ecological barrier and ecological channel in China, but also brought great difficulties and challenges to the development there. In recent years, Ningxia Hui Autonomous Region take the Yellow River basin ecological protection and high-quality development as the lead; Helan, Liupan and Luo mountains nature reservation areas as the strategic fulcrum; the transformation of the development mode and the promotion of the green development as the strategy; the implementation of major projects and major engineering as the strategic gripper. According to systematically promote the ecological environment protection and economic development, and strengthen the overall governance, the region has walked out a green and low-carbon development road.

Keywords：Green and Low-carbon；"Two Mountains" Practice Innovation Base；Ningxia Hui Autonomous Region；The Yellow River Basin

G.10　Inner Mongolia Autonomous Region "Two Mountains"
　　　　Practice and Innovation Development Report

Wang Lei, *Yan Zixuan*, *Wu Minghong and Nie Chunlei* / 331

Abstract：Inner Mongolia autonomous region adopts the comprehensive governance of mountains, rivers, forests, farmlands, lakes, grasslands and deserts, continues to implement the "Three North China" shelter-belt system construction and several other key ecological restoration projects. The region implements a series of national policies including returning farmland to forest, returning grazing land to grassland, balance between grassland and livestock, grazing forbidden, strengthening the natural forest protection, water and soil conservation, and strengthen the desertification control and wetland protection. It also promote the transformation and upgrading of traditional energy industry, vigorously develop green energy, and has made remarkable achievements. The Inner Mongolia section of the Yellow River basin has realized a "double increase" of forest coverage and grassland vegetation coverage, and a "double decrease" of desertification and grassland degradingn.

Keywords: Green and Low-carbon; "Two Mountains" Practice Innovation Base; Inner Mongolia Autonomous Region; The Yellow River Basin

G.11   Shanxi Province "Two Mountains" Practice and Innovation

Development Report

Wang Huijian, Wu Siping, Yang Xuekun,

Liu Zhiyuan and Li Chengmao / 344

Abstract: Shanxi province as a part of the Yellow River basin, is also a key section of the Yellow River's ecological protection governance. Shanxi province has resolutely implemented the Yellow River ecological protection and high-quality development strategy over the years. It gives full play to the resource advantage, clings to energy revolution and key project construction, constantly improve the related institution and policy system of ecological environment governance, formulates and implements the plan of the Carbon peak and Carbon neutralization policy, actively promote the Youyu and the Qinshui national "Two Mountains" bases, and has received the phased achievements in the green and low carbon development. In the future development, the province still need to have further learning from the "Ten Million Project" to improve the village appearance in the province, strengthen environmental governance, and continuously increase the

investment proportion in environmental science and technology.

Keywords: Green and Low-carbon; "Two Mountains" Practice Innovation Base; Shanxi Province; The Yellow River Basin

G.12   Shaanxi Province "Two Mountains" Practice and Innovation Development Report

Ma Mingxuan, Gao Jieyu, Xue Yao and Wu Minghong / 357

Abstract: To jointly promote the ecological environment protection and the green and low-carbon development of economic industry in the Shaanxi section of the Yellow River Basin, and implement the key contents of XI Jinping's eco-civilization ideology and the "Two Mountains" concept, this report focuses on the present situation of green and low-carbon development in the Shaanxi section of the Yellow River basin. It deeply analyze the political objectives, legislative system and policy tools of the regional green development, and condenses the policy orientation of Shaanxi province in the green and low-carbon transformation, which is adhering to the bottom-line thinking of system protection. Further, the report discusses the promotion of the green and low-carbon transformation in the energy structure, and the formulation of the systematic policies balancing the protection and development. Taking South Shaanxi, Guanzhong, and North Shaanxi as the case studies to analyze the "Two Mountains" practice innovation base by region, and collect their main experience and development trend.

Keywords: Green and Low-carbon; "Two Mountains" Practice Innovation Base; Shaanxi Province; The Yellow River Basin

Abstract: The Henan section of the Yellow River basin includes nine cities and one district. It plays a very important strategic position in the ecological protection and high-quality development of the basin, and is one of the main battlefields for the comprehensive implementation of the green and low-carbon transformation strategy in Henan province. Henan province has actively formulated green and low-carbon development policies, formed a green and low-carbon industry matrix layout of " east-west-north-south-middle ", and accumulated beneficial actions in "Two Mountains" practice and innovation. In the future, Henan province should promote the integrated development of " culture + economy + ecology", ensure the supply of ecological products of "products + characteristics +ecology", strengthen the integration power of "digital +economy + ecology", and form a green financial system of "finance +industry +ecology" .

Keywords: Green and Low-carbon; "Two Mountains" Practice Innovation Base; Henan Province; The Yellow River Basin

Abstract: Since the 18th CPC National Congress, Shandong province carries through the XI Jinping's ecological civilization ideology, firmly establish and practice the " Two Mountains " concept, implement the major national strategy for ecological protection and high-quality development in the Yellow River basin, accelerate the modernization of harmonious coexistence between human and nature, and promote the construction of a green, low-carbon and high-quality development pilot area. This report analyzes the green and low-carbon development situation in the Shandong section of the Yellow River basin, the establishment of "Two Mountains" practice innovation base in the Leling City and Qihe County of Dezhou City, Fanggan Village, Xueyan Street, Laiwu District, Jinan City, Mengyin County of Linyi City, Lixia District of Jinan City. It also summarize the main experience of "Two Mountains" practice and innovation in the Shandong province, including building an ecological protection system covering the whole region, forming a diversified ecological industrial system, and speeding up the construction of digital platforms. In the future, the province needs to take industrial structure transformation as the gripper, to promote the "Two Mountains" practice. Also, it needs to strengthen the cooperation with universities and scientific research institutes, to further enrich propaganda ways of the "Two Mountains" practices.

Keywords: Green and Low-carbon; "Two Mountains" Practice Innovation Base; Shandong Province; The Yellow River Basin

皮 书

智库成果出版与传播平台

❖ 皮书定义 ❖

皮书是对中国与世界发展状况和热点问题进行年度监测,以专业的角度、专家的视野和实证研究方法,针对某一领域或区域现状与发展态势展开分析和预测,具备前沿性、原创性、实证性、连续性、时效性等特点的公开出版物,由一系列权威研究报告组成。

❖ 皮书作者 ❖

皮书系列报告作者以国内外一流研究机构、知名高校等重点智库的研究人员为主,多为相关领域一流专家学者,他们的观点代表了当下学界对中国与世界的现实和未来最高水平的解读与分析。

❖ 皮书荣誉 ❖

皮书作为中国社会科学院基础理论研究与应用对策研究融合发展的代表性成果,不仅是哲学社会科学工作者服务中国特色社会主义现代化建设的重要成果,更是助力中国特色新型智库建设、构建中国特色哲学社会科学"三大体系"的重要平台。皮书系列先后被列入"十二五""十三五""十四五"时期国家重点出版物出版专项规划项目;自2013年起,重点皮书被列入中国社会科学院国家哲学社会科学创新工程项目。

权威报告·连续出版·独家资源

皮书数据库
ANNUAL REPORT(YEARBOOK)
DATABASE

分析解读当下中国发展变迁的高端智库平台

所获荣誉

- 2022年，入选技术赋能"新闻+"推荐案例
- 2020年，入选全国新闻出版深度融合发展创新案例
- 2019年，入选国家新闻出版署数字出版精品遴选推荐计划
- 2016年，入选"十三五"国家重点电子出版物出版规划骨干工程
- 2013年，荣获"中国出版政府奖·网络出版物奖"提名奖

皮书数据库　　　　"社科数托邦"
　　　　　　　　　　微信公众号

成为用户

　　登录网址www.pishu.com.cn访问皮书数据库网站或下载皮书数据库APP，通过手机号码验证或邮箱验证即可成为皮书数据库用户。

用户福利

- 已注册用户购书后可免费获赠100元皮书数据库充值卡。刮开充值卡涂层获取充值密码，登录并进入"会员中心"—"在线充值"—"充值卡充值"，充值成功即可购买和查看数据库内容。
- 用户福利最终解释权归社会科学文献出版社所有。

社会科学文献出版社 皮书系列
SOCIAL SCIENCES ACADEMIC PRESS (CHINA)

卡号：723951892625
密码：

数据库服务热线：010-59367265
数据库服务QQ：2475522410
数据库服务邮箱：database@ssap.cn
图书销售热线：010-59367070/7028
图书服务QQ：1265056568
图书服务邮箱：duzhe@ssap.cn

法律声明

"皮书系列"（含蓝皮书、绿皮书、黄皮书）之品牌由社会科学文献出版社最早使用并持续至今，现已被中国图书行业所熟知。"皮书系列"的相关商标已在国家商标管理部门商标局注册，包括但不限于 LOGO（ ）、皮书、Pishu、经济蓝皮书、社会蓝皮书等。"皮书系列"图书的注册商标专用权及封面设计、版式设计的著作权均为社会科学文献出版社所有。未经社会科学文献出版社书面授权许可，任何使用与"皮书系列"图书注册商标、封面设计、版式设计相同或者近似的文字、图形或其组合的行为均系侵权行为。

经作者授权，本书的专有出版权及信息网络传播权等为社会科学文献出版社享有。未经社会科学文献出版社书面授权许可，任何就本书内容的复制、发行或以数字形式进行网络传播的行为均系侵权行为。

社会科学文献出版社将通过法律途径追究上述侵权行为的法律责任，维护自身合法权益。

欢迎社会各界人士对侵犯社会科学文献出版社上述权利的侵权行为进行举报。电话：010-59367121，电子邮箱：fawubu@ssap.cn。

社会科学文献出版社